UWE EDUARD SCHMIDT | JÖRN WALLACHER

»Dich sah ich wachsen, Holz«

100 + 1 Jahre Saar-Wald-Kultur

CONTE

Dieses Buch wurde gesetzt, gedruckt und gebunden im Biosphärenreservat Bliesgau. Der Buchinhalt wurde auf »Munken Print White«, der uncellophanierte Buchumschlag auf »Peyprint gerippt« gedruckt. Als Vorsatzpapier wurde »Subalin linea« verwendet. Alle Papiere sind FSC-zertifiziert.

Herausgeber und Autoren haben sich bemüht, alle Rechteinhaber von Abbildungen ausfindig zu machen. Leider konnten nicht in allen Fällen die Urheber der Fotos ermittelt werden. Wegen eventueller Rechtsansprüche wird gebeten, mit dem Herausgeber in Kontakt zu treten.

Bibliografische Information der Deutschen Nationalbibliothek
Die Deutsche Nationalbibliothek verzeichnet diese Publikation
in der Deutschen Nationalbibliografie; detaillierte bibliografische
Daten sind im Internet über http://dnb.d-nb.de abrufbar.

ISBN 978-3-95602-242-5

© Conte Verlag, 2022
Am Rech 14
66386 St. Ingbert
Tel: (0 68 94) 1 66 41 63
Fax: (0 68 94) 1 66 41 64
info@conte-verlag.de
www.conte-verlag.de

Herausgeber:
Ministerium für Umwelt und Verbraucherschutz
Keplerstraße 18, 66117 Saarbrücken

Lektorat: Doris Döpke, Wolfgang Felk, Maria Feith
Druck und Bindung: Conte, St. Ingbert

Inhalt

Vorworte   10

Vorbemerkung   14

1 Geburtsstunde des Saargebietes 1920 und des Saarlandes 1945   15

Politische Rahmenbedingungen der verschiedenen saarländischen Gebiets-abgrenzungen   15

Standörtliche und historische Rahmenbedingungen des saarländischen Waldes   17

2 Das Saargebiet und sein Wald in der Völkerbundzeit 1920 – 1935   20

Waldflächenentwicklung und Baumartenveränderungen   21

Beziehung Wald, Industrie und Mensch   24

Bergmannspfade: Wald als verbindendes Element   28

Wald- und Umweltwahrnehmung   29

Die frühe Form des »Waldbadens« im Saarkohlenwald   32

Die Wiederentdeckung der Natur auf »Schusters Rappen« und »Stahlrössern«   33

Der saarländische Wald in Liedgut, Sagenwelt und Literatur   38

3 Anschluss des Saargebietes an das Deutsche Reich 1935 – 1939   42

»Wald und Volk« – »Heim ins Reich!«   42

Schicksalsgemeinschaft Bergbau und Forstwirtschaft   43

Naturschutz versus Siedlungsausbau und Westwall   45

Der deutsche Wald in der Propaganda des Dritten Reiches   46

Das »Försterbild« in der deutschen Literatur der 1930er Jahre   47

4   **Zweiter Weltkrieg an der Saar 1939 – 1945**   50

Wald im Krieg – Kriegsschauplatz, Verbündeter und Opfer zugleich   50

Kriegserlebnisse von Soldaten und Zivilpersonen im saarländischen Wald   55

Zeitgenössische Einschätzung der forstlichen und politischen Situation   57

5   **Das Saarland in der »französischen Zeit« 1945 – 1957**   62

»La chasse et la forêt« – Jagd und Wald an der Saar   63

Starthilfe mit Holz – Bau- und Energiestoff des Wiederaufbaus an der Saar   65

»Trümmerfrauen des Waldes« – »Kulturfrauen« rekultivieren den saarländischen Wald   67

Naturschutz versus Großprojekte im französisch verwalteten Saarland   69

»L'union fait la force« – Französischer Bergbau und saarländischer Wald   70

Die saarländische Natur – grünes Trostpflaster einer traumatisierten Nachkriegsgesellschaft   73

Mit dem »Crèmeschnittchen« in den Wald – Natur- und Umweltwahrnehmung   75

Das saarländische Waldbild, das um die Welt ging – eine ganz besondere »Marke«   77

Der saarländische Wald – weltrekordfähig!   78

6   **Saarländisches Wirtschaftswunder 1957 – 1970**   82

Montanindustrie und Wald – Motor des saarländischen Wirtschaftswunders   83

Tribut des Waldes an Bergbau und Industrie   85

Der Wald als Werbetrommel – Akquirieren von Arbeitskräften für die Montanindustrie   86

Waldbewirtschaftung und Forstadministration an der Saar   89

Wald – grüner »Staubsauger« und »Rauchfilter« der 1960er Jahre?   90

Traumberuf Förster – Klischees eines Berufsstandes   92

Der Wald – das ortsnahe Urlaubs- und Erholungsgebiet der saarländischen Durchschnittsfamilie   94

Walderhalt an der Saar – das oberste Gebot der 1960er Jahre   96

Forst- und Holzwirtschaft in einer zunehmend globalisierten Welt   100

7   Montan- und Erdölkrise an der Saar 1970 – 1980   104

Sonntagsspaziergang auf Waldwegen und Autobahnen – Die Ölkrisen 1973 und
1979/1980   104

Administrative Veränderungen des Naturschutzes an der Saar   105

»Naturschutz und Trimmen, beides muss stimmen« – Umweltwahrnehmung
und Waldsport   106

Wald – Allheilmittel gegen schädigende Umwelteinflüsse?   107

8   Waldsterben – Hochphase 1980 – 1988   112

»Hier stirbt der Wald« – wie der Wald sein eigener Friedwald wurde   112

Gesetzliche Umweltmaßnahmen und administrative Veränderungen
des Umwelt- und Naturschutzes   114

»Baum ab? Nein danke« – neue Umweltschutzaktivitäten   116

9   Aufbruch zur Waldwende: Der »Neue Forst« 1988 – 2005   120

Die traditionellen Pfade: Forstwirtschaft mit Kahlschlag und Chemieeinsatz   120

Waldwende im Staatsforst – »Natur als Vorbild« in der Forstwirtschaft   125

Die Idee setzt sich durch: Die Gemeinden übernehmen das neue Konzept   131

Waldwende auch im Privatwald – Vom Frust am Eigentum zur Waldes-Lust   132

Förster gegen Jäger … Streiten verbindet: die Jagdwende   134

Trotz Öko-Hype: der Wald soll wirtschaftlich sein   136

Geht »dem Forst« die Arbeit aus? – eine neue Forstreform halbiert den
Personalbestand   137

Das alte Forstamt ist passé – modernes Management für Wald und Holz   138

FörsterInnen – Förster:innen – Förster*innen: Kompetenz bricht Tradition   140

Die Konsolidierung – grüner Wald schreibt schwarze Zahlen   144

Ein Qualitätssiegel für Holz aus saarländischen Wäldern – Zertifizierung der
Waldwirtschaft nach FSC® und PEFC   145

Der Wald kommt – der Förster geht: Das Ende der klassischen Forstreviere   146

Der spannende Weg zu einem Bürgerwald – Soziale Aspekte des Waldes   147

Eine Zukunft für unsere Vergangenheit – kulturelles Erbe im Wald   148

»Möblierter Wald? Nein danke!« – Naturwald als Kontrast zum hektischen
Alltag   151

Urwald vor den Toren der Stadt – Erste Schritte zu einem Jahrhundertprojekt   157

Der »Neue Forst« mit neuer Sprache – Die Teilnahme an der Expo 2000   159

Verschwundene (Wald-)Arbeit – »Living History« im Hochwald
und im St. Wendeler Land   162

**10   Neue Herausforderungen:
Auf dem Weg ins postfossile Zeitalter 2005 – 2020   166**

Der Warndt und der Saarkohlenwald nach Ende des Bergbaus:
der Regionalpark Saar   166

Der Wald als Arche Noah in der Zeit des Artensterbens   171

Die Biodiversitätsstrategie: Regionale Verantwortung für Mitteleuropas
einzigartige Buchenwälder   175

Der Nationalpark Hunsrück-Hochwald: ein wichtiger Beitrag zum Schutz der
Artenvielfalt   177

»Wertvoller Wald durch Alt- und Totholz« – ein PPP-Projekt des
NABU Saarland   177

Der Wald im Klimawandel – Patient und Arzt zugleich   180

Angst vor dem Sommer – Waldbrände, eine wachsende Gefahr   183

Die Energiepolitik entdeckt den Wald   184

Zufluchtsort vor der Haustür – Der Wald in Zeiten von Corona   188

11   Wald 100 + 1: Einige Zukunftsbilder 2020 ff   192

Das Saarland ist ein »Wald-Land« – schon Goethe war überrascht   193

Der Wald ist das ökologische Rückgrat der Landschaft   199

Chancen für einen klimaflexiblen Wald   200

Der Waldertrag von morgen: CO2-Speicherung gegen den Klimawandel   201

Die Zukunft des Bauwesens liegt im Holz – und das wird knapp   203

Stadtverwaldung statt Stadtverwaltung: »Bäume auf die Dächer –
Wälder in die Stadt!«   206

Wald-»Verstädterung«: Urbane Forstwirtschaft   211

Mehr Wald in der Großregion: Zentralressource in Grand Est
im neuen hölzernen Zeitalter   212

**12   Zusammenfassung und Resümee: Blick zurück nach vorn –
     Der Wald als ewige Ressource der Natur**   **216**

Rückblick auf das vergangene WaldHundert   216

Der SaarWald heute – ein (über-)lebenswichtiger NaturRaum   218

Die Zukunft: »Ewiger Wald« als immerwährende Ressource der Natur –
Goethes Traum?   222

Die Autoren   230

Anhang   **233**

Anmerkungen   235

Literatur   243

Abbildungsverzeichnis   262

Vorwort

Liebe Leserinnen und Leser,

die industriellen Strukturen haben die Menschen und die Landschaft im Saarland seit Jahrhunderten geprägt. Höhen und Tiefen erlebte in seiner Entwicklung dabei auch der saarländische Wald. Die Historie mit zwei Weltkriegen, der zunehmenden Industrialisierung insbesondere im Bergbau und dem Bedarf an Freizeitgestaltung und Erholungswerten sind nicht spurlos an ihm vorübergegangen.

Stillstand herrschte nie in den saarländischen Wäldern. Das zeigen die beiden Autoren Prof. Dr. Uwe Eduard Schmidt und Jörn Wallacher auf ihrer Reise durch die unterschiedlichen Epochen der Waldgeschichte eindrucksvoll. Sie werfen nicht nur einen Blick auf die Waldstruktur, die sich mit der unterschiedlichen Bewirtschaftung verändert hat, sondern auch auf die Menschen dahinter. In jedem einzelnen Kapitel wird deutlich, wie das Denken der Zeit den Wald gestaltet oder auch ihm geschadet hat. Zeugnisse der Waldarbeiter, Bergarbeiter und Förster geben Aufschluss über das Verhältnis zur Natur in den unterschiedlichen Jahrzehnten. Wie mal mehr und mal weniger die Erholungsfunktion die Nutzfunktion überwogen hat, bis man erkannte, dass beides zusammen gedacht werden muss. Nach und nach hat ein Umdenken in der Forstwirtschaft stattgefunden, nicht nur im Saarland, sondern deutschlandweit. Die Ökologie gibt dabei heute noch den Rahmen vor.

Niemand anderen als die beiden Autoren hätten wir uns für diese Zeitreise durch die Geschichte unserer Wälder vorstellen können – beides Saarländer und beides Kenner und Liebhaber der Materie, die mit großem Engagement und Enthusiasmus dieses Werk verfasst haben. Für Prof. Dr. Uwe Schmidt ist Wald- und Forstgeschichte Teil seiner täglichen Arbeit an der Albert-Ludwig-Universität in Freiburg. Sie im Saarland zu beleuchten ist dabei für ihn auch ein Stück Heimatverbundenheit. Dass wir diese Expertise gewinnen und damit dieses Werk aufbauen konnten, freut uns daher besonders. Auch Jörn Wallacher, jahrelang in leitender Funktion im Umweltministerium im Bereich Forst engagiert, kann aus seinem Erfahrungsschatz schöpfen. Er ist nicht nur ein Zeitzeuge, der unseren Wald über Jahre hat wachsen und entstehen sehen, sondern hat maßgeblich zu seinem heutigen Zustand beigetragen. Ihm als Augenzeuge der letzten Jahrzehnte gelingt es, mit einem Augenzwinkern manch zahlenlastige und forstwissenschaftliche Ausführung in eine Anekdote umzuwandeln und den Leser damit in die Geschichten unserer Wälder hineinzuziehen.

Bereits vor mehr als 30 Jahren hat das Saarland die Bewirtschaftung des Staatswaldes auf die naturnahe Waldwirtschaft umgestellt. Eine kurze Zeitspanne im Vergleich zur Lebenserwartung von Bäumen. Und doch sind Veränderungen in der Waldbewirtschaftung Grundlage für die weitere Arbeit mit unseren Wäldern geworden. Diese 30 Jahre sind der Grund dafür, dass wir heute im Saarland eine bessere Ausgangssituation für klimastabilere und artenreiche Wälder haben als es bundesweit der Fall ist. Mit Einführung der naturnahen Waldbewirtschaftung – einzelstammorientiert, ohne

Thomas Steinmetz, Direktor des SaarForst Landesbetriebes und Umweltminister Reinhold Jost

Einsatz von Chemie, ohne Kahlschläge und unter stetiger Erhöhung des Laubwaldanteils – hat das Saarland den Grundstein für das Wirtschaften im Einklang mit der Natur und den Erhalt des Artenreichtums gelegt.

Mit einem Flächenanteil von 36 Prozent gehört das Saarland zu den waldreichsten Bundesländern. 41 Prozent der saarländischen Waldfläche sind im Eigentum des Landes und werden vom SaarForst Landesbetrieb bewirtschaftet. Neben der Nutzfunktion und der Erholungsfunktion ist der Wald ein wichtiger Lebensraum für Pflanzen und Tiere. Im Kampf gegen den Klimawandel ist der Rohstoff Holz als Kohlenstoffspeicher im Baubereich von großer Bedeutung. Das zu erhalten und stetig mit den neuesten Erkenntnissen der Forschung weiterzuentwickeln ist unser Ziel. Eine sehr gute Ausgangslage bildet auch der überdurchschnittlich große Anteil an naturnahen Buchenwäldern, die – weltweit gesehen – seltene Ökosysteme darstellen. Somit hat das Saarland auch eine besondere Verantwortung für die Erhaltung des Lebensraums Buchenwald und die darin vorkommenden Arten.

Miteinander statt übereinander reden war und ist dabei unser Credo. Gemeinsam mit den Waldbesitzern und Naturschutzverbänden haben wir über Jahre Ziele und Maßnahmen definiert, wie wir Naturnutzung und Naturschutz zusammenbringen können. Der Handlungsleitfaden »Biodiversität im Wirtschaftswald« bildet den Rahmen für die tägliche Arbeit des SaarForst Landesbetriebes. Der ökologische Aspekt hat dabei klar Vorrang vor ökonomischen Interessen. Als erstes Bundesland hat das Saarland zehn Prozent der Staatswaldfläche komplett aus der Bewirtschaftung genommen, um dort die Natur Natur sein zu lassen. Dies ist ein wichtiger Baustein der Saarländischen Biodiversitätsstrategie und ein Beitrag zur Konvention zur Biologischen Vielfalt. Nicht nur die Bewirtschaftung nach ökologischen Richtlinien kostet Geld, die klimatischen Veränderungen haben vor allem in den Jahren 2018 bis 2021 auch zu hohen Einnahmeverlusten geführt. Diese werden im Staatswald aber nicht durch einen stärkeren Holzeinschlag oder Personalkürzungen kompensiert. Das Land greift hier unter die Arme und stellt die Finanzierung des Defizits aus dem Landeshaushalt sicher. Eine Finanzierung, die auch als Investition in die Zukunft unseres Waldes gesehen werden kann. Naturschutz und Biodiversität kosten Geld, aber es lohnt sich: der Holzvorrat hat sich durch weniger Einschlag bereits in den letzten Jahrzehnten fast verdoppelt. Unsere Wälder beherbergen eine Vielzahl von Baum- und Gehölzarten und sind bereits heute in weiten Teilen strukturreich – so soll es weitergehen. Die aktuellen Entwicklungen – Klimawandel und damit einhergehend Trockenheit, Starkregenereignisse, Schädlinge und Krankheiten – bedeuten für uns, dass kein Stillstand herrschen darf. Ein stetiges Prüfen und Weiterentwickeln der Strategie im Umgang mit dem Ökosystem Wald gehört zur Arbeit der Forstabteilung im Ministerium und des SaarForst Landesbetriebes dazu.

Dieses Werk sehen wir dabei als Teil des Prüfens und Weiterentwickelns. Es arbeitet die Geschichte unserer Wälder der letzten 101 Jahre auf, fasst sie anschaulich zusammen und gibt einen Ausblick, wie sie weitergeführt werden kann, damit der Wald als »Ewiger Wald« nicht nur ein Traum Johann Wolfgang von Goethes bleibt. Der Wald als immerwährende Ressource ist eine Idee mit einer langen Entstehungsgeschichte, die unter dem Begriff »Nachhaltigkeit« heute wichtiger denn je ist. Im Jahr 1922 hat sie Alfred Möller mit seiner legendären Schrift »Der Dauerwaldgedanke« konkretisiert. Diesem Konzept folgen wir im Saarland seit mehr als drei Jahrzehnten. Das vor uns liegende hundertjährige Erscheinungsjahr gibt uns Anlass, aufs Neue darüber zu reflektieren. Wir wollen den folgenden Generationen intakte Wälder hinterlassen, gleichzeitig aber auch die Möglichkeit geben, Holz als nachhaltigen Rohstoff weiter nutzen zu können. Unser Dank gilt dabei auch den Mitarbeiterinnen und Mitarbeitern des SaarForst Landesbetriebes sowie der Forstabteilung im Ministerium, aber auch den Kommunalwald- und Privatwaldbesitzern, die das erschaffen haben und erhalten.

Ihnen, liebe Leserinnen und Leser, wünschen wir die gleiche Freude beim Lesen und Studieren dieses Werkes, wie wir sie hatten.

Reinhold Jost
Minister für Umwelt und
Verbraucherschutz

Thomas Steinmetz
Direktor des SaarForst
Landesbetriebes

Vorwort der Autoren

Die Liebe zum Wald und die kritische Distanz zum Forst, das ist es, was uns seit Jahrzehnten verbindet und gemeinsame Beiträge zur saarländischen Geschichte liefern lässt: zum Beispiel eine Vortragsreihe »Saarländische Forstgeschichte« anlässlich des Jubiläums »1000 Jahre Saarbrücken«. Gehalten in der ehemaligen Kapelle des Bergarbeiter-Schlafhauses der Grube Von der Heydt, genauer: in ihrem Betsaal, in dem die Bergleute kurz verweilten, bevor sie zur Schicht einfuhren in den unterirdischen, Millionen Jahre alten »Steinkohlenwald« aus der Karbonzeit. Auch eine Wandervorlesung rings um Karlsbrunn im Warndt, dem Dorf, aus dem der Holzhauer und Urahn des amerikanischen Präsidenten Dwight D. Eisenhower kam. Oder ein Fußmarsch mit Freiburger Forststudierenden »Halden-auf-Halden-ab« quer durch den Saarkohlenwald: bessere, authentischere und lustvollere Orte für die Präsentation der heimischen Wald- und Forstgeschichte können wir uns beide nicht vorstellen.

Der eine wirkt als »Forstprofessor« in Freiburg. In seinen Jugendjahren schickte ihn die saarländische Forstverwaltung, als er mal vorsichtig-beflissen bei ihr anklopfte, direkt wieder zurück ins elterliche Göttelborn – er solle doch Zimmermann werden wie sein Vater! So blieb ihm nur der Weg in die Wissenschaft. Der andere hatte vor allem Spaß daran, Wald und Forst mal anders zu interpretieren als nur von der holzwirtschaftlichen Seite. Chemie anzuwenden gegen Wildwuchs in Forstkulturen? Ein Irrweg! Uniform im Arbeitsalltag? Nicht mehr zeitgemäß!

Beider Autoren Antrieb ist, auf dem Hintergrund von Geschichte, Kultur und Gesellschaft die Waldlandschaft wie ein spannendes Lesebuch aufzuschlagen und zu entziffern. Das hat uns, den einen von Seiten der Wissenschaft, den andern von der Alltagspraxis her, immer fasziniert.

Das Saarland aus der Perspektive seiner Wälder heraus zu betrachten, das ist ein nie zu Ende gehendes Faszinosum. Und den Forst mit saarländischer Non-Chalance zu begutachten und noch ein Buch darüber zu schreiben: ein zuweilen mühevoller Spaß … bei aller Liebe!

Uwe Eduard Schmidt und Jörn Wallacher

Vorbemerkung

Der Begriff »Waldkultur« umfasst die vielfältigen historisch tradierten, sich stets verändernden und neu entwickelnden Beziehungen des Menschen zum Wald. Die »Waldkultur« geht damit weit über Forst- und Holzwirtschaft hinaus und betrachtet den Wald nicht nur als Wirtschafts- und Arbeitsstandort, sondern als sozialen Lebens- und Kulturraum. Bertolt Brecht (1898 – 1956) fasst es in einem sehr anschaulichen Zitat zusammen:

> »*Weißt du, was ein Wald ist? Ist ein Wald etwa nur zehntausend Klafter Holz? Oder ist er eine grüne Menschenfreude?*«[1]

Die »Waldkultur« im heutigen Bundesland Saarland ist nicht auf den Zeitraum der letzten hundert Jahre begrenzt, sondern reicht bis zur frühen Menschheitsgeschichte zurück. Archäologische Funde, wie z.B. der Fund eines Faustkeiles im Warndtwald bei Ludweiler, werden auf das Ende des Mittelpaläolithikums (ca. 120.000 v. Chr.) datiert. Keltische Bodendenkmäler, wie beispielsweise das Fürstinnengrab bei Reinheim nahe der lothringischen Grenze (etwa aus der Mitte des 4. Jahrhunderts v. Chr.) und der Keltenwall bei Otzenhausen (5. – 1. Jahrhundert v. Chr.) sind frühe Zeugen einer vorrömischen Kulturepoche mit zahlreichen Wald-Mensch-Beziehungen. Die römische Zeit an der Saar lässt aufgrund des hohen Lebensstandards (Weinanbau, Hypokausten[2], etc.) auf eine intensive Waldbewirtschaftung für Rebholz, Brennholz und Bauholz schließen. Im Mittelalter und der beginnenden Neuzeit diente der Wald in erster Linie der Bedarfsdeckung der lokalen Bevölkerung und deren Gewerben (Versorgungsprinzip).[3] Nach dem 30jährigen Krieg (1618 – 1648) und vornehmlich seit Beginn des 18. Jahrhunderts wurden die Wälder an der Saar neben der bäuerlichen Bau- und Energieholznutzung zur Herstellung von Holzkohle genutzt, die in den landesherrlichen Hütten zur Glas-, Eisen- und Stahlerzeugung unentbehrlich war (Erwerbswirtschaft).[4] Seit Mitte des 19. Jahrhunderts dienten die Wälder zunehmend dem Bergbau und der Montanindustrie. Zu Beginn des 20. Jahrhunderts trat schließlich die Schutz- und Erholungsfunktion des Waldes verstärkt in den Fokus der Öffentlichkeit, was sich in Wald und Natur bezogenen Bewegungen widerspiegelt.[5] Mit diesen waldkulturellen Rahmenbedingungen trat der Siedlungs- und Industriestandort an der Saar 1920 ein Erbe an, das aufgrund der wechselvollen Territorialgeschichte in Europa einzigartig ist.[6]

1 Geburtsstunde des Saargebietes 1920 und des Saarlandes 1945

Politische Rahmenbedingungen der verschiedenen saarländischen Gebietsabgrenzungen

Die Geburtsstunde des Saargebietes, des größten und ältesten Teils der historischen Territorien des heutigen Bundeslandes Saarland, wurde unmittelbar nach Ende des 1. Weltkrieges durch den Versailler Vertrag am 28. Juni 1919 eingeläutet. Nach Artikel 45, Teil 2, Abschnitt 5 hatte Deutschland als Ersatz für die Zerstörung der Kohlengruben in Nordfrankreich und als Anzahlung auf die von Deutschland geschuldete, völlige Wiedergutmachung der Kriegsschäden das Eigentum an den Kohlengruben im Saarbecken, wie es in Artikel 48 abgegrenzt wurde, mit dem ausschließlichen Ausbeutungsrecht an Frankreich als Reparationsobjekt abzutreten. Die Grenzziehung erfolgte dabei nicht nach den ehemaligen preußischen und bayerischen Landkreisen, sondern nach wirtschaftsgeografischen Parametern wie z.B. Kohlelagerstätten, Industriestandorte und Wohngebiete der Arbeiterschaft. Die endgültige Grenze des »Saargebietes« sollte im Nordosten und Osten nach topografischen Gegebenheiten gezogen werden; im Nordwesten und Norden orientierte man sich an früheren Verwaltungsgrenzen.[1]

Das sogenannte »Saargebiet« wurde am 18. 1. 1920 für 15 Jahre unter die treuhänderische Regierung des Völkerbundes gestellt.[2] Aufgrund der am 13. 1. 1935 stattgefundenen Volksabstimmung im Saargebiet verfügte der Völkerbund am 1. 3. 1935 die Rückgliederung des Saargebietes an das Deutsche Reich. Das Saargebiet behielt seine ursprüngliche Flächenkonstellation, d. h. es erfolgte keine Rückgliederung der ehemaligen preußischen und bayerischen Landesteile. Das Saargebiet wurde deutsches Reichsland und als Verwaltungsbezirk »Saarland« einem Reichskommissar unterstellt.[3]

Grenzziehungen des Saargebietes bzw. Saarlandes (1920 – 1949)

Nach Ende des 2. Weltkrieges und einer kurzen amerikanischen Militärverwaltung stellten die Alliierten (7.7.1945) das Saargebiet unter französische Verwaltung, lehnten aber in dem unterzeichneten Abkommen eine Eingliederung in den französischen Staatsverbund ab. In den beiden folgenden Jahren erfuhr das Saargebiet entlang der noch nicht endgültig festgelegten Grenzen verschiedene An- und Ausgliederungen von Gemeinden bis schließlich im April 1949 die Grenzziehung des heutigen Bundeslandes Saarland vollzogen war.[4] In diesem Besitzstand erfolgte letztendlich am 1.1.1957 der politische und am 6.7.1959 der vollkommene wirtschaftliche Anschluss des Saarlandes als elftes Bundesland der Bundesrepublik Deutschland.[5]

Standörtliche und historische Rahmenbedingungen des saarländischen Waldes

Die natürliche, d. h. vom Menschen unbeeinflusste oder nur wenig gesteuerte Baumartenzusammensetzung im Gebiet des heutigen Saarlandes lässt sich anhand von Pollenanalysen für die Zeit um 1000 n. Chr. rekonstruieren. Die wissenschaftlichen Auswertungsergebnisse zeigen einen Mischwald mit klarer Laubholzdominanz: 29 – 80 Prozent Eichenmischwald, 12 – 39 Prozent Buche, 4 – 7 Prozent Hainbuche, 1 – 32 Prozent Kiefer und 0 – 7 Prozent Tanne.[6]

Die historischen Waldnutzungsinteressen orientierten sich an diesen natürlich vorgegebenen Waldgesellschaften und sind bis ins 18. Jahrhundert gleichermaßen holzwirtschaftlich und landwirtschaftlich orientiert. Holz wurde als Roh-, Hilfs-, Betriebs- und Heizstoff eingesetzt; ebenso dienten die Waldflächen der Waldweide mit Kühen, Schafen, Ziegen, Schweinen und Pferden sowie dem landwirtschaftlichen Getreide- und Hackfruchtanbau im Wald (Agroforstwirtschaft). Die Palette der Ansprüche an den Wald war derart vielfältig und intensiv, dass man in Anlehnung an den Nationalökonomen Werner Sombart (1863 – 1941) die vorindustrielle Zeit des 18. Jahrhunderts als »hölzernes Zeitalter« charakterisieren kann.[7] Im 19. Jahrhundert dienten die an der Saar gelegenen Wälder zunehmend dem Bergbau und der Montanindustrie. Seit Mitte des 20. Jahrhunderts verlor das Montanwesen immer mehr an Bedeutung; der Wald entwickelte sich wieder zu einem geschlossenen Waldgebiet, das allerdings durch Autobahnen und Siedlungen durchschnitten wird. Neben der beschriebenen Nutzfunktion des Waldes, kamen verstärkt Schutz- und Erholungsfunktionen hinzu, die sowohl ökologischen als auch sozio-kulturellen Aspekten gerecht werden.

Der Besitzstand der saarländischen Wälder war aufgrund der sich mehrmals ändernden Grenzziehung sehr unterschiedlich. Die Waldfläche des »Saargebietes« belief sich 1934 insgesamt auf 58.175 Hektar (30,5 Prozent der damaligen Landesfläche)[8]; die Waldfläche des »Bundeslandes Saarland« 2012 bei 93.014 Hektar (36 Prozent der heutigen Landesfläche).[9]

Die Waldgebiete des heutigen Bundeslandes Saarland lassen sich grob in drei Zonen aufteilen. Die Waldkomplexe der südlichen Landeshälfte sind historisch sehr stark mit merkantilen Großgewerben (Eisen- und Glashütten) und der seit Mitte des 19. Jahrhundert zunehmend sich entwickelnden Industrialisierung (Bergbau und Montanindustrie) verbunden. Die überwiegend in Streulage liegenden Waldgebiete in der mittleren Zone des Saarlandes sind eng mit landwirtschaftlichen Nutzflächen verzahnt. Der nördliche Teil des Saarlandes (Hochwald) zeigt einen durch wenige Siedlungen mehr oder weniger unterbrochenen geschlossenen Waldgürtel.

1920 – 1935

Das Versorgungsprinzip und die Erwerbswirtschaft haben in dieser Zeit Vorrang, d. h. der Wald bedient vornehmlich die Nachfrage nach Holz für Industrie und die Bedürfnisse der Bevölkerung. Gleichzeitig entwickelt sich in den 1920er Jahre eine neue Natur- und Waldbewegung. Gesundheits- und Erholungseffekte zeigen sich in vielerlei Freizeitaktivitäten in Wald und Natur.

Grube Heinitz-Magazingebäude
mit Baubüro am Holzplatz, um 1930

2 Das Saargebiet und sein Wald in der Völkerbundzeit 1920 – 1935

Der 1. Weltkrieg hinterließ im saarländischen Wald keine nachhaltigen Schäden.[1] Die Eigentumsfrage der Wälder (58.170 ha) im durch den Versailler Vertrag abgegrenzten Saargebiet wurde unterschiedlich gelöst. Alle bis zum 10.1.1920 vom preußischen und bayerischen Bergfiskus genutzten Forstflächen (in der Regel Pachtflächen) gingen am 18.1.1920 in das Eigentum der französischen Bergbauverwaltung an der Saar »Mines Dominales Françaises de la Sarre« über. Diese etwa 480 Hektar großen Grubenwälder teilten sich wie folgt auf: Forstamt Fischbach ca. 236 ha, Forstamt Warndt ca. 61 Hektar und Forstämter Neunkirchen, Saarlouis, Homburg und Saarbrücken ca. 183 ha. Die restlichen Wälder des Saargebietes verblieben de facto im Eigentum von Preußen bzw. Bayern und wurden von der verbliebenen deutschen Forstverwaltung treuhänderisch verwaltet. Die saarländische Forstabteilung war administrativ dem »Ministerium für Volkswohlfahrt« zugeordnet.[2] Die geschlossenen Wälder des Saargebietes lassen sich 1920 in zwei Komplexe aufgliedern: den südlich der Saar gelegenen Warndtwald und den sich nördlich der Saar anschließenden Köllertaler Wald inklusive der Wälder des Kreises Neunkirchen.

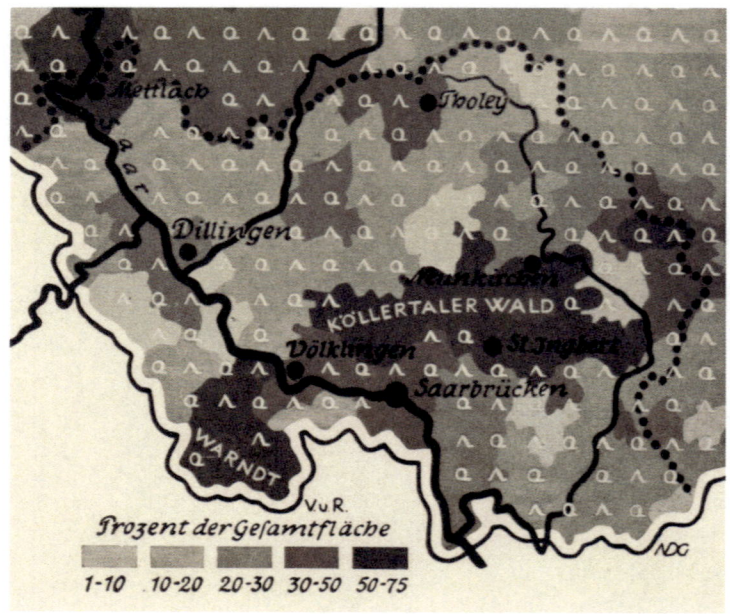

Die Waldbedeckung des Saargebietes 1934

F. Kloevekorn (1929) stellte erstmals durch den Begriff »Saarkohlenwald« einen räumlichen Bezug dieser Waldgebiete zum Bergbau innerhalb des Saarkohlenreviers her.[3] In den folgenden Jahren wurde der Begriff »Saarkohlenwald« in vielen Publikationen aufgegriffen, z.B. in dem von Fritz Hellwig verfassten Aufsatz »Siedlungen und Grenzen im Saarkohlenwald« in der Zeitschrift »Unsere Saar« von 1932/1933.[4]

Der »Saarkohlenwald« hat eine Fläche von ca. 61 km² und grenzt südlich an das stark verdichtete Gebiet der Landeshauptstadt Saarbrücken und wird darüber hinaus von den Gemeinden Merchweiler, Quierschied, Heusweiler, Riegelsberg und die Städte Sulzbach (Saar), Püttlingen und Friedrichsthal begrenzt.

Waldflächenentwicklung und Baumartenveränderungen

Einer retrospektiv angelegten Studie von W. Lauffer (1981) zufolge, verlief die saarländische Siedlungserweiterung im ländlichen Raum überwiegend auf Kosten des Kulturlandes. Innerhalb des Industriegürtels führte der Bau von Industrieanlagen und Arbeitersiedlungen zu nennenswerten Waldrückgängen.[5] Wie sehr sich eine Industrieanlage in einem geschlossenen Waldgebiet ausbreiten konnte, zeigt eine Fotografie der Grube »Von der Heydt« aus den 1930er Jahren.

Mitten in den Wald gesetzt: Grube »Von der Heydt« (1930er Jahre)

Während der französischen Zeit wurde der Ausbau von Arbeitersiedlungen im Saarland und im angrenzenden Lothringen forciert. In den 1920er Jahren entstand beispielsweise die Mietshauskolonie Madenfelderhof in Landsweiler-Reden (Baubeginn 1920), deren gesamte Grundstücksfläche (35 Hektar) allerdings aus zuvor fast ausschließlich landwirtschaftlich genutzten Flächen bestand. Das Verhältnis von Siedlungs- zu Waldfläche blieb im Wesentlichen gleich; Waldrückgänge sind dementsprechend eher dem Industrieflächenbedarf geschuldet.[6] Eine zeitgenössische Bewertung der Industriedörfer wurde 1929 durch F. Kloevekorn gegeben:

> *»Die Industriedörfer bleiben an Schönheit hinter den in grünen Wiesenflächen gebetteten und von Obsthainen umgebenen Bauerndörfern naturgemäß zurück; aber hässlich sind sie nicht zu nennen … Der nahe Wald aber versöhnt mit dem, was vielleicht unschön zu nennen wäre und verletzend wirken könnte.«*[7]

In wenigen Fällen ist die Waldflächenentwicklung des Saargebietes anhand eines Vergleiches zeitgenössischer und aktueller Fotografien möglich. Hierbei handelt es sich in erster Linie um markante Landschaftspunkte wie z.B. die Saarschleife oder den Schaumberg bei Tholey.

Ein Wahrzeichen im Wandel: Saarschleife 1920er Jahre und 2017

Die Veränderung des Baumartenspektrums im saarländischen Wald war ein dynamischer Prozess, der bereits um 1860 einsetzte und in die Völkerbundzeit hineinwirkte. Aufgrund des aufblühenden Steinkohlebergbaus wurde zunächst die Eiche wegen ihrer Holzeigenschaften für den Ausbau der Grubenstollen favorisiert und entsprechend nachgefragt. Nach 1880 setzte die preußische Grubenverwaltung an der Saar vermehrt Kiefern- und Fichtengrubenholz ein.[8]

Dieser neue Industrieholzmarkt führte zu einschneidenden Veränderungen der Waldbewirtschaftung. Auf Grundlage der forstlichen Betriebszieltypenplanung wurden daher in der Folgezeit sowohl großflächige Umwandlungen von Laubwaldbeständen in Nadelholzwälder als auch Aufforstungen von Ödländereien mit Fichte bzw. Kiefer realisiert.[9]

Während der Völkerbundzeit wuchs ein hoher Anteil von heute knapp hundert Jahre alten Laubbaumbeständen mit Buche als führender Baumart heran. Es handelte sich dabei vorwiegend um ehemalige Buchen- und Eichenniederwälder (Lohhecken), die im Laufe des 19. Jahrhunderts zur Erzeugung von Brennholz und Loherinde[10] für Ledergerbereien dienten. Aufgrund des Rückgangs des Ledergerbens mit Eichenrinde zu Beginn des 20. Jahrhunderts wurden Teile dieser Lohhecken als Brennholzwälder weitergeführt, aber auch in Hochwälder mit höherem Erntealter (Umtriebszeit) überführt.[11]

Beziehung Wald, Industrie und Mensch

Fox (1927) beschreibt in seiner »Saarländischen Volkskunde« die kulturelle Prägung des saarländischen Raumes und zeigt dabei die vielfältigen Beziehungen zwischen Wald, Industrie und Mensch auf. Für den Bereich des saarländischen Hochwaldes wird sowohl die Holzverarbeitung aber auch die auf Waldprodukten basierende Bürsten- und Besenbinderei, das Korb- und Stuhlflechten sowie die Stockfabrikation innerhalb der erwerbsschwachen Bauernwirtschaften und Arbeiterfamilien der 1920er Jahre en Detail aufgezeigt.[12] Bei den Schulkindern war noch bis in die 1920er Jahre der hölzerne Schulranzen begehrt, den man »Thek« nannte, und der mit einem Lederriemen geschultert wurde.[13] Diese in Heimatarbeiten hergestellten Gebrauchswaren aus Holz wurden von Hausierern, den sogenannten »Waldländern« angeboten und verkauft.[14]

Aufgrund der hohen Arbeitslosenquote im Industriegürtel entlang der Saar in den 1920er und 1930er Jahren nahmen der illegale Holzdiebstahl und das Steinkohleschürfen im Schutze des Waldes und der Nacht beträchtlich zu. Gruben- und

Manchmal auch nicht ganz legal: Steinkohlenschürfer im Großwald bei Altenkessel
(1920er Jahre)

Waldhüter waren in dieser Zeit in hohem Maße gefordert, jede Form des Diebstahls im Saarkohlenwald zur Anzeige zu bringen und zu unterbinden.[15]

Die akute Brennholznot verschärfte sich durch den sehr kalten Winter 1928/1929, dessen Temperaturspitzenwert im Februar 1929 bei -29 °C lag.[16]

Die harte Bestrafung von Holzdiebstahl diente dem Hauptanliegen der französischen Bergbauverwaltung »Mines Dominales Françaises de la Sarre«, die saarländischen Bergwerke ausreichend mit Grubenholz zu versorgen. Das stark nachgefragte Grubenholz aus Kiefer führte zu waldbaulichen Sonderwegen; so begann 1927 ein gezielter Kiefernanbau im Warndt.[17] Dennoch blieb die Holzertragsleistung des französischen Waldeigentums an der Saar weit unter dem jährlichen Grubenholzbedarf. Einer von J. Wittrock (1922) erstellten Statistik zufolge bezogen die Saargruben etwa zwei Drittel ihres Grubenholzbedarfs aus einem Entfernungsradius von bis zu 200 km. Etwa ein Drittel der Nachfrage wurde dagegen aus Bayern gedeckt.[18] Montanus konstatierte 1928, dass der treuhänderisch verwaltete deutsche

Staatswald an der Saar und der Holzeinschlag in vielen Gemeindewäldern des Saargebietes die Grubenholzwirtschaft tatkräftig unterstützten:

> *Die Grube Frankenholz an der Saar kauft von jeher und heute noch ihr*
> *Holz zu etwa 95 % unmittelbar beim Waldbesitzer, vor allem bei Staat*
> *und Gemeinden, auch aus dem pfälzischen Waldbesitz ihrer Aufsichtsräte.*
> *Mit diesem System hat die Grubenverwaltung gute Erfahrungen gemacht,*
> *sowohl hinsichtlich Billigkeit als auch Schnelligkeit der Bedarfsdeckung.*
> *Die Grube Hostenbach an der Saar bezog ab 1916 bis zu 70 % ihres*
> *Bedarfs, Mittelbexbach zirka 40 % und St. Ingbert zirka 80 % des*
> *eigentlichen Grubenholzes unmittelbar.«*[19]

Verschiedene Grubenholzfirmen belieferten den Saarbergbau u. a. mit Langholz aus Polen und der Tschechoslowakischen Republik (ČSR). Das Grubenholz wurde auf dem Zentralholzplatz der Grube Fenne (Fürstenhausen) zu Stempeln geschnitten und bedarfsgerecht an die Gruben verteilt. Eichenkanthölzer und Leitungen für den Grubenschachtausbau wurden auf dem 1926 errichteten Sägewerk Itzenplitz (Heiligenwald) mittels zwei Blockbandsägen französischer Herkunft geschnitten. Dadurch wurde die zeitnahe Deckung des Schnittholzbedarfs der Gruben gewährleistet.[20]

Jede Menge Holz vor der Grube: Bergwerk Velsen; um 1925

Neben dem hohen Holzbedarf der saarländischen Montanindustrie stieg zusätzlich die Bau- und Konstruktionsholznachfrage für den Städte- und Infrastrukturausbau an der Saar in den 1920er Jahren rasant an. Frühe Fotografien von Modernisierungen wie z.B. Kanalisation, Straßen- und Bahnausbau sowie Saaruferbefestigungen und Hafenanlagen dokumentieren den enormen Holzeinsatz.

Ausbau Saarbrückens auf dem Weg in die Moderne, ca. 1925
und Ausbau des Osthafens in Saarbrücken, 1929

Bergmannspfade: Wald als verbindendes Element

In welchem Maße in den 1920er Jahren Bergmannspfade in den Wäldern von den Bergmännern in Anspruch genommen wurden, kann aufgrund fehlender Statistiken nur vermutet werden. Aufgrund der sich nach dem Ersten Weltkrieg nicht grundlegend verändernden Verkehrsverhältnissen ist davon auszugehen, dass in der Völkerbundzeit Bergmannspfade ebenfalls stark begangen wurden. Dieses tägliche Pendeln zur Arbeit durch den Wald trug wesentlich zum intakten Sozialgefüge innerhalb der Heimatorte der Bergleute bei. Mussten dagegen Bergmänner eine oder witterungsbedingt mehrere Arbeitswochen in Schlafhäusern verbringen, mussten ihre zurückgebliebenen Frauen und Kinder die schwere Feldarbeit und sonstige häusliche Arbeiten eigenständig verrichten. Auswirkungen und Folgen dieser arbeitsbedingten Familientrennung – auch unter dem Aspekt der Kindererziehung – beschreibt M. Mallmann (1989) sehr treffend als sozialunverträgliches Phänomen »Weiberdörfer«.[21]

Die letzte statistische Erhebung der Königlichen Bergwerksdirektion zu Saarbrücken (Stand 1. Dezember 1910) legte aufschlussreiche Daten über Belegschaft offen. Die Belegschaft zählte insgesamt 52.745 Bergleute; etwa zwei Drittel davon gelangten täglich zu Fuß oder mit dem Rad zur Grube (33.349 Arbeiter = 63,2 Prozent); das restliche Drittel nutzte in etwa gleich die Eisenbahn (9.377 Bergleute) und Schlafhaus- bzw. Privatunterkünfte (10.019 Bergleute).[22]

Eine der zahlreichen historischen Indizien dafür, wie stark Bergmannspfade in den 1920er Jahren frequentiert wurden, zeigt § 1 der ortspolizeilichen Vorschrift zur »Sicherung von Fußwegen« des Gemeinderates von Erfweiler-Ehlingen:

> »Das Fahren, Reiten und Viehtreiben auf dem Arbeiterpfad von der Staatsstrasse Assweiler-Wittersheim zur Bezirksstrasse nach Ormesheim ist polizeilich verboten«.

Es wurde angedroht, dass Zuwiderhandlungen mit Geldstrafen oder mit Haft bis zu 14 Tagen geahndet werden. Lediglich bei Treibjagden konnten Bergmannspfade vorübergehend gesperrt werden.[23]

Ende der 1920er und zu Beginn der 1930er Jahre zeichnete sich eine Wende der fußläufigen Bergmannsmobilität ab: da setzten die Saargruben vermehrt Autobuslinien für ihre Belegschaft ein. Für die Instandhaltung weiterhin begangener Bergmannspfade war bis zum Ende der 1950er Jahre die Bergbauabteilung des Übertagebetriebes verantwortlich. Seit Beginn der 1960er Jahre brachten insgesamt 142 Autobuslinien die Bergarbeiter zu ihren Arbeitsplätzen.[24]

Wald- und Umweltwahrnehmung

1895 erschien das populärwissenschaftliche Buch »Streifzüge durch Wald und Flur«. Es beinhaltete eine Anleitung zur Beobachtung der heimischen Natur in Monatsbildern. In der 1916 editierten Ausgabe wurde das Thema Waldwahrnehmung sowohl für die Wintermonate, als auch für die Vegetationszeit in den Kapiteln »Der Wald im Winterkleid«, »Etwas vom Haushalt des Waldes« und »Einwinterung« aufgegriffen. Dabei wurden botanische Sachverhalte in einfacher und sehr anschaulicher Sprache vermittelt. Aufgrund der starken Nachfrage erschien diese Ausgabe in den 1920er Jahren in mehreren überarbeiteten Auflagen.

Neuer Trend: Natur beobachten und entdecken, 1921 und 1925

In den 1920er Jahren wurde in Ottweiler mit der »Vereinigung zum Schutze und zur Erhaltung unserer Heimatnatur« der erste naturwissenschaftliche Arbeitskreis des Saargebietes gegründet, der enge Beziehungen mit ähnlichen Verbänden der angrenzenden Länder Rheinland, Pfalz, Elsass, Lothringen und Luxemburg unterhielt. Unter der Leitung des Studienprofessors Ludwig Blatter aus Ottweiler wurden naturschutzfachliche Grundlagen für spätere Ausweisungen von Naturschutzgebieten erarbeitet. Oberste Ziele waren Pflege und Erhaltung der Seltenheit, Schönheit und Eigenart der saarländischen Natur und Landschaft. Mit der Herausgabe des Buches »Streifzüge durch die Flora des Saargebietes« von Walter Kremp lag seit 1925 ein wissenschaftlich fundiertes Standardwerk für den saarländischen Naturschutz vor.

Die Heimatzeitung »Unsere Saar« veröffentlichte während ihres Bestehens (1926 – 1935) weitere bebilderte Artikel über seltene und geschützte Pflanzen und Tiere bzw. deren Habitate und Vorkommen, die die Leserschaft für den Naturschutz im damaligen Saargebiet sensibilisieren sollten.[25]

Die Regulierung der Wildtierbestände nahm die saarländische Jägerschaft wahr. Bereits 1907 hatte sich ein »Saarjägerverein zur Pflege der Jagd, Zucht und Prüfung von Gebrauchshunden« gegründet. 1923 spaltete sich diese Vereinigung auf in einen »Verband Saarländischer Jäger« und einen »Jagdschutzverein«. Zudem gab es in Saarbrücken und Neunkirchen ein »Jagdverein Hubertus«.[26]

In den 1920er Jahren wurden in den industrialisierten Gebieten Deutschlands verstärkt Forderungen zur Reinhaltung der Luft laut. Dies führte lediglich zu einem vermehrten Anbau rauchharter Baumarten. Für das Saargebiet sind derartige Bestrebungen nicht belegt.[27]

Wald und Natur stellten für die Menschen in der saarländischen Industrielandschaft der 1920er und 1930er Jahre einen wichtigen Ort der Erholung und Freizeitgestaltung dar. Man erkannte die gesundheitsfördernden Wirkungen sportlicher Betätigung und Erholung in freier Natur. In dieser Zeit wurden Freizeiteinrichtungen gerne in Waldlandschaften eingebettet. An heißen Sommertagen versprachen beispielsweise das Deutschmühlenbad (Saarbrücken) und das 1920 eröffnete Freibad in Güchenbach (Riegelsberg) angenehme Abkühlung.[28] Ein weiteres beeindruckendes Beispiel ist das »Fischbachbad«. Dieses »Waldbad« entstand 1926 auf Initiative des Turnvereins Saarbrücken-Rußhütte zwischen Fischbach-Camphausen und Saarbrücken, in der Nähe des Fischbachtalweihers. 1939 bekam die Badeanstalt einen damals modernen wasserspeienden Badepilz. 1965 musste das Fischbachbad schließen. Die Grundrisse des Fischbachbades und der stark verwitterte Badepilz sind heute noch gut in einem geschlossenen Buchenbestand zu erkennen.

Badepilz im Buchenwald: Relikt des Fischbachbades aus den 1920er und 1930er Jahren

Die frühe Form des »Waldbadens« im Saarkohlenwald

Die Waldluft wurde in den 1920er Jahren als sehr gesundheitsfördernd eingestuft. Ein Unternehmer und Kaufmann aus Saarbrücken-Burbach mietete in den Sommermonaten der Jahre 1924 und 1925 das im Wald stehende Holzhauerhaus des Forstreviers Pfaffenkopf (Gemarkung Saarbrücken-Burbach) und versprach sich aufgrund der Waldluft Genesung.[29] Der Caritas Verein in Saarbrücken-Altenkessel beschloss 1928, dort eine Ferienerholung für Kinder anzubieten. Die Idee war, Kinder aus stark emissionsbelasteten Arbeitersiedlungen mit frischer Waldluft zu versorgen und ihnen dabei auch Natur und Wald näher zu bringen.[30] Förster Budenz, Inhaber des Forstreviers Pfaffenkopf, stellte zu diesem Zweck dem Caritas

Raus an die frische Waldluft: Caritas-Frauen mit Arbeiterkindern aus Altenkessel am Forsthaus Pfaffenkopf bei Saarbrücken, Ende der 1920er Jahre

Verein seine Waschküche und das benachbarte Holzhauerhaus zur Verfügung. Die Deutsche Jugendkraft (DJK) errichtete eine große hölzerne Schutzhütte, in der man sich bei schlechtem Wetter aufhalten konnte. Um Finanzmittel für diese Unternehmung (1.000 Reichsmark, etwa € 3.100) zu beschaffen, veranstaltete man jährlich eine Verlosung von gestifteten Gebrauchsgegenständen. Bereits 1928 machten insgesamt 70 Kinder von dem Angebot einer »Waldfreizeit« Gebrauch. In ähnlicher Art und Weise wurden 1929 – 1934 weitere Ferienfreizeiten im Wald Pfaffenkopf angeboten. 1934 kündigte Hans Eisvogel, neuer Revierleiter des Pfaffenkopfs,[31] den Mietvertrag mit dem Caritas Verein, der daraufhin seine Waldaktivitäten einstellen bzw. verlagern musste.[32]

Die Wiederentdeckung der Natur auf »Schusters Rappen« und »Stahlrössern«

Ein um sich greifendes Phänomen im gesamten deutschsprachigen Raum war das verstärkte Aufkommen von Bewegungen mit Bezug zur Natur, z.B. Jugendstil und Wandervogel. In diesem Kontext ist die Gründung des Saarwaldvereins (28. April 1907) zu sehen, der auch in den 1920er und 1930er Jahren stark frequentiert wurde. In der am 24. Oktober 1907 im Saarbrücker Hotel Bristol verabschiedeten Saarwald-Vereinssatzung wurde das Wandern im Saargebiet und den angrenzenden Regionen zum wesentlichen Ziel erklärt:

> »[Es gilt, der Verf.] die Naturschönheiten und Aussichtspunkte
> zu erschließen und zu schützen, die Kenntnis des Saargebietes
> in weiten Kreisen zu verbreiten, Wegebezeichnung und Einrichtung von
> Schutzhütten, den Fremden- und Touristenverkehr zu heben,
> die Heimatkunde zu pflegen, Reisehandbücher und Wanderkarten
> zu ergänzen«.[33]

1928 brachte der Saarwaldverein seine 2. Auflage »Wanderungen im Saarwald mit Wegebezeichnungen des Saar=Wald=Vereins e.V.« heraus, die sich allgemeiner Beliebtheit erfreute. Neben der eigenen Vereinswerbung wurde in einer nachgeschalteten Annonce der »angenehme schattige Aufenthalt im Walde« im St. Johanner Waldhaus der Turnerschaft aus Saarbrücken-St. Johann angepriesen.[34]

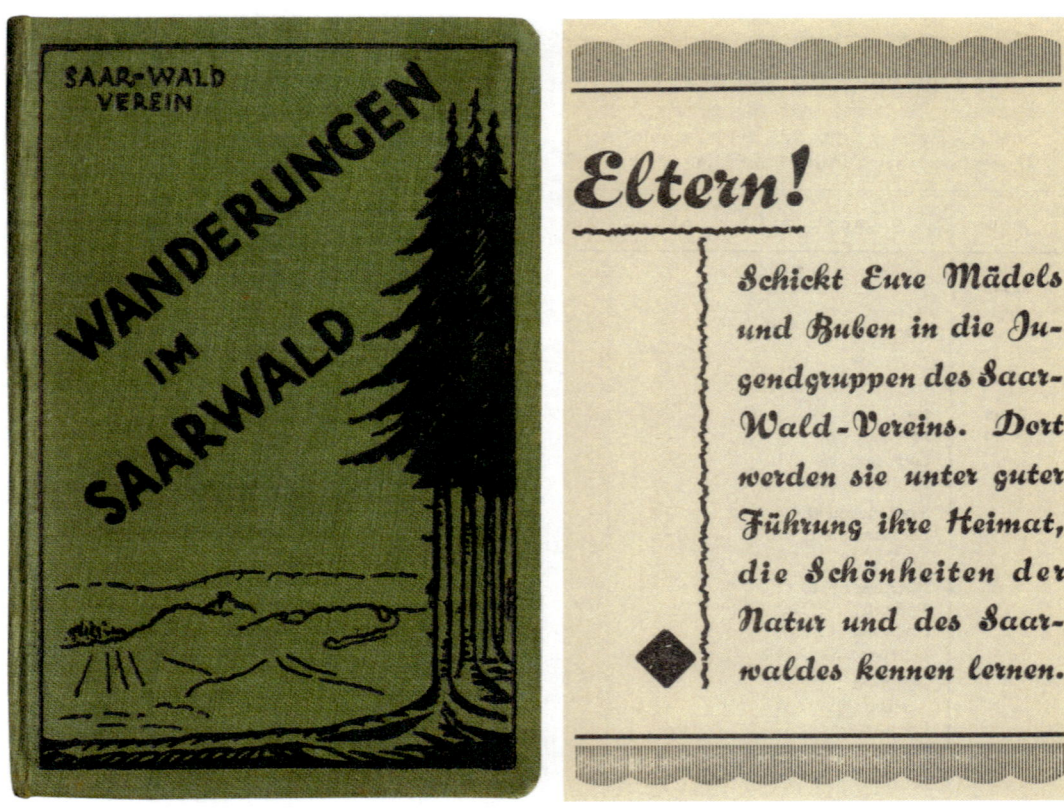

»Angenehmer schattiger Aufenthalt«: Wanderungen im Saarwald, 1928

R. Rudolf Rehaneck verfasste 1929 den Führer »Wochenende und Sommerfrische an der Saar«, in dem er stark zwischen Arbeitsalltag und Naturidyll polarisiert:

> »Umtost vom wahnsinnigen Geheul und Gestampfe der Maschinen, gehetzt
> im nerven-peitschenden Gewühle der Großstadt, in Büro und Werkstatt,
> stehen wir im werktäglichen Leben und ringen um unsere Lebensexistenz
> […] das unbändige Sehnen: Wald- und Höhenluft zu finden, losgelöst
> von aller Hast und Unruhe in Muße den Blick auf das lachende Blau des
> unendlichen Himmels zu lenken – die Sehnsucht nach dem köstlichen
> Frieden der Altmutter Natur.«[35]

Im Saargebiet der 1920er Jahre nahm die motorisierte Mobilität durch Personen-kraftwagen und Motorräder erheblich zu. Entfernter gelegene saarländische Land-schaftsgebiete und Waldareale konnten aufgesucht und ortsferne Waldwanderungen

Moderner Reiseführer für das Saarland als Erholungsland

Vom Industrierevier auf direktem Weg in die Wälder unserer Heimat.

»Dich sah ich wachsen, Holz« – 100 + 1 Jahre Saar-Wald-Kultur

Damals noch zeitgeistig: Mit den Motorrädern in die saarländische Natur, 1920er Jahre

durchgeführt werden. Denjenigen, die sich eine solche Motorisierung nicht leisten konnten, standen zum Teil öffentliche Verkehrsmittel zur Verfügung. So war beispielsweise seit 1915 mit der Inbetriebnahme der Bahnstrecke St. Wendel – Tholey das Gebiet um den Schaumberg an das öffentliche Verkehrsnetz angebunden. Im begehrten Erholungsort Tholey erweiterten Gaststätten und Hotels ihr touristisches Angebot. 1928 öffnete die Jugendherberge Tholey ihre Tore, 1930 wurde der Aussichtsturm mit integrierter Kriegerdenkmalskapelle auf dem Schaumberggipfel eingeweiht.[36]

Bevorzugt per Vehikel angesteuerte Ausgangspunkte für Wanderungen waren Ausflugsgaststätten, wie beispielsweise das Forsthaus Neuhaus und das Rosenhäuschen (bei Holz) im Köllertaler Wald. Ebenso wurden die Illinger Burg, die schattigen Gartenanlagen des Steigershauses (Merchweiler) und die Gaststätte Erkershöhe, ein ehemaliges fürstliches Jagdhaus bei Friedrichsthal, Ziel und Ausgangspunkt zur weiteren Erkundung der umliegenden Wälder.[37]

Dagegen boten die grenznahen Warndtwälder nicht nur ein vorzügliches Wander-areal, sie dienten als »grüne Brücke« sowohl dem saarländisch-französischen Kultur-austausch als auch dem illegalen Warenschmuggel.

»Grenzgänger« an der saarländisch-französischen Grenze im Warndt, 1920er Jahre

Der saarländische Wald in Liedgut, Sagenwelt und Literatur

In der Völkerbundzeit war das »Lied der Saarländer« sehr populär. Den Text hatte Richard Limberger bereits 1892 verfasst; 1921 komponierte der Saarbrücker Musik-lehrer Karl Hogrebe die Melodie. Die saarländische Waldlandschaft nimmt in der ersten Strophe eine prominente Stellung ein:

> *»Ich weiß, wo ein liebliches, freundliches Tal, von waldigen Bergen*
> *umgeben, da blitzen die Wellen im Sonnenstrahl,*
> *es blühn auf den Hügeln die Reben und Dörfer und Städte*
> *auf grünender Flur, und Menschen von kernigem Schlage:*
> *Das ist meine Heimat am Strande der Saar […].«*[38]

Dieses Lied erfuhr 1950 eine Renaissance, als man vor dem ersten Fußballländerspiel des Saarlandes gegen die Schweiz Melodie und Text kurzerhand zur »saarländischen

Nationalhymne« erklärte und diese den begeisterten Zuschauern vor dem Anpfiff am 22. November 1950 im Stadion Kieselhumes in Saarbrücken vortrug.[39]

In seinem Werk »Saarländische Volkskunde« ging der Autor Nikolaus Fox 1927 auch auf soziokulturelle Aspekte des saarländischen Waldes ein. Dabei spielte in den 1920er Jahren die Angst einflößende Sage vom »Wilden Jäger Maltitz im Köllertaler Wald« eine besondere Rolle. Georg Wilhelm von Maltitz war der wegen seiner unerbittlichen Strenge und Gottlosigkeit verhasste Oberforstmeister und Oberhofjägermeister am nassauischen Fürstenhof in Saarbrücken (1741 – 1761). Er war dazu verdammt, mit seiner barocken Jagdgesellschaft ewiglich durch die Lüfte jagen zu müssen. Im gesamten saarländischen Raum erzählte man sich diese Schauergeschichte gerne bei Unwetter und Gewitter noch bis in die 1960er Jahre.[40]

Im Vorjahr der anstehenden Saarabstimmung vom 13. Januar 1935 wurde eine große Welle agitatorischen Schrifttums ausgelöst. Unter dem zweideutigen Titel »Das wachsende Reich« erschien 1934 der »Saarroman« des Schriftstellers Johannes Kirschweng. Die Titelillustration setzte saarländische »Heimat« mit Industrielandschaft gleich. Dagegen sprach die aus Dudweiler/Saar stammende Schriftstellerin Liesbet Dill ihre Leserschaft mit einem Waldlandschaftsbild an. Der Schutzumschlag ihres Heimatromans »Wir von der Saar« (1934) griff ein bis heute noch beliebtes saarländisches Identitätsangebot auf: den Blick von der Saarschleife bei Mettlach, im fernen Hintergrund die rauchenden Schlote im Saartal bei Dillingen.[41]

Buchcover »Wir von der Saar«, Liesbet Dill, 1934; Das Engtal der Saar bei Mettlach, 1934

Wandern

mit "kraft durch freude"

1935 – 1939

Neben der ökonomischen Funktion des Waldes, hauptsächlich für die kriegswichtige Montanindustrie, wird der Wald mit nationalsozialistischen Attributen aufgeladen. Deutscher Wald und Deutsches Volk bilden eine angeblich unzertrennliche kulturgeschichtliche Einheit. Wald und Forstwirtschaft werden als Vorbilder für Eugenetik und Rassenhygiene missbraucht.

Wald-Werbung Anno 1938

3 Anschluss des Saargebietes an das Deutsche Reich 1935 – 1939

»Wald und Volk« – »Heim ins Reich!«

Per Gesetz vom 30. Januar 1935 wurde das Saargebiet an das Deutsche Reich rückgegliedert und einem Reichskommissar unterstellt. Mit vollzogenem Anschluss an das Deutsche Reich traten sämtliche Reichsgesetze auch an der Saar in Kraft.

Parolen im Wald: Eine »verheißungsvolle« Banderole im Warndtwald, 1934

Für die Nutzung natürlicher Ressourcen, allen voran Forst- und Landwirtschaft, waren Reichserbhofgesetz, Reichsnährstandsgesetz, Waldverwüstungsgesetz und Forstliches Artgesetz bindend. Darüber hinaus trat das Reichsjagdgesetz vom 3. Juli 1934 zum 1. April 1935 auch im Saarland in Kraft. Alle saarländischen Inhaber von Jahresjagdscheinen wurden im Reichsbund »Deutsche Jägerschaft« zusammengeschlossen; zeitgleich verbot man alle Vereinigungen mit gleicher oder ähnlicher Zielsetzung.[1]

Schicksalsgemeinschaft Bergbau und Forstwirtschaft

Nach Ablösung der französischen Grubenadministration (1935) durch die nationalsozialistische Bergbauverwaltung wurden den Grubenholzlieferanten sämtliche Grubenholzplätze inklusive Lagerplatzhaltung übertragen.[2] Gemäß Runderlass des Reichsforstmeisters und Preußischen Landforstmeisters (1936) waren eigens entwickelte Produktionsrichtlinien für Grubenholz für Forstbeamte verbindlich.[3] Seit Anfang 1937 bereitete die Holzversorgung der Saargruben erhebliche Schwierigkeiten. Eisen sollte die Grubenholzverzimmerung entlasten bzw. ersetzen.[4] Doch aufgrund des Eisenmangels und der damit erhöhten Kosten stand man dieser alternativen Ausbaumethode sehr kritisch gegenüber.[5]

1936 stabilisierte man interventionistisch die Holzpreise, indem diese staatlich festgeschrieben wurden und somit nicht mehr freien Marktbedingungen unterlagen.[6] In den deutschen Staatswäldern war bereits per Erlass die Dauerwaldbewirtschaftung[7] 1933/1934 verbindlich angeordnet. Aufgrund des hohen Holzbedarfs wurde beschlossen, die Staatswälder temporär zu übernutzen. Der Mehreinschlag innerhalb der Bestände betrug bis zu 150 Prozent und wurde damit gerechtfertigt, dass sich die Staatswälder des Deutschen Reiches nach siegreichem Kriegsende erholen könnten, da der enorme Waldflächenzugewinn im Osten die Holznachfrage kompensieren würde. Diese rigide Waldbewirtschaftungsvorgabe führte letztendlich zu einer sehr starken Auflichtung der Waldbestände, was sich sowohl negativ auf die Holzvorratshaltung als auch auf die Bestandesstabilität auswirkte.[8]

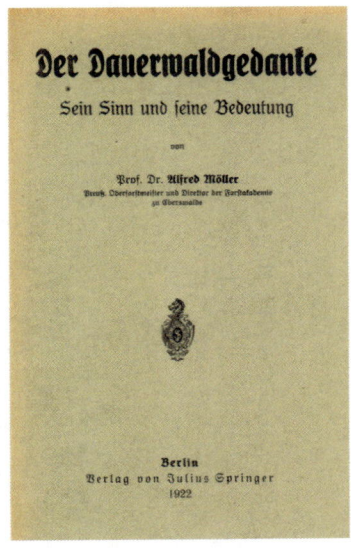

Der Dauerwalderlass wird zur Übernutzung der Wälder missbraucht.

Der Forstmeister
FORSTAMT WARNDT
KARLSBRUNN
RUFNUMMER 939/118

Schwellenhauer im Warndtwald und
Briefumschlag des Forstmeisters im Warndt,
um 1935

Naturschutz versus Siedlungsausbau und Westwall

Am 26. 6. 1935 wurde das Reichsnaturschutzgesetz ratifiziert. Zur naturschutzfachlichen Umsetzung dieses Gesetzes wurde am 26. August 1936 Walter Kremp mit Verfügung des Reichsforstmeisters zum Naturschutzbeauftragten im Bereich des Saarlandes ernannt. Die Aufgaben der Oberen Naturschutzbehörde nahm die saarländische Forstverwaltung unter Leitung von Dr. Konrad Kalbhenn wahr.[9] Einerseits führte die aktive Aufforstungspolitik vornehmlich im ländlichen Bereich zu Wiederbewaldungsmaßnahmen, wie beispielsweise die Aufforstung des Litermonts zwischen Nalbach und Düppenweiler[10], andererseits kam es zu empfindlichen Waldflächenverlusten in Ballungs- und Industriegebieten an der Saar. So schlug man beispielsweise mit Baubeginn der Waldsiedlung »Rastpfuhl« im Norden von Saarbrücken-Malstatt (1935) ca. 30 Hektar Buchenaltholzbestände kahl.[11]

Das 1936/1938 realisierte Bauprojekt »Dorf im Warndt« setzte bewusst auf eine Siedlungsanlage inmitten des Waldes, um den Hütten- und Bergarbeitern ein naturnahes Leben und Erholen im Grünen zu gewährleisten.[12] Darüber hinaus sollte das Projekt »Dorf im Warndt« für das grenznahe Frankreich ein Vorbild für nationalsozialistische Sozialpolitik und lebendiges Beispiel für Hitlers Friedens- und Aufbauwillen sein.[13] Dieses nationalsozialistische Siedlungsprojekt verursachte sowohl einen hohen Waldverlust, als auch einen negativen Umwelteintrag durch die damit verbundene Infrastruktur.[14]

Der Westwall: Betonzapfen (Höckerlinie) als Panzersperre
am Orscholzriegel in Nähe der Saarschleife. Acht Jahrzehnte
nach dem Bau heilt der Wald die Wunden des Krieges.

Eine weitaus höhere Umweltbelastung stellte der Bau des Westwalls dar. Im Saarland begannen die entsprechenden Bauarbeiten zunächst 1936 in kleinem Umfang; der Großausbau der Verteidigungslinie fand ab Juni 1938 statt. Infolge der Zerschneidung vieler zusammenhängender Waldgebiete durch das Einrichten unterschiedlicher militärischer Anlagen (rund 4.100 Bunker, 60 km Höckerlinien, 100 km Panzergräben und 340 Minenfelder)[15] kam es zu tiefgreifenden Umweltschäden, z.B. Bodenverdichtung, Oberflächenversiegelung sowie Boden- und Wasserkontamination.

Der deutsche Wald in der Propaganda des Dritten Reiches

Während des Dritten Reiches wurde die enge Verbundenheit des Deutschen mit dem deutschen Wald hervorbeschworen. Dabei spielte der deutsche Wald eine maßgebliche Rolle, indem er zum urdeutschen Kulturelement erhoben wurde. Elias Canetti, Nobelpreisträger für Literatur, verknüpfte in einem bemerkenswerten Zitat die Deutschen, das Heer und den Wald:

> *Das Massensymbol der Deutschen war das Heer. Aber das Heer war mehr als das Heer. Das Heer war der marschierende Wald.*[16]

Die 1933 gegründete nationalsozialistische Gemeinschaft »Kraft durch Freude« (KdF) hatte zum Ziel, Arbeitsleistung und Produktivität der Deutschen durch Sport-, Freizeit- und Reiseangebote zu steigern. Seit 1938 suggerierten Werbeplakate der KdF im Saarland die positiven Wirkungen des Waldes auf die körperliche und seelische »Volksgesundheit«.

Die unzertrennliche Wald-Mensch-Allianz übertrug man auch auf den Bergmannsberuf im Saarland. Bergmannspfade, auf denen aus dem ländlichen Raum stammende Bergarbeiter zu Fuß durch den Wald zur Arbeit pendelten, wurden symbolisch aufgeladen und ideologisch überhöht:

> *Der Bergmannspfad durch den Wald, bei Tag und Nacht, bei jedem Schichtwechsel begangen, ist ein Sinnbild ihres Daseins. Er verbindet mehr als die Arbeitsstätte mit dem Zuhause: Er formt ein Leben. […] So ist der Bergmannspfad durch den grünen Saarwald ein Weg des Schicksals deutscher Menschen.*[17]

Mehr und mehr bediente man sich in vielfacher Weise der nachhaltigen deutschen Waldbewirtschaftung als naturgegebene Metapher der nationalsozialistischen Ideologie. Sowohl Durchforstungen als auch der Anbau einheimischer Baumarten ließen sich anscheinend mit Eugenetik und Rassenhygiene in Einklang bringen. »Ewiger Wald« wurde mit »Ewigem Volk« gleichgesetzt. Der deutsche Forstwissenschaftler Franz Heske (1933) stilisierte in seiner Rede »Nationalsozialismus und Forstwirtschaft« den waffengewohnten Förster zum natürlichen Bruder des Soldaten.[18]

Aufgrund der nationalsozialistischen »Blut und Boden-Ideologie« sollten alle im jüdischen Eigentum befindlichen land- und forstlich genutzten Flächen »arisiert«, d.h. enteignet werden. Zwischen 1935 und 1938 fielen auf saarländischem Gebiet 137,31 Hektar (97 Besitzeinheiten) jüdischen Landbesitzes dem Deutschen Reich zu, wobei der verstaatlichte jüdische Landbesitz im Kreis Saarlautern (Saarlouis) mit 106,77 Hektar (78 Prozent) den größten Teil ausmachte.[19] 1942 war die Arisierungsmaßnahme im Saarland abgeschlossen und erbrachte einen gesamten Kaufwert von 38.866,10 Reichsmark (etwa 142.000 €).[20] Bei diesen Zwangsenteignungen gab es zum Teil Ungereimtheiten in der Abwicklung der Eigentumsübertragung. 1939 kaufte z.B. die Saarländische Vermögensverwertungsgesellschaft im Auftrag des Gauleiters J. Bürckel im Gau Saarpfalz mehrere land- und forstwirtschaftliche Grundstücke von Juden zum Einheitswert auf und verkaufte sie zum Verkehrswert weiter. Der Differenzbetrag wurde anscheinend veruntreut und nicht an die Reichskasse abgeführt.[21] In einem anderen »Arisierungsfall« im Gau Saarpfalz waren 150.000 Reichsmark (etwa 525.000 €) Ausgleichsabgabe erhoben worden, deren Verbleib ungeklärt blieb.[22]

Das »Försterbild« in der deutschen Literatur der 1930er Jahre

In der Jugendbuchliteratur des Dritten Reiches wurde der Berufsstand des Försters in gleicher Weise idealisiert und verherrlicht, z. B. in der von Mädchen stark nachgefragten zwölfbändigen Buchserie »Försters Pucki« von Magda Trott (1935 – 1941).

Sehr populär: Försters Pucki, 1935

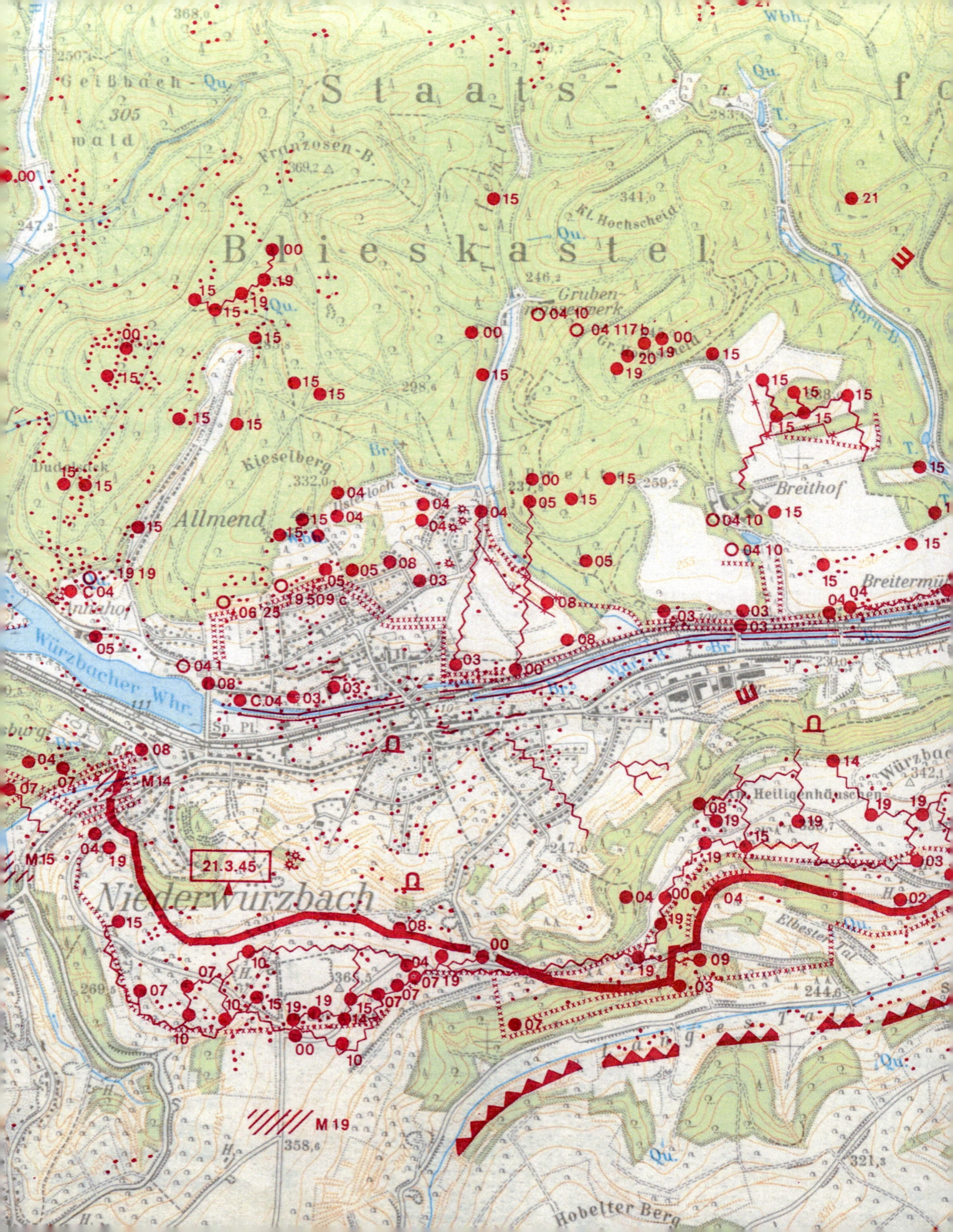

1939 – 1945

Wald im Ausnahmezustand: Gezwungenermaßen mutiert der Wald von einer friedlichen Holzproduktionsfläche zur kriegswichtigen Rohstoff-Produktionsstätte (Holz für Rüstungszwecke, Holzinhaltsstoffe als Ersatz für Zucker, Wolle etc.). Die für den Staatswald obligatorische Dauerwaldbewirtschaftung sichert per Dekret eine »ordnungsgemäße« Übernutzung.

»Bunkerkarte«: Militärische Anlagen in den Wäldern im Bereich Niederwürzbach, 1939 – 1945

4 Zweiter Weltkrieg an der Saar
1939 – 1945

Mit dem Einmarsch in Polen am 1. September 1939 begann auch für das Saarland als deutsches Reichsland der folgenschwere Zweite Weltkrieg. Mit diesem werden heute primär zerbombte Städte und Infrastruktur, menschliche Tragödien und Flüchtlingsströme assoziiert. Wälder als weitgehend unbesiedelte Terrains werden hingegen oft als von Kriegseinflüssen verschonte Gebiete vermutet bzw. eingestuft. Nichtsdestotrotz belegen wissenschaftliche Untersuchungen anhand terrestrischer Überformungen und holzspezifischer Besonderheiten einen hohen Grad an kriegsbedingten Waldschäden. Auch untermauern historisch überlieferte Text- und Bildquellen sowie schriftliche und mündliche Zeitzeugenberichte die vielfältige und enge Verzahnung von Wald und Krieg.

Wald im Krieg – Kriegsschauplatz, Verbündeter und Opfer zugleich

Zu den einberufenen Soldaten zählten sowohl das männliche Personal der Forstverwaltungen als auch Waldarbeiter. Der Rohstoff Holz wurde als kriegswichtige Ressource eingestuft. Bereits 1941 wurde wegen des zunehmenden Waldarbeitermangels der Einsatz von Zwangsarbeit erwogen und letztendlich 1943 umgesetzt. Kriegsgefangene und ausländische Zivilarbeiter zog man sowohl für die reguläre Holzernte als auch für andere Waldarbeiten heran.[1] Aus dem 1941 errichteten Kriegsgefangenenlager in Ludweiler wurden 400 französische Soldaten im unmittelbar benachbarten Warndtwald zur Waldarbeit, zu Aufräumungsarbeiten und zum Waldwegbau rekrutiert. Kurz nach Beginn des Russlandfeldzugs wurden diese französischen Kriegsgefangenen durch russische Kriegsgefangene ersetzt, die zum Teil für Arbeiten in der Holzproduktion zwangsverpflichtet wurden.[2] Seit 1944 mussten überwiegend französische Kriegsgefangene hinter der von Bewohnern geräumten

Mit Volldampf voraus: PKW mit Holzvergaser © akg-images

»Roten Zone« des Westwalls, in der sogenannten »Grünen Zone«, Holz für Verteidigungszwecke und zur Energiegewinnung (Generatorholz) einschlagen. Das »Generatorholz« erzeugte in Holzvergasern brennbares Gas. Dieses Gas nutzte man vornehmlich als Alternativtreibstoff zum Befeuern der Schachtöfen von Lastkraftwagen und später auch von Personenkraftwagen.[3]

Außerdem wurden aus Holz Viskose (Textilfasern aus Cellulose), Holzzucker und viele andere Surrogate hergestellt. Stammholz diente sowohl dem Bau von Panzersperren, als auch als Konstruktions- und Verschalungsholz von Stellungen und Unterständen der Soldaten.

Stationäre Militäranlagen im Wald wie Bunker, Schützengräben und andere Einrichtungen (z.B. Westwall) hatten negative Auswirkungen auf Bestand und Waldboden. Beispielhaft sei der Beginn der »Schlacht um den Orscholz-Riegel« am 15. November 1944 genannt, die zu massiven Waldzerstörungen führte. In vielen anderen saarländischen Waldbeständen verursachte Artillerie mit schwerem

Kriegsgerät Bodenverdichtungen und -kontaminierungen. Helmut Uhl beschrieb die Situation im Warndtwald:

> *»Das große zusammenhängende Waldgebiet tarnte den Aufmarsch der vielen Fahrzeuge gegen jegliche Luftbeobachtung ab. Zusätzlich lagerten auch noch nach unserer Heimkehr auf den immer noch gesperrten Waldwegen große Restmengen leerer Munitionskörbe der Artillerie, Verpackungsmaterialien, Ausrüstungsgegenstände und sonstiges Material aller Art.«*[4]

Zu Kriegsende zwang die völlige Luftbeherrschung der US-Amerikaner die deutschen Divisionen Stellungen und Reserven in den tarnenden Wald zu verlegen. Von der feindlichen Luftaufklärung in Waldgebieten erkannte und vermutete mobile und immobile Militärstandorte bombardierten die Alliierten vehement. So wurde ein Waldstück mit Reisighaufen in Reisbach-Falscheid fälschlicherweise als Panzertruppe in Bereitstellung ausgespäht und per Luftangriff dem Erdboden gleich gemacht.

Dank mehrerer Zeitzeugenberichte ist auch die Existenz einer Ablenkungsanlage der Burbacher Hütte bei der Waldgemarkung »In der Nauwiese« im Köllertaler Wald zwischen Gilbenkopf und Kirschheck mündlich überliefert. So verleiteten die dort errichteten Baracken mit elektrischer Beleuchtung englische und amerikanische Bomber mehrmals zu Fehlabwürfen. Dabei wurde der benachbarte Wald durch Waldbrände, versplittertes Holz und Bombentrichter sehr stark in Mitleidenschaft gezogen.[5] Noch heute stellt ein derart kriegsgeschädigter Wald eine Gefahr für Waldarbeiter und Maschinen bei Holzernte und Weiterverarbeitung dar. Die Wertverluste für Waldeigentümer und holzverarbeitende Industrie sind dabei beträchtlich.

Die abgebildete »Bunkerkarte« (1939–1945) verortet exemplarisch militärische Anlagen in den Wäldern im Bereich Heusweiler. In diesem Abschnitt war der Westwalllinie ein breiter Waldgürtel vorgelagert, der das Vordringen schneller gepanzerter Kräfte auf wenige Straßen beschränkte und daher nur weniger Betonsperren bedurfte.[6]

NS-Wald-Propaganda: »Jeder Baum ist eine kriegswichtige Rohstoffquelle!«

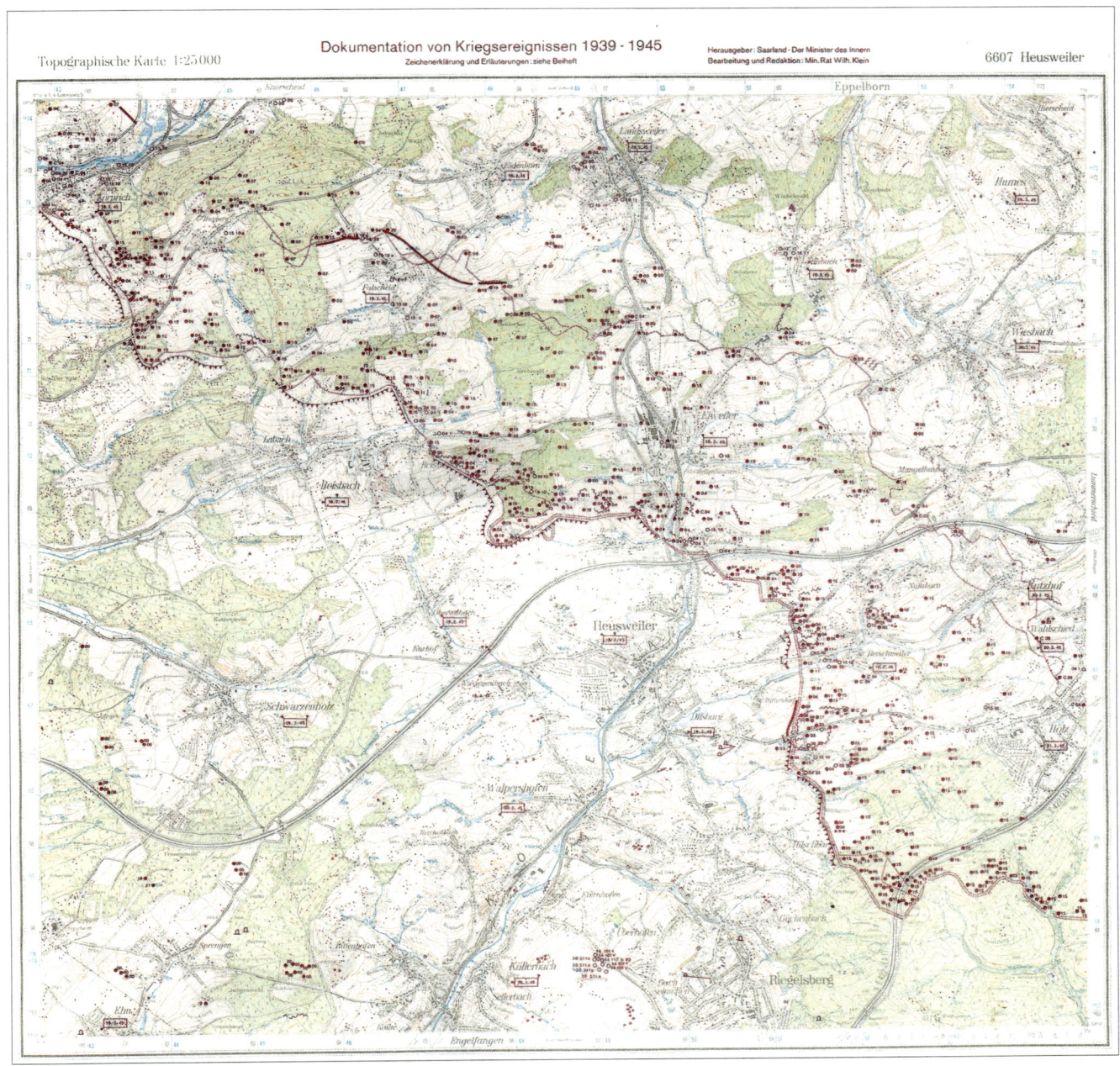

»Bunkerkarte«: Militärische Anlagen in den Wäldern im Bereich Heusweiler – Wiesbach (Saar), 1939 – 1945

Zum Teil gab es beim Rückflug der Bomber Notabwürfe über saarländischen Wäldern, z.B. beim Abdrehen des Bombenangriffs auf Saarbrücken am 11.5.1944. Im Wald gelegene Bombentrichter sind bis heute »Zeitzeugen« der damaligen Kampfhandlungen und sind sehr eindrücklich in der abgedruckten »Bombardierungskarte« zu erkennen. Aus retrospektiver Sicht beschrieb der saarländische Forstassessor Ochs das Ausmaß der Schäden in den saarländischen Wäldern so:

> *»Die Kriegsschäden in den Waldungen entlang der französischen Grenze hatten infolge zweimaligen längeren Stillstands der Front (1939 und 1944) ein derartiges Ausmaß angenommen, daß die von der Einrichtung 1930 [Forsteinrichtung, Forstbetriebsplanung, der Verf.] vorgesehenen Maßnahmen illusorisch geworden waren«.*[7]

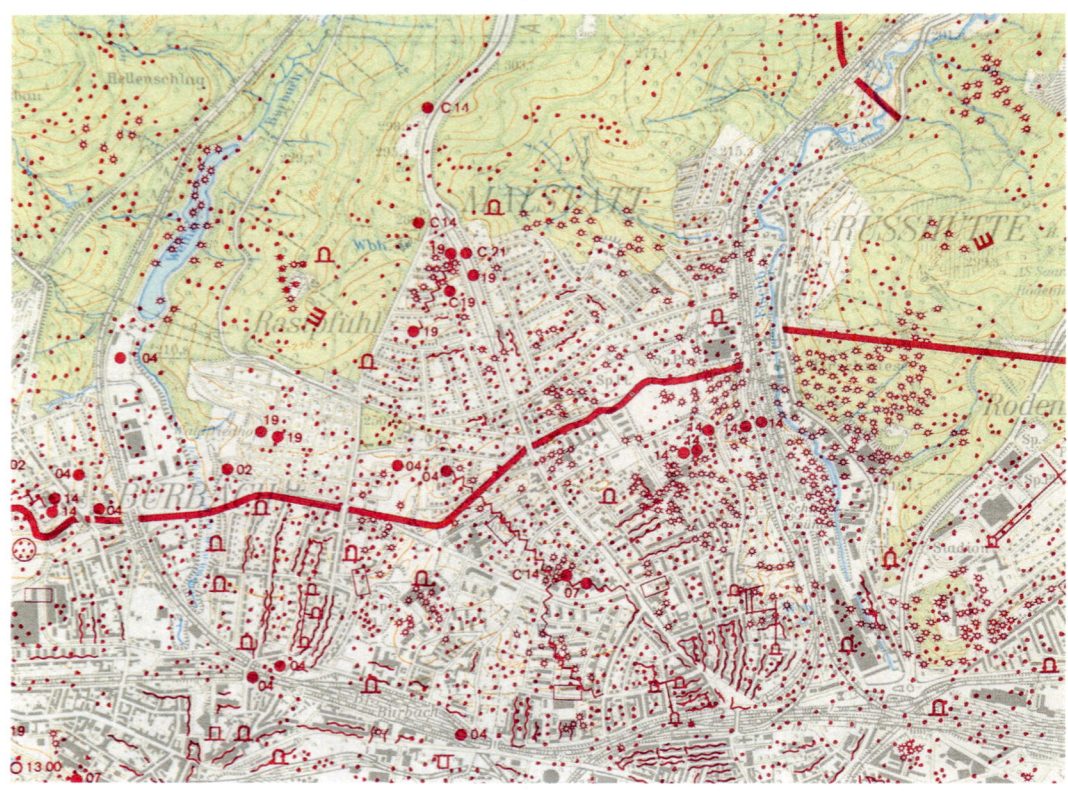

Karte der Kriegseinwirkungen (hauptsächlich Bombeneinschläge) 1939 – 1945 Raum Saarbrücken und Saarkohlenwald

Kriegserlebnisse von Soldaten und Zivilpersonen im saarländischen Wald

Der Wald diente den Soldaten und der Grenzwacht als Tarnung. Konrad Mollet, Angehöriger der Grenzwacht im Warndt, schildert in seinem Erlebnisbericht den Kriegsbeginn 1939/1940 so:

>*Meine Gruppe wurde nach St. Nikolaus befohlen. Wir wurden als vorgeschobene Rückzugsdeckung mit unseren MGs eingesetzt. Unser Standort befand sich gleich oberhalb der alten, heute nicht mehr vorhandenen Kapelle, gut getarnt, gleich hinter dem dortigen Waldrand.*«[8]

Aber auch der Feind hatte die Möglichkeit, im Schutze des Waldes zu agieren. In einem persönlichen Bericht des Nikolaus Poth aus Ludweiler im Warndt, der einem Spähtrupp als ortskundiger Führer im französischen Grenzgebiet des Warndtwaldes zugeteilt worden war, wird folgende Situation geschildert:

>*Als sich unser abendlicher Spähtrupp – ca. 12 – 15 Mann – in Höhe des früheren Mack'schen Hauses befand, erhielten wir ganz plötzlich und unerwartet vom Waldrand der Cherika her MG- und Einzelfeuer.*«[9]

Nicht verwunderlich ist, dass in Kriegszeiten gebietsweise verstärkt Wilddieberei aufkam. Nikolaus Buß aus Lauterbach im Warndt schreibt in seinen Erinnerungen über Grenzsoldaten, die ein verlassenes Wohnhaus in Lauterbach als Nachtquartier eingerichtet hatten:

>*In einem der Räume hatten sie [die Grenzsoldaten, der Verf.] das Geweih eines Hirsches festgenagelt. Willi Aubertin […] erzählte mir, daß er nun in diesen tollen Kriegstagen gänzlich ohne Angst vor einer Strafe öfters auf die Jagd gehen würde und auch schon einige Hirsche geschossen hätte […] denn Hirschbraten sei wenigstens einmal eine Abwechslung [..]. Er hatte einen großen Topf Hirschragout zubereitet und gab mir Ausgehungertem solange zu essen, bis ich satt war und wahrhaft nichts mehr herunter bekam.*«[10]

In diesen Kriegsjahren diente der saarländische Wald als zusätzliche wertvolle Nahrungsquelle für die notleidende Bevölkerung:

> *»Zu den jeweiligen Erntezeiten sah man den Wald voll von Menschen. Alles wurde gesammelt und geerntet. Eicheln für die Schweinehaltung als Ersatzfutter. Bucheckern wurden sackweise zusammengesucht und auf die Ölmühlen geschleppt, um davon einen gewissen Anteil als Speiseöl einzutauschen. Heidelbeeren, Schwarzbeeren, Himbeeren wurden eimerweise gesucht und zu Saft und Marmelade verarbeitet. Viele pfiffige Schlosser hatten sich unter der Hand eine einfache, schnell improvisierte Schnapsdestillerieanlage gebaut. Teilchen für Teilchen hatten sie sich selbst zumeist auf ihren Arbeitsstellen bei Röchling oder auf der Grube besorgt […].«[11]*

In diesem Zusammenhang ist ein anderer Sachverhalt hoch interessant, bei dem Brennholz aus dem Warndtwald indirekt zur Nahrungsmittelversorgung – wenn auch illegal – beitragen konnte. Helmut Uhl, ein Jugendlicher aus Ludweiler im Warndt, hielt folgende Erinnerung fest:

> *»Mein Vater […] hatte einen kleinen Grubenholzhandel und einen fahrbereiten LKW.[…]. Für diesen Diesel-LKW [für Grubenholztransport, der Verf.] erhielt er [der Vater, der Verf.] vorerst laufend und auch genügend Bezugsscheine für Kraftstoff. Deswegen konnte dann hin und wieder Brennholz nach Lothringen zu den Bauern gefahren werden und dafür lebensnotwendige Dinge, wie Wurst und Speck, Schnaps und Obstler u. ä. eingehandelt werden. Dies war streng verboten, aber so herrschte zu Hause keine allzu große Not«.[12]*

Und auch das war in Kriegszeiten durch die Tarnung des Waldes möglich: Die im Warndtwald versteckten Treibstofftanks für deutsche Militärfahrzeuge verleiteten zu einer streng bestraften »Wehrkraftzersetzung« (Sabotage). In seinem Buch »Der Warndt im 2. Weltkrieg« schildert Helmut Uhl sehr eindrücklich den waghalsigen Treibstoffdiebstahl der ortsansässigen motorisierten Jugend:

> *»Diese Quelle [Treibstofftanks, der Verf.] mußte unbedingt angezapft werden. Beim ersten Versuch fuhren wir mit unseren Motorrädern, nächtlicherweise wie die Hühnerdiebe, alle Lichter aus, nur bis in die Nähe, tarnten diese und ließen sie versteckt im Walde stehen. Auf den*

uns bekannten Pfaden näherten wir uns, immer die bereits von Minen geräumten Pfade benutzend, die, wie wir wußten, durch ausgelegte und markierte weiße Mullbindenstreifen gekennzeichnet waren, schleichend und sichernd und ganz schön die Hose voll, den geisterhaft wirkenden Stahlungetümen.«[13]

Bis in den Sommer 1945 waren viele Wälder der Hauptkampfgebiete westlich der Saar nur über minengeräumte Wege zu betreten. Die Aufarbeitung von zerschossenen bzw. versplitterten Beständen stellte stets auch eine Gefährdung der Waldarbeiter dar.[14]

Zeitgenössische Einschätzung der forstlichen und politischen Situation

Bei Renovierungsarbeiten des alten Forsthauses Pfaffenkopf (Gemarkung Saarbrücken-Burbach) im Jahr 1984 tauchte im wahrsten Sinne des Wortes im ehemaligen Brunnen eine historisch einzigartige Quelle auf.

Der ehemalige Förster des Forstreviers Pfaffenkopf Richard Wagner hatte in einer Flasche einen Brief verschlossen, in dem er die Situation zu Ende des 2. Weltkrieges aus seiner Sicht niederschrieb[15]:

»Zum Geleit: Wir hatten einst ein schönes deutsches Vaterland, aber unsere Führung hob sich über Gott, daher mußte Deutschland zugrunde gehen! R. Wagner.
Wenn ich dieses Schreiben im Brunnen versenke, dann will ich nur der Nachwelt eine kleine Erinnerung hinterlassen. Die Revierförsterei Pfaffenkopf besteht zur Zeit aus dem Staatswald und dem Gemeindewald Püttlingen ...«

Zur kriegsbedingten Lage des Saarlandes und zum Zustand der saarländischen Wälder enthält der Flaschenpostbrief des Jahres 1946 derart wertvolle Informationen, dass diese Passagen wortgetreu im Folgenden wiedergegeben werden:

»6 Jahre Krieg liegen hinter uns, Deutschland hat diesen zweiten Weltkrieg ebenfalls verloren und unsere schöne Heimat ist verwüstet. Saarbrücken

Zum Geleit: "Wir hatten einst ein schönes Deutsches
Vaterland, aber unsere Führung erhob sich
über Gott, daher müßte Deutschland zu
Grunde gehen." R. Roßler

Wenn ich dieses Schreiben im
Brunnen versenke, dann will ich nur der Nachwelt eine kleine Erinnerung hinterlassen.

Die Revierförsterei Gassenreuth besteht
zur Zeit aus dem Staatswald u. dem Gemein-
Püttlingen. Die Zusammenlegung mit dem Gemein-
geschah im Juni 1944 während des Krieges, der von 1939
bis zum Mai 1945 dauerte. Gründe der Zusammenlegung
waren: Vereinfachung des Verwaltungssystems, Vergrößerung
des Reviers u. _____ an Beamten. Mit
Beendigung des Krieges sollte das Ganze wieder rückgängig
gemacht werden, jedoch wurde es von der französischen Militärregierung _____ beibehalten. Größe des
_____ Reviers etwa 800 Ha. Das _____ Gassenreuth
wurde 1823 erbaut. Im 1938 stand noch ein älteres Gebäude statt; _____ nach die _____ _____
_____ im 1750 stammte u. ein Jagdhaus der Fürsten
war. Vor diente es als Cellasbau _____ u. _____
1938 wegen Baufälligkeit abgerissen wurde. _____
u. der _____wald in Altenkessel, waren _____ _____
_____ u. _____ Saarfürsten Wohnstätten der fürstlichen
_____ vielleicht _____ _____ _____

ist zu 85 % zerstört. Aber auch das Forsthaus blieb nicht ganz verschont.
Rund herum zeugen tiefe Bombentrichter von der Grausamkeit der
Bombenwirkung (Distr[ikte] 164 a und b, 170). In der Wiese war eine
deutsche Batteriestellung und das Forsthaus von Militär belegt. Pfaffenkopf
war ein wichtiger strategischer Punkt und sollte verteidigt werden. Auf
dem Pfaffenköpfchen (Fichtenkopf in Abt[eilung] 164 b) war ein ganzes
Stellungssystem ausgebaut. Davor war eine große, lange Ostsperre als
Hindernis aufgebaut. Zur Errichtung der Ostsperre wurden Bäume gefällt
und die Äste und Zweige hochgeschichtet. Panzergräben waren aufgeworfen
von 164 nach 168, von 164 b nach 170 und 162 nach 163 jeweils durch
die Straßen Pfaffenkopf-Altenkessel und Pfaffenkopf-Burbach. Daher lag
auch Pfaffenkopf unter starkem feindlichem Artilleriefeuer. Das Haus des
Holzhauermeisters nebenan – erbaut 1910 – erhielt ein Volltreffer in das
Stallgebäude. Gott sei Dank blieb das Forsthaus verschont, es erhielt nur
leichten Schaden durch Splitter u[nd] Luftdruck« ....
Die Lage ist trostlos ... Möge sich Gott erbarmen u[nd] uns helfen. Der
wirtschaftliche Anschluss des Saarlandes an Frankreich steht bevor,
vielleicht wird es dann besser?
Der Brunnen wurde von den Soldaten aufgemacht. Ich mache ihn jetzt
wieder zu, weil wir ihn nicht brauchen und lege die Flasche hinein? Wann
wird er wohl wieder aufgemacht?« [16]

»Flaschenpost« im Brunnen vom Forsthaus Pfaffenkopf, handschriftliches Original von 1946

1945 – 1957

Der Wald verkommt in weiten Teilen zum Büßer und Diener: Reparationshiebe für die Alliierten und Aderlass für den Wiederaufbau von Industrie und Gesellschaft. Daneben erlebt er aber auch wieder eine Renaissance seiner Erholungs- und Schutzfunktionen. Er wird zunehmend als idyllische und harmonische »Gegenwelt des Krieges und des Arbeitsalltags« wahrgenommen und geschätzt.

Forsthaus Pfaffenkopf zwischen Saarbrücken-Burbach und Riegelsberg

5 Das Saarland in der »französischen Zeit«
1945 – 1957

Nach dem Zweiten Weltkrieg wurde das Saarland erneut zur Reparation an Frankreich abgetreten. Bereits 1945 wurden erste Reparationshiebe, überwiegend in Fichtenbeständen, von der Besatzungsmacht im Staats-, Gemeinde- und Privatwald des saarländischen Hochwaldgebietes angeordnet.[1] Der saarländische Holzmarkt wurde am 20. November 1947 durch die vollkommene Übernahme des protektionistischen französischen Wirtschaftssystems eingeschränkt; gleichzeitig hörten die Reparationshiebe auf.[2] Die französische Militärregierung an der Saar entschied daraufhin, saarländisches Holz an Frankreich zu einem Preis zu verkaufen, der lediglich 55 Prozent des durchschnittlichen Weltholzpreises entsprach.[3]

Die neue saarländische Identität verlangte sowohl nach einem neuen Landeswappen als auch einer saarländischen Nationalhymne. Der eigens ausgeschriebene Wettbewerb erfreute sich jedoch keiner allzu großen Resonanz. In den mehr als 500 Vorschlägen fanden sich stereotypisch immer wieder die gleichen zentralen Elemente Kohle, Eisen und Wald, wie zwei zeitgenössische Beispiele veranschaulichen:

> *»Es dröhnen die Essen, der Hammer schwingt […]«*
> *»Ewig rauschen deine Wälder, gut bestellt sind deine Felder […].«*[4]

Letztendlich entschied man sich für eine leicht veränderte Version des aus der Völkerbundzeit stammenden »Liedes der Saarländer«: »Ich weiß, wo ein liebliches, freundliches Tal, von waldigen Bergen umgeben.«[5]

»La chasse et la forêt« – Jagd und Wald an der Saar

Die US-Amerikaner, die im März 1945 das Saarland besetzten, nutzten zum Teil automatische Waffen, um Wild zu erlegen. Im Juli 1946 überließ die amerikanische Militärverwaltung den Franzosen die Besetzung und Verwaltung des saarländischen Territoriums.[6] Mit dem französischen Kontrollratsbefehl (1946) blieb es jedem Saarländer weiterhin verboten, Waffen oder Munition einschließlich Jagdwaffen zu führen. Ein Umstand der sich sehr positiv auf den Wildtierbestand auswirkte, aber das Problem der Wildschäden in Wald und Flur verstärkte.[7] Um diesem Missstand entgegenzutreten, lud 1946 die französische Militärverwaltung einige saarländische

Halali mit »Promis«: Hubertusjagd mit Ministerpräsident Johannes Hoffmann (2. v.r.), 1955

Jäger und drei Jägerinnen zu ihren Jagden ein, wobei Waffen und Munition unverzüglich nach der Jagd wieder abgegeben werden mussten.[8] Erst am 21. 4. 1948 wurde ein Saarländisches Jagdgesetz ratifiziert: Das Jagdwaffenverbot wurde aufgehoben und Jagd- und Waffenscheine konnten wieder für saarländische Jäger ausgestellt werden.[9] Damit war die gesetzliche Grundlage zur Konstitution der »Vereinigung der Jäger des Saarlandes« gelegt, die am 17. Oktober 1948 im Saarbrücker Johannishof unter Mitwirkung von etwa 400 Jägern vollzogen wurde.[10]

Bereits im April 1949 erschien die Erstausgabe der Zeitschrift »Der Saarjäger« mit dem Untertitel »La chasse en Sarre«. Eines der damaligen Hauptziele war die Reduzierung des überstarken Schwarzwildbestandes in den saarländischen Wäldern.[11] Erlegte man im Jahr 1948 lediglich zehn Stück Schwarzwild, so stieg der Abschuss im Jahr 1951 auf 93 Stück.[12]

Der saarländische Ministerpräsident Johannes Hoffmann, »Joho« genannt, lud Ende des Jahres 1950 zur ersten saarländischen Staatsjagd ein. Diese in den Folgejahren vornehmlich im Dezember veranstalteten Diplomaten- und Prominentenjagden dienten neben dem Wildabschuss dem Aufbau eines wichtigen politischen, wirtschaftlichen und kulturellen Netzwerkes.

Die Neuorganisation der saarländischen Landesforstverwaltung war zum 1. Oktober 1948 faktisch abgeschlossen. In den Folgejahren war die saarländische Forstverwaltung weitgehend frei, eigene Handlungsgrundlagen für die betriebliche Führung und Abwicklung des Forstwesens zu erstellen. Das ratifizierte »Gesetz zur Errichtung eines Saarländischen Waldfonds« (1949) sah eine Steuer vor, deren Ertrag von der Landesforstverwaltung zweckgebunden zu verwalten war.[13] Aufgrund der Saargebietserweiterung im Norden wurden drei zusätzliche staatliche Forstämter gegründet.[14] Insgesamt vierzehn saarländische Gemeinschaftsforstämter bewirtschafteten 35.000 Hektar Staatswald und 28.000 Hektar Kommunalwald. Eine Beratung und Betreuung des saarländischen Privatwaldes war hingegen behördlich zu beantragen.[15] Daraufhin gründete sich 1950 der Waldbesitzerverband des Saarlandes e.V. als Interessensgemeinschaft in Saarbrücken.

Das statistische Handbuch für das Saarland (1950), das die Forsterhebung vom 1. Oktober 1948 beinhaltet, weist die gesamte saarländische Waldfläche aus. Dank der Saargebietserweiterung im Norden betrug der absolute Waldanteil 80.214 Hektar. Demnach war im Zeitraum von 1913 bis 1948 die saarländische Waldfläche trotz der beiden Weltkriege um mehr als 20.000 Hektar gestiegen; 63,1 Prozent waren mit Laubholz, 36,9 Prozent mit Nadelholz bestockt.

Starthilfe mit Holz –
Bau- und Energiestoff des Wiederaufbaus an der Saar

Der Holzeinschlag belief sich in den ersten Nachkriegsjahren auf durchschnittlich 382.140 Festmeter (Fm) im Jahr (4,76 Fm/Jahr/ha).[16] Diese starke Holznachfrage war dem Wiederaufbau der durch den Krieg zerstörten saarländischen Städte und Gemeinden geschuldet. 1956 bezifferte sich das eingeschlagene Stammholz einschließlich Wertholz sämtlicher Baumarten auf insgesamt 136.449 Festmeter, was rund 70 Prozent der gesamten Holzernte des öffentlichen Waldes an der Saar entsprach.[17]

Zudem hatte der saarländische Wald in den ersten Nachkriegsjahren den größten Teil des Energieholzbedarfs der privaten Haushalte zu decken. Im ersten Nachkriegswinter 1945/1946 gab es unter den Brennholzselbstwerbern[18] – insbesondere in den Wäldern links der Saar – Tote und Verletzte durch Erd- und Landminen.[19] Die Knappheit an Hausbrand hielt bis 1948 an und verschärfte sich durch die Requirierung der Steinkohle durch die Franzosen. Durch erhöhten Einsatz der Forstpolizei (Forstschutz) versuchte man die schlimmsten Übergriffe an Holzdiebstählen einzudämmen. Zusätzlich wurden örtlich Holzsammeltage für die Bevölkerung eingerichtet und dabei Raff- und Leseholzscheine sowie Berechtigungsscheine zur Aufarbeitung von Schlagabraum ausgegeben. Einige Waldpartien waren durch Kriegseinwirkung und Brennholznutzung derart ausgeplündert und devastiert, dass sich auf sandigen Standorten vermehrt Besenginster (saarländisch: Primme) einstellte. Dies führte zu der namentlichen Verunglimpfung des saarländischen Försters zu »Primmeförschda.«[20]

Hinzu kam die hohe Nachfrage nach Buchen- und Eichenschwellenholz, um beschädigte und zerstörte Bahnverbindungen instand zu setzen und den weiteren Eisenbahnausbau an der Saar zu fördern. In den letzten beiden

Symbol der architektonischen Wiederauferstehung des gesamten Saarlandes: Aufbau der Ludwigskirche in Saarbrücken, vollendeter Dachstuhl und Holzbaugerüst.

Reisig- und Brennholzsammlerinnen im Wald, um 1945/1946

Unterwegs in der »Holzklasse«: Arbeiterwochenkarten-Fahrschein der Saarländischen Eisenbahnen; Interieur eines Eisenbahnwaggons 3. Klasse, 1940er-Jahre © SBB Historic

»Dich sah ich wachsen, Holz« – 100 + 1 Jahre Saar-Wald-Kultur

französischen Forstwirtschaftsjahren 1956 und 1957 wurden insgesamt 35.264 Festmeter Laubholzschwellen für die Betreiber der »Saarländischen Eisenbahnen« aus den öffentlichen Wäldern verkauft.[21] Zudem bestand die Innenausstattung der Eisenbahnwaggons der 3. Klasse ausschließlich aus Holzbänken, weshalb man sie auch gerne als »Holzklasse« bezeichnete.

»Trümmerfrauen des Waldes« – »Kulturfrauen« rekultivieren den saarländischen Wald

Wiederaufforstungsmaßnahmen kriegsgeschädigter Bestände konnten im Saarland erst nach der Währungsreform 1949 in großem Umfang durchgeführt werden. Die ersten Ergebnisse fasste 1952/1953 ein Kurzbericht des Statistischen Amtes des Saarlandes (Forsterhebung) zusammen. Die Gesamtwaldfläche war demnach von 80.214 ha auf 82.443 Hektar angestiegen und nahm 32,1 Prozent der saarländischen Landesfläche ein. Dieser Bericht stellte klar heraus, dass Waldflächen nur dann für Siedlungs- und Gewerbeflächen umzuwandeln waren, wenn ungünstige Standortverhältnisse andere Nutzungen ausschlossen. Der Laubholzanteil stieg im Vergleich zu 1948 von 72,6 Prozent um weitere 9,7 Prozent auf 82,3 Prozent an.[22] Bis Oktober 1956 vergrößerte sich die Aufforstungsfläche im öffentlichen Wald auf insgesamt 8.723 Hektar; weitere 2.159 Hektar kahl geschlagene Waldflächen standen zur baldigen Wiederbestockung an.[23] Dabei war es nicht immer möglich, die Böden mit den geeignetsten Baumarten aufzuforsten. Man hatte, soweit es vertretbar war, auch die Fichte eingebracht. Fichte lässt sich leicht anpflanzen und wird bei starkem Unkrautwuchs am wenigsten beeinträchtigt.[24] Die Douglasie, deren kleinflächige Ausbringung im Warndt bereits Ende des 19. Jahrhunderts dokumentiert ist, kultivierte man erst nach dem 2. Weltkrieg großflächig auf kahl geschlagenen Waldflächen, wie zum Beispiel im Rosenwald bei Holz (heute Heusweiler) und in Freisen.[25]

Die Wiederaufforstung der kahlen und stark aufgelichteten Waldbestände wurde im Saarland und in den westlichen Besatzungszonen der Bundesrepublik Deutschland fast ausschließlich durch so genannte »Kulturfrauen« durchgeführt, die man mit Recht als »Trümmerfrauen des Waldes« bezeichnen könnte. Dieser unermessliche Arbeitseinsatz zum Erhalt und Wiederaufbau der Wälder würdigten die Länder der jungen Bundesrepublik in besonderer Form. Die neugeprägte 50-Pfennig Münze des neuen deutschen »D-Mark-Zeitalters« zeigt eine sogenannte »Kulturfrau« beim Pflanzen einer jungen Eiche. Im gewählten Bildmotiv steht der

Baumsetzling symbolisch für die tragende Rolle der Frau für den gesamten Wiederaufbau Deutschlands.

»Kulturfrau« auf der 50-Pfennig Münze, 1950

Geologisches Naturdenkmal: Taunusquarzitfelsen Holzbachtal/Weiskirchen

© Landesbildstelle Saarland im LPM (Joachim Lischke)

»Dich sah ich wachsen, Holz« – 100 + 1 Jahre Saar-Wald-Kultur

Naturschutz versus Großprojekte im französisch verwalteten Saarland

Die gesetzliche Regelung des saarländischen Naturschutzes nahm in der Nachkriegszeit eine bemerkenswerte Sonderstellung ein. Das Reichsnaturschutzgesetz (1935) blieb trotz der französischen Annektierung des Saarlandes weiterhin rechtskräftig. Infolgedessen blieb die Rechtswirksamkeit der seit 1935 ausgewiesenen saarländischen Schutzgebiete uneingeschränkt bestehen.[26]

In den 1950er Jahren wurden Naturdenkmäler und Landschaftsschutzgebiete im Saarland von der Obersten Naturschutzbehörde unter der Leitung des Landesbeauftragten für Naturschutz und Landschaftspflege Walter Kremp terrestrisch aufgenommen, naturschutzfachlich bewertet und zum Teil fotografisch dokumentiert. Diese einzigartige und akribisch durchgeführte Inventur wurde erstmals 1951 veröffentlicht und in späteren Nachträgen (1958, 1960) aktualisiert. In den Jahren 1952/1953 und 1960/1964 gab Walter Kremp das mehrbändige Werk »Naturdenkmäler und Landschaftsschutzgebiete im Saarland« heraus, das in hervorragender Weise interessante Denkmäler und Naturschönheiten festhielt. Dabei erfuhren auch einzigartige Waldstandorte eine entsprechende naturschutzfachliche und soziokulturelle Würdigung.[27] Diese Publikationen basieren auf sehr hohem wissenschaftlichem Niveau und gewähren eine hervorragende Binnenperspektive in die saarländische Umweltsituation der 1950er Jahre.[28]

Ungeachtet dessen wurden Trassen für Rohrversorgungssysteme durch saarländische Wälder geschlagen und anschließend für Wartungszwecke freigehalten. Ein solches Großbauprojekt war beispielsweise die Verlegung einer Stahlrohrleitung der saarländischen Ferngas AG vom Saarland nach Paris im Jahr 1952.[29]

Versorgungsschneisen durch die Wälder:
Ferngasleitung Saar – Paris, 1952

»L'union fait la force« –
Französischer Bergbau und saarländischer Wald

Grubenholz blieb während der französischen Zeit innerhalb und außerhalb des Saarlandes ein stark nachgefragtes Holzsortiment. Aufgrund der saarländischen Versorgungsengpässe verlagerte sich der Grubenholzbezug in andere französisch besetzte Gebiete Deutschlands. Im Staatsarchiv Freiburg ist beispielsweise für die Zeit von 1948 – 1949 eine Akte über Grubenholzverkäufe an die Saarbergwerke erhalten.[30] Der gesamte Holzbedarf belief sich in den saarländischen Gruben im Jahr 1948 insgesamt auf eine Rekordmenge von 715.000 Festmeter Holz.[31]

Der in der Nachkriegszeit ansteigende Holzbedarf zum Wiederaufbau Deutschlands führte in industriellen Regionen zu empfindlichen Holzengpässen. Neben einer Sanierung des Waldbestandes und der Vermeidung forstlichen Raubbaus

Holz auf Vorrat: Grube Maybach in den 1950er Jahren

wurden von der Montanindustrie Überlegungen angestellt, das Holzknappheitsproblem durch Bedarfslenkung und Sparsamkeit zu lösen. In den 1950er Jahren war ein sparsamer und effektiver Grubenholzeinsatz bis ins Detail geregelt. Jeder Steiger im Saarkohlenrevier forderte seinen Grubenholzbedarf in Form einer Holzliste an, die detailliert Stückzahl, Länge und Stärke des Holzes beinhaltete. In der Regel wurde Holz bis zu einer Länge von 1,50 m während der Förderschichten und längere Holzsortimente in der Nacht auf besonderen Holzwagen zum Einsatzort unter Tage gebracht. Jedes Steinkohleabbaurevier besaß eine Holzvorratskammer, den so genannten Holzstall, in dem das Grubenholz nach Sorten eingelagert wurde. Der Reviersteiger hatte dafür Sorge zu tragen, dass stets genügend Holz in verschiedenen Längen und Stärken vorhanden war, um zu vermeiden, dass wertvolle längere Stempel zerschnitten wurden.[32] Zeitgleich wurden im Saarbergbau Nadelholz-Grubenstempel zunehmend durch Hydraulikstempel ersetzt. Rationalisierung und Mechanisierung führten seit 1948 zu einem merklichen Rückgang der Grubenholznachfrage an der Saar.[33] Die statistischen Betriebsergebnisse des saarländischen Bergbaus unter der »Régie des Mines de la Sarre« sind aus den Jahren 1950 – 1953 erhalten. Sie vermitteln ein hervorragendes Bild über die existenzielle Wichtigkeit der Grubenholzlieferungen für die Steinkohleförderung an der Saar. Den Berichten ist zu entnehmen, dass während des Geschäftsjahres stets eine Bevorratung von Grubenholz von mindestens sechs bis sieben Monaten angestrebt wurde (ca. 220.000 Festmeter), um die Kontinuität des Betriebsablaufs zu gewährleisten. Wurde diese Vorratsmenge an Grubenholz unterschritten, war die französische Grubenverwaltung gehalten, neue Holzmärkte zu erschließen.[34]

Für den Zeitraum 1954 bis 1956 sind sehr aufschlussreiche Geschäftsberichte der »SBW Saarbergwerke – Unternehmen des öffentlichen Rechts« im Statistischen Landesamt des Saarlandes erhalten. Auch diese führen auf, dass die Holzversorgung der saarländischen Gruben sich aufgrund der allgemein steigenden Holzpreise in der Bundesrepublik, Frankreich und an der Saar sehr problematisch gestaltete.[35]

Die Saarbergwerke setzten in dieser Zeit Prämien als Anreiz für Verbesserungsvorschläge aus, um sich die praktischen Erfahrungen der Bergarbeiter für einen ökonomischeren Einsatz von Technik und Material zunutze zu machen.[36] In der Folge war ein rückläufiger Holzbedarf auf dem gesamten deutschen Grubenholzmarkt zu beobachten. Während 1957 insgesamt 3,35 Mio. Festmeter Stempelholz in Deutschland vermarktet wurden, sank der deutschlandweite Grubenholzbedarf auf 1,5 Mio. Festmeter im Jahr 1966.[37]

Die saarländische Natur –
grünes Trostpflaster einer traumatisierten Nachkriegsgesellschaft

In den Nachkriegsjahren darf nicht außer Acht gelassen werden, dass die Natur und allen voran der Wald eine Art »heile Gegenwelt« zu den zerbombten saarländischen Städten, Gemeinden und Industrieanlagen darstellte. Der Aufenthalt und die Freizeitgestaltung im Grünen spielten gerade bei Familien mit geringerem Einkommen eine entscheidende Rolle. Zeitgenössische saarländische Fotografie und Malerei legen darüber in vielfältiger Form Zeugnis ab.

Das wiedergegebene fotografische Beispiel zeigt junge Studierende der Saarbrücker Kunstschule, die ihre Pause im »idyllischen« Grünabschnitt zwischen zerbombten Hausfassaden verbringen. Es handelt sich keineswegs um eine Fotomontage, sondern um gelebte Realität der Nachkriegsjahre.

Auch in der bildenden Kunst der Nachkriegszeit wurden Impressionen des saarländischen Waldes eingefangen und festgehalten. So auch durch den Maler und Kunstpädagogen Richard Eberle (* 16. August 1918 Sulzbach-Altenwald, † 2001 Saarbrücken), der 1946 aus französischer Kriegsgefangenschaft in seine saarländische Heimat zurückkehrte. Sein Gesamtwerk ist sehr umfangreich und beinhaltet vielseitige Bildthemen. Dabei werden u. a. saarländische Industriekultur, Landschaften, Arbeitersiedlungen und soziales Leben in Szene gesetzt. So entstand 1949 das Gemälde »Der Waldweg«, das sehr eindrücklich das Phänomen des Waldspaziergangs der ersten Nachkriegsjahre aufgreift. Der saarländische Wald wurde dabei als Ort der Liebe (locus amoenus) konstruiert, der einer Kathedrale gleicht, die Schutz, Geborgenheit und Lieblichkeit ausstrahlt. In einer retrospektiven Sicht malte Richard Eberle 1984 einen Bergmannspfad, der in einen lieblichen und hellen Buchenwald eintaucht.

»Heile Gegenwelt« im Grünen: Studierende der Saarbrücker Kunstschule, Anfang 1950er Jahre

Industriekultur in der Kunst: Richard Eberle »Der Waldweg«, 1949 und »Bergmannspfad«, 1984

In der prosaischen Literatur mit Bezug zu Wald und Jagd ist Karl Lohmeyer zu nennen, der 1951 »Die Sagen der Saar« herausgab. Zahlreiche der insgesamt 456 aufgeführten volkstümlichen Erzählungen beschreiben Wald, wobei der Wald eher als Ort des Schreckens und Unheimlichen (locus terribilis) dargestellt wird.[38]

Mit dem »Crèmeschnittchen« in den Wald –
Natur- und Umweltwahrnehmung

Nach der Rückgliederung des Saargebietes infolge der Volksabstimmung 1935 bestand der Saarwald-Verein weitere zehn Jahre. Nach Ende des 2. Weltkrieges musste er vorübergehend den Namen »Wander- und Heimatverein Saar« tragen; erst 1952 erfolgte die Wiedergründung des Saarwald-Vereins.

Die Saarbrücker Zeitung publizierte am 19. August 1950 einen Artikel von Walter Kremp, der sowohl eine Hommage an die saarländischen Wälder beinhaltet, als auch an die dringende Notwendigkeit des Naturschutzes appelliert:

> *Was unser Saarland so besonders schön macht, sind seine Wälder, die teils in großräumigen Flächen, teils sporadisch die Landschaft bedecken. […] Es ist zu hoffen, daß diese nach dem Naturschutzgesetz geschützten Gebiete für Forschung und Lehre erhalten bleiben und jegliche Verschandelung des Gesamtbildes unterbleibt. Man kann Teile der Natur zerstören. Sie lassen sich durch künstliche Mittel nicht wiederherstellen. Schonung und Pflege werden damit zur Pflicht!*[39]

In den 1950er Jahren avancierte der saarländische Wald zum Erholungsraum par excellence. In einer Veröffentlichung des Bergmannskalenders von 1950 stellte Walter Kremp neben der ökologischen Funktion der Wälder den hohen Stellenwert des Saarkohlenwaldes für Erholung und Freizeitgestaltung der saarländischen Kommunen heraus:

> *Von vielen Gemeinden unseres Industriegebietes liegt der Wald kaum eine halbe Stunde entfernt, bei vielen steht der Wald dicht vor der Tür. So ist es zu verstehen, daß die Bewohner des Saarlandes sehr mit ihrem Wald verbunden sind. Die älteren Bergleute kennen auch alle noch beliebten Berg- und Waldfeste, die früher alljährlich im Sommer von den einzelnen Berginspektionen abgehalten wurden. Für viele Veteranen der Arbeit ist der Wald eine Erholungsstätte während ihres Ruhestandes. Die Pensionäre machen tagtäglich im Wald ihre Spaziergänge. Der Wald ist dem werktätigen Saarländer ein Stück Natur, nahe und bereit, ihn nach den Tagesmühen aufzufrischen*.[40]

Mit dem »Crèmeschnittchen« ab ins Grüne,
etwa 1954 © Christoph Welter

Der Kleinwagen Renault 4 CV, auch liebevoll »Crèmeschnittchen« genannt, war in der saarländischen Arbeiterschicht das beliebteste Auto der frühen 1950er Jahre. Das »Crèmeschnittchen« diente weniger zum Pendeln auf die Arbeitsstelle, sondern vielmehr unternahm man damit Sonntagsausflüge, bevorzugt Picknickfahrten an den Waldesrand.

In einem Interview mit einem saarländischen Arbeiter der 1950er Jahren zum Thema »Crèmeschnittchen« wurde das antiquierte Frauenbild der damaligen Zeit en passant mitgeliefert:

> »Wozu brauchen die [die Frauen, d. Verf.] den [Führerschein, der Verf.],
> die brauchen ja nicht zur Arbeit zu fahren […].
> Mir verdiene es Geld, dann sparen mir für ein Auto, haben es endlich und
> die Weibsleit fahren es gegen einen Baum. Nää![41]«

Das Statistische Amt des Saarlandes stellte 1954 fest, dass das Saarland trotz seines vorwiegend industriellen Charakters über eine hohe Anzahl ausgesprochener Waldgemeinden verfügt.

»Von insgesamt 344 Gemeinden haben nicht weniger als 76 mit 335.406 Einwohnern einen Waldanteil von 40 % und mehr v. H der Gemarkungsfläche. Bei ihnen besteht also nahezu die Hälfte oder ein noch größerer Teil des Gemeindegebietes aus Waldungen. Man findet diese Gemeinden keineswegs nur in den land- und forstwirtschaftlichen Randgebieten, sondern auch im Kohlengebiet des Warndt und in der mit Wohnsiedlungen durchsetzten Berg- und Industriezone zwischen Saarbrücken und Homburg, wo sie ein zusammenhängendes Gebiet mit 347.000 Einwohnern und einer Bevölkerungsdichte von 677 Einwohner je qkm bilden. Die meisten Menschen leben in Gemeinden mit über 30 vH Waldanteil. Auch die im Bergbau und in der Industrie tätige Bevölkerung lebt noch in enger Verbindung mit dem Wald. Die Gemeinden, bei denen der Wald weniger als 10 vH der Gemarkungsfläche ausmacht, sind weder zahlreich noch stark bevölkert.«[42]

Das saarländische Waldbild, das um die Welt ging – eine ganz besondere »Marke«

Selbst auf saarländischen Briefmarken (Saarmarken) nahm neben Bergbau und Montanindustrie die als schön empfundene Waldlandschaft Gestalt an. Eine 1947 herausgegebene Saarmarke mit gestrichenem Wert von einer Mark (1 M.) und dem neu aufgedruckten 50 Francs Porto zeigt die bekannteste saarländische Fluss- und Waldlandschaft »Saarschleife mit Burg Montclair«; ein Landschaftsbild und eine Briefmarke mit der wohl höchsten Symbolkraft für ein Stück »Saarland im Fluss zwischen deutscher und französischer Identität«. Außer der 50F-Saarmarke ging ein anderes Waldbild in die Welt: eine Karrikatur aus dem Abstimmungskampf der Saarländer zwischen Frankreich und Deutschland im Jahr 1955 zeigt den Bundeskanzler Konrad Adenauer, der vergeblich versucht, seine Landsleute für das »Europäische Saar-Statut« zu gewinnen.

Saarmarke »Saarschleife«, 1947

Wie man in den Wald hineinruft, schallt es nicht immer heraus! Illustration: © Bernhard Stigulinzsky

Der saarländische Wald – weltrekordfähig!

Der berühmte Quierschieder Leichtathlet Armin Hary, Olympiasieger, Europa-
meister und Weltrekordsprinter (1960) beschreibt rückblickend in einem Interview sehr eindrücklich, wie er während seiner Kindheit und zu Mitte der 1950er
Jahre bei seinem Lauftraining die positiven Wirkungen des Waldes wahrgenommen
hat. Armin Hary trainierte unter der Woche im Saarbrücker Stadion; am Wochenende verlagerte er jedoch seinen Laufsport in den an sein Elternhaus angrenzenden
Quierschieder Wald. Die Abgeschiedenheit, die frische Luft und angenehme Kühle
des Waldes, die jahreszeitlichen Veränderungen des stattlichen Laubwaldes sowie
das Vertrautsein mit einzelnen Baumindividuen werden von ihm trotz des harten
Trainings bis heute als erholsam und ausgleichend empfunden. In seiner 1961 verfassten Autobiografie beschreibt Armin Hary das Lauftraining im Quierschieder
Wald während des Winters 1956/1957 wie folgt:

> »Meine Hauptstrecke war ein ausgefahrener Waldweg von etwa vier
> Kilometern Länge. Stets begann ich – meist war es längst dämmrig oder
> dunkel geworden – mit Gymnastik und leichten lockeren Waldläufen. Später
> folgten Sprungübungen, um die Beinmuskulatur zu stärken.

Dem gleichen Zweck diente auch die Arbeit mit Gewichten. Die Gewichte lagen am Wegesrand: aufgeschichtetes Meterholz, das darauf wartete, abgefahren zu werden. Mit diesen meterlangen Holzstämmen machte ich meine Übungen ...«[43]

Den meisten anderen Waldbesuchern war der Anblick eines »Waldläufers« zu Mitte der 1950er Jahre derart fremd, dass man Armin Hary oft als »den Spinner, der mal wieder durch den Wald rennt« titulierte. Nicht ahnend, dass Armin Hary nachweislich zum ersten Menschen avancierte, der 100 m in 10,0 Sekunden lief und seit den 1970er Jahren indirekt zum »Vorläufer-Modell« eines Millionenheeres von Wald-Joggern wurde.[44] In der 2007 erschienenen Biografie über Armin Hary trifft der Autor K. Teske sogar folgende Aussage:

»Und wenn Hary nicht das Glück gehabt hätte, unmittelbar neben dem Wald zu wohnen, in dem er sich die Kraft geholt hat, wer weiß, wie seine Karriere verlaufen wäre.«[45]

Aus dem Wald zum Olympiasieg: Armin Hary geht bereits beim Vorlauf als Sieger durch's Ziel. Am nächsten Tag holte sich Hary die Goldmedaille, 1960. © picture-alliance / dpa

1957 – 1970

Das saarländische Wirtschaftswunder verstärkt die Ansprüche der Bevölkerung an den Wald. Der Holzzuwachs kann kaum mit dem Wirtschaftswachstum Schritt halten. Umweltschäden an Baumbeständen und starke Frequentierung durch die Bevölkerung strapazieren die Schutz- und Erholungsfunktionen des Waldes zusätzlich. Die Forst- und Umweltpolitik setzt zunehmend auf Walderhalt und Waldflächenmehrung; Schadstoff-Emittenten werden (noch) nicht in ihre Schranken verwiesen.

Bundesautobahn zwischen Holz und Riegelsberg.
© Landesbildstelle Saarland im LPM Saarbrücken

6 Saarländisches Wirtschaftswunder
1957 – 1970

Nach der Volksabstimmung im Jahr 1955 wurde das Saarland 1957 Teil der Bundesrepublik Deutschland (»kleine Wiedervereinigung«). Der wirtschaftliche Anschluss erfolgte durch die Übernahme der D-Mark (im Volksmund »Tag X«) am 6. Juli 1959. Symbolcharakter hatten dabei mehrere großangelegte Bauprojekte, wie z.B. der Autobahnanschluss (A 6) von Saarbrücken nach Mannheim. Der Spatenstich fand am 11.8.1956 bei Kilometer 22,8 der Kaiserstraße mitten im Wald zwischen Saarbrücken und Homburg statt. Als Vertreter des Ministerpräsidenten Hubert Ney verband der CDU-Politiker Erwin Albrecht die Autobahn mit der Vision »Freiheit, Frieden und Brot«. Bei diesem Bauprojekt kam es u.a. zu Zerschneidungen zusammenhängender Waldgebiete, die aufgrund der Fortschrittsgläubigkeit nicht oder nur marginal kritisch hinterfragt wurden.

Spatenstich mitten im Wald: Autobahnbau A 6 Saarbrücken – Homburg, 11.8.1956

Montanindustrie und Wald –
Motor des saarländischen Wirtschaftswunders

Die Werkszeitung der Saarbergwerke AG »Schacht und Heim« widmete sich in der Juli-Ausgabe des Jahres 1961 exklusiv der Beziehung Bergbau und Wald. In reich bebilderten Artikeln wurde eine harmonische Koexistenz von Industrie und Natur heraufbeschworen. Fotografien setzten Fördergerüste und Grubenanlagen mit Waldbäumen in Szene und aufgelassene Bergehalden und Schlammweiher wurden durch Aufforstungs- und Begrünungsmaßnahmen der Natur zurückgegeben. Der Steinkohleförderung wurde eine wichtige Funktion des historischen Walderhalts zugeschrieben:

> »BERGBAU UND WALD gehören in der saarländischen Landschaft
> freundnachbarlich zusammen. Diese Verbindung ist uralt
> und hat sich bis heute gehalten. Dank dem Kohlenabbau konnte seit 200
> Jahren der Holzreichtum geschont werden.
> Wald umgibt viele Gruben …«[1]

Dabei ist stets zu bedenken, dass der Wald als Grubenholzlieferant eine dienende Rolle im Bergbau einnahm.

In den 1950er und 1960er Jahren wurden vermehrt Waldbestände für industrielle Anlagen der Montanindustrie und des Bergbaus gerodet oder in Teilen einer anderen Nutzung überführt. Den Erhebungen des saarländischen »Statistischen Landesamtes« zufolge, betrug der jährliche Waldflächenrückgang zwischen 1948 und 1961 etwa 150 Hektar/Jahr, was einer Waldumwandlung in andere Nutzungsformen von etwa 10 Prozent der gesamten Waldfläche des saarländischen Ballungsraums entsprach.

»Das Grubenholz kommt, die Steinkohle geht«: Grubenbahnhof, Bergwerk Camphausen, 1962

Der Wald macht Platz für die Montanindustrie: Tagesanlagen der Grube und Kokerei Heinitz im Holzhauertal, 1960

Neuer Schlammweiher
der Grube Maybach, 1959

Absinkweiher im Kohlbachtal
mit Baumstümpfen, 1960er Jahre

»Dich sah ich wachsen, Holz« – 100 + 1 Jahre Saar-Wald-Kultur

Tribut des Waldes an Bergbau und Industrie

Die konfliktbeladene Bodennutzungskonkurrenz zwischen Industrie und Wald wird durch eine Fotografie der Tagesanlagen der Grube und Kokerei Heinitz im Holzhauertal sehr deutlich.

Die Steinkohleförderung führte zu einem weiteren (Wald-)Flächenverbrauch: den Steinkohlelagerplätzen (Kohle-Halden) und den Abraumhalden. Das sind künstlich aufgeschüttete Hügel, die aus wertlosem Material (bergmännisch: taubes Gestein, Berge) bestehen, das beim Abbau von Steinkohle anfällt. Die gesamte Haldenfläche im Kreis Ottweiler betrug beispielsweise Ende der 1960er Jahre rund 170 ha.[2]

Neben Werksanlagen, Steinkohlelagerplätzen und Abraumhalden wurden Absink- oder Flotationsweiher im Saarkohlenwald angelegt, die ebenfalls als starke Eingriffe in den Waldhaushalt zu werten sind. Die Grube Jägersfreude wandelte bei-spielsweise im Jahr 1961 Wald- und Freiland-flächen zu Absinkweiherstandorten um. Bei dieser Maßnahme wurde der Fischbach aus seinem natürlichen Verlauf in ein künstliches Bachbett verlegt.[3]

Eine Besonderheit stellte und stellen auch heute noch die so genannten Bruchspalten in saarländischen Wäldern dar, die sowohl die Waldarbeit als auch den Besucherverkehr ge-fährden können.

Im Warndt traten im Sommer 1951 neue ab-grundtiefe Grubenspalten bis zu vier Metern Breite auf. Besonders waren Waldpartien in den Forstrevieren Karlsbrunn und Lauter-bach betroffen. Ein eigens abgeschlossener »Grubenspaltenvertrag« wies der franzö-sischen Grubenverwaltung die alleini-ge Verkehrssicherungspflicht einschließlich der Aufstellung von Warnschildern sowie Schadenersatzregelungen zu.[4]

Warnschild »Vorsicht Bruchspalten«

Der Wald als Werbetrommel – Akquirieren von Arbeitskräften für die Montanindustrie

In einem Artikel der Werkzeitung der Saarbergwerke AG »Schacht und Heim« wurde postuliert, dass die Begrünung der Halden nicht nur im Interesse einer allgemeinen Verschönerung des Landschaftsbildes steht, sondern auch »im Einklang mit den Bemühungen, den Bergleuten schöne, gesunde und erholsame Wohnmöglichkeiten zu geben«.[5] In den Folgejahren bekannten sich die Saarbergwerke in vielen Publikationen zur harmonischen Verbundenheit von Bergbau und Saarkohlenwald. Der in der Werkszeitung der Saarbergwerke erschienene Artikel »Schacht im Wald« (1964) suggerierte eine naturnahe Montanindustrie mit eigenem Erholungswert:

> »Die Natur ist weder verdrängt noch unterdrückt worden. Viele Fördergerüste der saarländischen Gruben liegen im Wald; sie verschmelzen und werden eins mit der grünen Kulisse.«[6]

Bereits 1957 wurde dieser Aspekt in einer von der Grubenverwaltung herausgegebenen Broschüre »Bergmann werden an der Saar« werbewirksam eingesetzt. Selbst im 1957 erschienenen Sonderheft der Allgemeinen Forstzeitschrift suggerierte man die Koexistenz von saarländischem Wald und Bergbau.[7]

Werbebroschüre 1957 und Titelbild des Sonderheftes der Allgemeinen Forstzeitschrift »Forstwirtschaft im Saarland 1945 – 1956«, Nr. 3, 1957

Ein besonderer Erholungswert des Waldes für die unter Tage arbeitenden Bergleute bestand indirekt durch die Frischluftversorgung (Bewetterung) der Gruben aus Waldgebieten. Da der größte Teil der saarländischen Gruben entweder inmitten der Wälder oder in deren unmittelbarer Nähe lag, wurde durch die Bewetterung saubere und frische Waldluft unter Tage geführt. In den 1960er Jahren wurden z.B. durch den Wetterschacht im Netzbachtal pro Minute 10.000 Kubikmeter Frischluft in die Untertageanlagen der Gruben Camphausen-Franziska geblasen.[8]

Die Privatgruben am Maybacher Weg bei Bildstock hatten keine Förder- und Wetterschächte und lagen in den Wäldern im Bereich der Erkershöhe. Deshalb boten diese privat betriebenen Grubenanlagen ihren Bergarbeitern eine »Frischluftpause« während ihrer Schichtarbeit über Tage in den Wäldern an.

»Frischluftpause« im Wald Erkershöhe, bei Bildstock, 1960er Jahre

Trotz der kumpelhaften und locker anmutenden Atmosphäre des abgedruckten Bildes war der Bergmannsberuf gefährlich und der Tod allgegenwärtig. Vielleicht auch um den verstorbenen bzw. verunglückten Bergmännern eine letzte Wertschätzung zu erweisen, legten Markscheider Ende des 19. Jahrhunderts Friedhöfe in Bergarbeitergemeinden an, die von der preußischen Forstverwaltung mit Bäumen bepflanzt wurden.[9]

Unter diesem Aspekt kommt dem Grubenunglück von Luisenthal am 7. Februar 1962 eine nie zuvor dagewesene erschütternde Dimension zu. Insgesamt 299 Bergmänner fanden bei einer Schlagwetter- und Kohlenstaubexplosion[10] unter Tage den Tod. Die Holzsärge der verunglückten Bergleute wurden im mit Bäumen bestandenen Grubenpark Luisenthal aufgebahrt. Die Werkszeitung »Schacht und Heim«, Ausgabe März 1962, widmete sich ausschließlich diesem tragischen Grubenunglück. Die Beschreibung der Trauerfeier begann mit den folgenden Worten:

>*»Unter den hohen und winterlich kahlen Bäumen des alten Parks der*
>*Grube Luisenthal waren am Vormittag des 10. Februar die Opfer des*
>*Grubenunglücks aufgebahrt. Eine Fülle von Kränzen und Blumen bedeckte*
>*die von einem schlichten Holzkreuz überragten Särge.«[11]*

Trauerfeier, Grube Luisenthal, 10. 2. 1962

Waldbewirtschaftung und Forstadministration an der Saar

1957 widmete die Allgemeine Forstzeitschrift ihr Sonderheft Nr. 3 ausschließlich der »Forstwirtschaft im Saarland 1945 – 1956«. In diesem Heft wurde auch von forstlicher Seite die Aufnahme des neuen Bundeslandes Saarland in die noch junge Bundesrepublik Deutschland begrüßt. Mehrere forstfachliche Aufsätze befassten sich mit dem Stand und der Entwicklung der saarländischen Forst- und Holzwirtschaft und zogen eine umfassende Bilanz der vorherigen Waldbewirtschaftung.[12] Stand 1.1.1956 betrug die gesamte Waldfläche an der Saar 63.518 ha, wobei der Staatswald mit 56 Prozent den größten Anteil einnahm.[13] Zwei Drittel der Fläche war mit Laubholz und ein Drittel mit Nadelholz bestockt. Postuliertes Ziel der saarländischen Forstverwaltung blieb weiterhin, die hochwertigen Laubholzböden mit Laubholz als Hauptholzart zu erhalten und der Fichte im Reinbestand kein höheres Areal einzuräumen. Der Niederwaldanteil[14] lag mit 12 Prozent bundesweit sehr hoch. Die Staatswälder wurden ausschließlich als Hochwald, d. h. mit hohem Erntealter (über 100 Jahre) zur Wertholzerzeugung bewirtschaftet.[15]

Der technische Fortschritt machte auch vor der Waldarbeit nicht halt. 1956 erfuhr die praktische Holzernte im Saarland mit der Einführung der Ein-Mann-Motorsäge eine wesentliche Veränderung. Die Forstarbeitsschule in Eppelborn führte Ein-Mann-Motorsägenkurse für Waldarbeiter durch und mit Beginn des Forstwirtschaftsjahres 1960 (beginnend am 1. Oktober 1959) wurde das motormanuelle Verfahren beim Holzeinschlag in den saarländischen Wäldern Standard.[16]

Ein besonderes Augenmerk legten saarländische Forst- und Landwirtschaft auf den Pappelanbau. Ende der 1950er Jahre beliefen sich die mit Pappeln angepflanzten Flächen innerhalb des Saarlandes auf etwa 140 Hektar und zeigten eine hohe Holzertragsleistung pro Jahr und Hektar. Auf die gesamte bundesdeutsche Holzbodenfläche bezogen, war der prozentuale Anteil des Pappelanbaus in Deutschland allerdings fünfmal höher.[17] Noch zehn Jahre später wurde der Pappel- und Flurholzanbau im Saarland im großen Maße thematisiert.[18] Das »Saarländische Bauernblatt« empfahl noch bis in die 1980er Jahre den Anbau schnellwüchsiger Pappeln auf nicht mehr bewirtschafteten und ertragsschwachen landwirtschaftlichen Nutzflächen.

Darüber hinaus sind während des saarländischen Wirtschaftswunders Waldflächenzugewinne durch Siedlungsaufgabe in geschlossenen Waldgebieten zu verzeichnen. Die im Köllertaler Wald in der Nähe des Forsthauses Pfaffenkopf gelegene Arbeitersiedlung »Seilschacht« bestand aus 14 Wohnhäusern. Nach Verlassen der Waldsiedlung in den 1960er Jahren wurden sämtliche Wohngebäude abgerissen und die ehemalige Siedlungsfläche mit Eichen und Buchen aufgeforstet. Lediglich das Vorhandensein eines Unterflurhydranten, Überformungen des Waldbodens

Spuren einer Waldsiedlung: Unterflurhydrant auf einem Waldweg in der ehemaligen Siedlung Seilschacht

und Stinsenpflanzen[19] zeugen heute von der 1855 inmitten des Waldes angelegten Arbeitersiedlung.[20]

Die im Köllertaler Wald gelegene Bergarbeitersiedlung »Von der Heydt« sollte Ende der 1970er Jahre ebenfalls aufgelassen und aufgeforstet werden. Dieser Plan wurde allerdings rechtzeitig vereitelt.[21]

Eine Besonderheit nahm die saarländische Forstverwaltung 1959 in der Rolle als staatlicher Fischproduzent ein. Die 1955 am Wadrillbach bei Wadrill gegründete kommunale Fischzuchtanstalt hatte sich zur Aufgabe gestellt, zur fischereiwirtschaftlichen Nutzung der Gewässer gesunde und bodenständige Besatzfische (Forellen und Karpfen) zu liefern. Dieser kommunale Fischzuchtbetrieb wurde 1959 Eigentum der Landesforstverwaltung.[22] Mittlerweile ist der Fischzuchtbetrieb wieder in privater Hand.

Wald – grüner »Staubsauger« und »Rauchfilter« der 1960er Jahre?

Neben seinen dem Naturschutz dienenden Funktionen trägt der Wald wesentlich zum Umweltschutz bei. Hier sind beispielsweise der Bodenerosionsschutz, die positiven Wirkungen des Waldes auf Wasserverfügbarkeit und Wasserqualität und nicht zuletzt die hohe Filterwirkung der Luft zu nennen. Diese Waldfunktion greift das seit 1959 in mehreren Auflagen erschienene Lehrheft der saarländischen Grundschulen »Heimat an der Saar – Eine kleine Heimatkunde des Saarlandes« auf. Der Köllertaler Wald wurde im Kontext der »Ruhe und Erholung nach schwerer Arbeit« als »Lunge des Kohlengebiets« bezeichnet, ohne dass man dabei explizit auf die hohe und wichtige Luftfilterleistung des Waldes einging.[23]

Die Filterintensität des Waldes ist abhängig von der gesamten Baumblattoberfläche; so kann z.B. ein Hektar Wald jährlich bis zu 420 kg Schmutzpartikel absorbieren und bis zu 50 Tonnen Ruß und Staub aus der Atmosphäre filtern. Eine zu hohe Belastung führt jedoch unweigerlich zu Schäden an Waldbeständen.[24] Das Saarkohlenrevier ist wohl eines der ersten und am stärksten von Luftverunreinigungen betroffenen Gebiete in Deutschland. Eine intensive Diskussion über Rauchschäden im Saarland setzte allerdings erst Ende der 1950er Jahre aufgrund einer stark ansteigenden Luftverunreinigung ein, die letztendlich in die Hochschornsteinpolitik seit den 1960er Jahren führte.[25]

Bei der Planung des Kraftwerks Fenne II (Völklingen-Fürstenhausen) wurden Mitte der 1950er Jahre erste Überlegungen angestellt, den Staubgehalt der Rauchgase zu reduzieren. Der Deutsche Naturschutztag des Jahres 1961 in Saarbrücken thematisierte das Problem der Schadstoffemissionen durch den alarmierenden Vortrag »Gefährdung der Luft und des Wassers im Saarland«.[26] Im selben Jahr begann man die Kokerei Fürstenhausen mit einem Grüngürtel zu umschließen, um angrenzende Wohngebiete von Emissionen abzuschirmen. Die rund sechs Hektar fassende und mit 30.000 Baumsetzlingen bepflanzte Fläche sollte mit fortschreitendem Wachstum wie ein Filter wirken.[27]

Erstmals in einem deutschen Kraftwerk wurden in den 1960er Jahren bei Weiher II (Quierschied) Elektrofilter zur Rauchgasentstaubung eingesetzt. Dieser technologische Einsatz führte nur teilweise zu einer Entlastung saarländischer Wälder.[28] Nach 1967 beschrieb Arnold Wagner immissionsbedingte Waldschäden im Saarland wie folgt:

> » ... es treten starke Einflüsse durch Immissionen von Rauch und
> Staub aus Industrieanlagen und geballten Siedlungsräumen auf. Sie
> führen zu Schädigungen der Blätter, Nadeln und Blüten, verursachen
> Zuwachsstörungen und vorzeitiges Absterben. Durch die Schwächung der
> Bäume wird das Auftreten von Schädlingen aller Art gefördert.«[29]

In der forstlichen Fachwelt rückte während der 1950er Jahre verstärkt die Forderung nach widerstandsfähigen und ökologisch wertvollen Mischbeständen in den Mittelpunkt. In dem 1958 in dritter Auflage veröffentlichten Aufruf »Dem Mischwald gehört die Zukunft« unterstützen über 200 forstfachliche Experten den »Umschwung vom Nadelreinbestand zum naturgemäßen Wirtschaftswald«.[30]

Anfang der 1960er Jahre beschloss die saarländische Regierung, die in der Nachkriegszeit wiederaufgeforsteten Wälder in widerstandsfähigere, standortsgerechte bzw. naturnahe Mischwälder umzuwandeln bzw. zu überführen. Am 1. Januar 1963 trat ein entsprechender Beratungsvertrag zwischen den Bundesländern Saarland und Baden-Württemberg in Kraft. Das Land Baden-Württemberg erklärte sich bereit, die im Saarland durchzuführende Waldstandortskartierung fachlich zu beraten. Die Waldstandortskartierung sollte dazu dienen, Grundlagen für Baumartenwahl, Bestandspflege und Möglichkeiten für durchmischte Waldbestände zu schaffen. 1973 wurde die standortsökologische Kartierung in allen saarländischen Besitzarten abgeschlossen.[31]

Anlässlich des zehnjährigen Bestehens des Saarlandes als Bundesland erschien ein Sonderheft der Allgemeinen Forstzeitschrift (AFZ 21/1967) zum Thema »Wald und Forstwirtschaft im Saarland 1967«. Diese Publikation ist eine wertvolle Inventur der gesamten Forstwirtschaft des Saarlandes und verweist mit zahlreichen Statistiken, Bildern und grafischen Darstellungen auf sämtliche Aspekte der Waldbewirtschaftung.[32] Arnold Wagner stellte erstmals Ergebnisse der saarländischen standortsökologischen Waldkartierung nach Wuchsgebieten und Wuchsbezirken vor.[33] In diesem Kontext wurde das Zusammenwirken von Wald und Naturschutz in einem Beitrag von Eberhard Woerner, Referent für Naturschutz und Landespflege, gewürdigt.[34] Auf die besondere Bedeutung des Waldes in der Planung der Landeshauptstadt Saarbrücken ging der Architekt Hans Krajewski in einem Aufsatz zur Raumordnung ein. Dabei sollte der Waldgürtel der Stadt Saarbrücken erhalten, gepflegt und erweitert sowie innerstädtische Bereiche durch Pflanzung möglichst vieler Bäume und Sträucher begrünt werden.[35]

Für die grenznahen Wälder des unteren Bliestals und Saartals stellte man fest, dass die außergewöhnlich starken Kriegsschäden und ihre Folgen durch Wiederaufforstungen und Einschlag versplitterter Altholzbestände behoben waren. Aus Sicht der Holzvermarktung führte man den niedrigen Stand der Durchschnittserlöse auf die ungünstige Verkehrslage und auf den bundesweit am höchsten liegenden Laubholzanteil (71 – 73 Prozent) zurück.[36]

Traumberuf Förster – Klischees eines Berufsstandes

In der Zeit des »Deutschen Wirtschaftswunders« war die gesellschaftliche Wahrnehmung des Forstpersonals sehr positiv. Der »Förster« wurde als aufrechter, unbestechlicher, heimatverbundener und durchsetzungsstarker Hüter der Natur angesehen. Berg- und Heimatfilme der 1950er und 1960er Jahre wie z.B. »Der Förster vom Silberwald« (1954) oder »Und Ewig singen die Wälder« (1959) unterstützten das idealisierte Klischee des »Försters«.

Der Stand des Försters wurde auch in der Jugendbuchliteratur verherrlicht. Mehrere Auflagen von »Horst wird Förster« (1960) oder »Wie Klaus Förster wurde« (1967) ließen bei fast einem Drittel der männlichen Jugendlichen Förster zum Traumberuf werden. Die in den 1930er Jahren erschienene Buchserie »Försters Pucki« von Marga Trott wurde in den 1960er Jahren neu editiert. Eine Untersuchung des Forstwissenschaftlers M. Suda (2001) zeigt, dass in dieser Zeit Heiratsannoncen sehr oft an unverheiratete Förster gerichtet wurden.

»Rheinländerin, natur- und tierlieb, häuslich, 29 Jahre, evangelisch, aus guter Familie, blond, schlank, mittelgroß, sucht Bekanntschaft eines charakterlich einwandfreien Försters oder Landlehrers bis 40 Jahre.«[37]

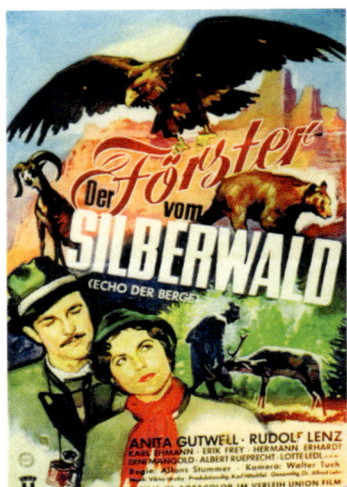 

Traumberuf Förster im Kino: Filmplakate »Der Förster vom Silberwald«, 1954 und »Und ewig singen die Wälder«, 1959

Traumberuf Förster in der Literatur: Jugendbücher der 1950er und 1960er Jahre

Der Wald – das ortsnahe Urlaubs- und Erholungsgebiet der saarländischen Durchschnittsfamilie

In den 1960er Jahren frequentierte die örtliche Bevölkerung – wie in den Jahrzehnten zuvor – den saarländischen Wald sehr stark als Erholungsort an Wochenenden und zur Urlaubszeit. Sowohl junge Familien, denen Fernreisen finanziell nicht möglich waren, als auch im Ruhestand befindliche Menschen entdeckten den Wald als kostenfreies Areal für Spaziergänge, Wanderungen und sonstige Aktivitäten. In dem seit 1959 erschienenen Grundschulheft »Heimat an der Saar – Eine kleine Heimatkunde des Saarlandes« verdeutlichte man die Erholungsfunktion der saarländischen Wälder für die junge Leserschaft mit den Beiträgen »Im Warndt, da möchte ich leben in stiller Einsamkeit …«, »Wälder, in denen der Hirsch noch lebt. Der Hochwald« und »Im St. Ingbert-Kirkeler Waldgebiet. Magere Felder – reiche Wälder«.[38] Der abschließende Beitrag »Auf, du junger Wandersmann« ermunterte alle saarländischen Grundschüler, die (Wald-)Landschaften ihres Bundeslandes zu erwandern und insbesondere Jugendherbergen aufzusuchen.[39]

Touristen aus anderen Bundesländern und dem europäischen Ausland blieben in den 1960er Jahren aufgrund des negativen Images einer industriegeprägten Landschaft an der Saar weitgehend aus. Die Broschüren und Wanderführer saarländischer Jugendherbergen priesen dennoch ausnahmslos die Schönheit der landeseigenen Waldlandschaften an.

Erholung vor der Haustür: Wanderführer saarländischer Jugendherbergen, 1960er Jahre

Waldspaziergang Familie Schmidt, Staatswald Göttelborn, 1965
Uwe Eduard Schmidt im Buchenaltholzbestand; Geschwister Uwe Eduard und Waltrude
Schmidt mit Walderdbeeren, dahinter Hochspannungsleitungstrasse mit Fichtenkultur zur
Weihnachtsbaumproduktion.

Anfang der 1960er Jahre war es der aktiven Naturschutzarbeit gelungen, wertvolle Kleinode saarländischer Natur zu bewahren. Bis zum Jahr 1965 konnten insgesamt 14 Naturschutzgebiete an der Saar durch Rechtsverordnungen ausgewiesen werden (Gesamtfläche rund 142 ha, überwiegend öffentliches Eigentum). Die Unterschutzstellung ökologisch überdurchschnittlich wertvoller und besonders erholungswirksamer Landschaftsteile als Landschaftsschutzgebiete stieg in den 1960er Jahren bundesweit stark an. Die Kategorie »Landschaftsschutzgebiet« wurde von unterschiedlichen gesellschaftlichen Interessengruppen kontrovers diskutiert. In einem Urteil des Bundesverwaltungsgerichtes in Berlin erklärte man alle saarländischen Landschaftsschutzgebiete, die nach dem 1. Januar 1957 – dem Zeitpunkt des Inkrafttretens des Grundgesetzes im Saarland – ausgewiesen worden waren für unwirksam. In der Folgezeit gelang es dennoch engagierten saarländischen Naturschützern mehr als 1.000 Naturdenkmale und rund 250 »besonders geschützte Landschaftsteile« durch Rechtsverordnung der Unteren Naturschutzbehörden unter besonderen Schutz zu stellen. 1966 erfolgte die Ausweitung des großräumigen »Erholungsgebietes Schwarzwälder Hochwald und Vorland« im Norden und Osten des Saarlandes. Dieses Gebiet bildete später den Kern des von den Bundesländern Saarland und Rheinland-Pfalz gegründeten »Naturpark Saar-Hunsrück«.[40]

Walderhalt an der Saar – das oberste Gebot der 1960er Jahre

Nur wenige Monate nach dem Anschluss des Saarlandes an die Bundesrepublik Deutschland wurde am 10. April 1957 der saarländische Landesverband der Schutzgemeinschaft Deutscher Wald e.V. gegründet. In einer würdigen Feierstunde im Kreiskulturhaus in Saarbrücken waren etwa 200 führende Persönlichkeiten des politischen, wirtschaftlichen und kulturellen Lebens, sowie namhafte Vertreter des Waldbesitzes, der Forstwirtschaft und des Naturschutzes versammelt. Sowohl Erhalt als auch Mehrung der saarländischen Waldflächen sollte durch eine von der Bundes- und Landesregierung unterstützten Organisation gesichert werden. Staatsminister a. D. Dr. Habener, Vorsitzender des Landesverbandes Rheinland-Pfalz der Schutzgemeinschaft Deutscher Wald, überbrachte die Grüße der Freunde des deutschen Waldes im alten Bundesgebiet und betonte,

> »[…], daß nicht nur das Land und die Menschen an der Saar wieder
> in die deutsche Heimat eingegliedert werden, daß auch die schönen und
> wertvollen Wälder dieses Grenzlandes wieder Bestandteil des deutschen
> Waldes geworden sind.«

Den Vorsitz des Landesverbandes Saarland der Schutzgemeinschaft Deutscher Wald e.V. übernahm der damalige Kultusminister Egon Reinert. Die vorläufige Geschäftsführung wurde Regierungsrat Walter Kremp, Landesbeauftragter für Naturschutz und Landschaftspflege im Saarland, übertragen. Mit dieser personellen Besetzung wird die erwünschte und in vielen Bereichen praktizierte Verflechtung von saarländischer Forstwirtschaft und Naturschutz deutlich.[41]

Der Walderhalt im Saarkohlenrevier wurde zur entscheidenden forstpolitischen Frage und führte zur Debatte, wie und in welchem Umfang Wohlfahrtswirkungen des Waldes künftig zu sichern sind. Die Zentralfeier zum »Tag der Natur – Tag des

Baumes« am 26. April 1959 auf Grube Camphausen griff dieses Thema kritisch auf. Unter dem Motto »Wald und Bergbau« wurde der Saarbergbau in die Pflicht genommen, künftig den Wald in seinem Bestand zu erhalten und zu sichern. Die Zeitschrift »Schacht und Heim« reflektierte diese Veranstaltung in ihrer Juni-Ausgabe 1959 wie folgt:

>*Der Bergbau braucht Land für seine Werksanlagen, er braucht für seine Bergleute aber auch Wohnungen in schönem Siedlungsgelände, und die Interessen von Bergbau und Wald lassen sich da durchaus in Einklang bringen. Unvermeidlich jedoch sind Störungen, die durch das Ankippen von Halden entstehen. Andere Schäden werden durch Rauch und Staub verursacht. All diese Schäden aber können in tragbaren Grenzen gehalten werden, umso besser dann, je mehr sich Forstleute und Bergleute zu gemeinsamer Arbeit zusammenfinden. Diesem Ziel dient nicht zuletzt der Tag des Baumes.«*[42]

Eine entscheidende Maßnahme waren in diesem Kontext Rekultivierungsmaßnahmen von Bergehalden und Absinkweihern. Die gezielte Begrünung der Halden gestaltete sich schwierig, da das angeschüttete Gestein meistens sehr nährstoffarm ist, keine Humusauflage hat und über wenig Boden bildende Fauna und Flora verfügt. Starke Hangneigungen führen zu Abschwemmungen und Rutschungen. Eines der ersten gezielten Begrünungsprojekte stellte um 1950 die Halde der Grube Reden mit etwa 22 Hektar Fläche dar.[43]

Seit Ende der 1950er Jahren wurden bei Rekultivierungsmaßnahmen zunehmend Belange des Umwelt- und Naturschutzes berücksichtigt.[44] 1960 gründete die damalige Saarbergwerke AG einen werkseigenen Forstbetrieb. Im selben Jahr erfolgte die erste systematische Vollaufnahme von Bergehalden im Saarrevier im Zuge der forstlichen Standortkartierung. Demnach nahmen 105 Halden eine Gesamtfläche von 530 Hektar ein, wovon ca. 130 Hektar noch betrieblich genutzt wurden. Die damalige Unternehmensleitung des saarländischen Bergbaus genehmigte einen 20jährigen Rekultivierungsplan mit einer jährlichen Begrünungsfläche von 20 Hektar. Der verbindliche Begrünungsplan hatte u. a. das Ziel, künftige forstwirtschaftlich nutzbare Flächen zu gewinnen.[45] Die Teilnehmer des Deutschen Naturschutztages in Saarbrücken (1961) begutachteten die ersten Haldenaufforstungen der Saarbergwerke äußerst positiv.[46]

Eine erste planmäßige Bepflanzung eines verlandeten Schlammweihers fand 1961 auf der vier Hektar großen Fläche der Grube Hirschbach statt.[47] Nachdem 1968 die Steinkohleförderung der Grube Jägersfreude eingestellt wurde, wurden die aufgelassenen Absinkweiher ebenfalls sukzessiv renaturiert. Ende der 1960er Jahre bepflanzte man im ehemaligen Kreis Ottweiler ausgetrocknete Schlammweiher samt deren Umgrenzungen und betrieb so aktive Landschaftspflege. Zwischen Heiligenwald und der Grube Reden wurden große Flächen eingeebnet. Dabei erhielt man zum Teil den alten Baumbestand und brachte zusätzlich Pflanzmaterial ein.[48] Die Forstabteilung der Saarbergwerke meldete 1970, dass etwa 25 Hektar alte Flotationsweiher erfolgreich aufgeforstet worden und nur noch von Fachleuten als solche zu erkennen seien.[49]

Die zentrale saarländische Landesfeier zum Tag des Baumes im Jahr 1963 wurde ebenfalls von den Saarbergwerken genutzt, um ihre Verbundenheit mit dem Wald publikumswirksam darzustellen. Hierbei ging es nicht nur um die Rekultivierung ehemals vom Bergbau genutzter Flächen, sondern vielmehr um die landschaftsgerechte Eingrünung neu errichteter Betriebsanlagen. Unter dem Motto »Junge Bäume für den Warndt« wurde zum einen die Baumbepflanzung an den Einschnitten und Böschungen der Warndtbahnstrecke abgeschlossen, zum anderen wurde gleichzeitig der Auftakt zur Eingrünung der neuen Tagesanlage von Grube Warndt gemacht.[50]

Mithilfe von »Saarberg«: Begrünung und Aufforstung von Halden, 1961

Die Sorge um den Erhalt des Waldes zeigte sich an vielen Gebrauchsgegenständen des täglichen Lebens an der Saar. 1958 wurde die Waldbrandgefahr sowohl auf einer saarländischen Sondermarke, als auch als Aufdruck von Streichholzschachteln thematisiert. Hintergrund waren vermutlich die verheerenden Waldbrände bei Cottbus in Brandenburg im Jahre 1957.[51]

Saarmarke »Verhütet Waldbrände«, 1958

Streichholzschachteln, 1960er Jahre

Die deutsche Schlagersängerin Alexandra (1942 – 1969) thematisierte die Sorge um den Erhalt von Bäumen in ihrem 1968 erschienenen Lied »Mein Freund der Baum«.

»Ich wollt dich längst schon wieder sehen, mein alter Freund aus Kindertagen. Ich hatte manches dir zu sagen und wußte du wirst mich verstehen. Als kleines Mädchen kam ich schon zu dir mit all den Kindersorgen. Ich fühlte mich bei dir geborgen und aller Kummer flog davon. Hab ich in deinem Arm geweint, strichst du mit deinen Blättern mir übers Haar, mein alter Freund. Mein Freund der Baum ist tot. Er fiel im frühen Morgenrot.«[52]

In der Wanderausstellung des saarländischen Kultusministeriums »Mensch und Natur« (1970) leisteten die Saarbergwerke einen entscheidenden Beitrag zum positiven »Waldimage«. In ansprechenden Großfotos, Modellen und Grafiken wurden Rekultivierungsmaßnahmen im Zeitraum zwischen 1960 und 1970 dargestellt, bei denen insgesamt 1,8 Millionen Forstgehölze und 2.000 kg Saatgut eingesetzt wurden.[53] Die vorteilhaften Auswirkungen dieser landespflegerischen Maßnahmen auf das Landschaftsbild wurden mit eindrücklichen Bildvergleichen dokumentiert und publiziert.[54] Die Begrünung der Bergehalden brachte allerdings weitere Probleme mit sich (Verwitterung, Boden bildende Prozesse, Wasserhaushalt). Die planmäßig und erfolgreich begrünten Halden und Ödflächen wurden dennoch von der Landestagung für Naturschutz und Landschaftspflege (1967) im Landkreis Saarbrücken insgesamt als vorbildlich gelobt.[55]

Forst- und Holzwirtschaft in einer zunehmend globalisierten Welt

In der Wiederaufbauphase der Nachkriegszeit erreichten die Holzpreise aufgrund der guten Konjunkturlage des Bausektors 1955 bundesweit Höchstpreise. Seit Beginn der 1960er Jahre setzte im Saarland und in den anderen deutschen Bundesländern ein kontinuierlicher Holzpreisverfall ein. Diese wirtschaftliche Depression des Holzmarktes hatte mehrere Ursachen: Schadholzanfall, wachsende Rohholzimporte, Lohnnebenkostensteigerung (Waldarbeit) sowie der vermehrte Einsatz fossiler Roh- und Energiestoffe (Erdöl und Gas).[56] Diese Wirtschafts- und Identitätskrise der saarländischen Forstwirtschaft wurde geschickt durch die saarländische Landespolitik aufgefangen. Ministerpräsident Franz-Josef Röder verkündete 1965 einen forstlichen Leitbildwechsel von der »Rohstofffunktion zur Sozialfunktion«

des Waldes. Die forstpolitische Strategie diente in erster Linie der öffentlichen Akzeptanz defizitärer Forstwirtschaftsergebnisse, ohne dass es zu nennenswerten waldbaulichen oder administrativ-organisatorischen Änderungen kommen musste:

»Nach außen betrieb man also Werbung für »ökosoziale Waldwirtschaft«, nach innen aber weitere Rationalisierung des Altersklassenbetriebes bis hin zum Chemieeinsatz gegen unerwünschte Baumarten und Insekten(schädlinge) im Wald.«[57]

Dennoch wurde bereits in den 1960er Jahren ein forstpolitisches Maßnahmenpaket zum Auf- und Ausbau standortgerechter naturnaher Mischwälder etabliert. Im Zeitraum von 1963 bis 1973 erfolgte eine standortökologische Kartierung aller Waldbesitzarten, deren Ergebnisse sowohl in der künftigen Forstbetriebsplanung berücksichtigt als auch in den sogenannten Waldbaurichtlinien umgesetzt wurden. Das zuständige saarländische Ministerium legte ein entsprechendes »Landeswaldprogramm« auf. Das Erstellen von Waldfunktionsplänen und ein eigens konzipiertes Laubholzkulturen-Sonderprogramm sicherte den Fortbestand und die Vermehrung von Laub- und Mischwäldern.[58]

Parcours

4

2x Armkreisen beidarmig
nach links seitwärts zum
Rumpfwippen links
seitwärts u. ungleich

1970–1980

Ölkrisen, zunehmende Umweltverschmutzung und ein wachsendes Bewusstsein für Gesundheitsaspekte bewirken einen allmählichen Wertewandel in der Bevölkerung. Der Wald wird nicht mehr nur als nachwachsende Energieressource gesehen, er ist gleichermaßen gefragt und genutzt als Erholungs-, Sport- und Freizeitareal.

Neue »Wald-Bewegung«: Auf dem Trimm-Dich-Pfad, Saarbrücken-Eschberg

7 Montan- und Erdölkrise an der Saar
1970 – 1980

Sonntagsspaziergang auf Waldwegen und Autobahnen –
Die Ölkrisen 1973 und 1979/1980

Die beiden Ölkrisen 1973 und 1979/1980 entstanden nicht, weil die globalen Öl-reserven erschöpft gewesen wären, sie hatten vielmehr politische oder ökonomische Hintergründe. Die Erhöhungen der Rohölpreise lösten in den Industrieländern schwere Rezessionen aus. Die Ölpreiskrisen demonstrierten die Abhängigkeit der Industriestaaten von fossiler Energie, insbesondere von fossilen Treibstoffen. In der

Runter vom Gas: Sonntagsfahrverbot auf deutschen Autobahnen und Aufruf der Schutz-gemeinschaft Deutscher Wald e.V. zur freiwilligen Geschwindigkeitsbegrenzung

Bundesrepublik Deutschland wurde als direkte Reaktion auf die Ölkrise 1973 ein Energiesicherungsgesetz erlassen, auf dessen Grundlage an vier autofreien Sonntagen, beginnend mit dem 25. November 1973, ein allgemeines Fahrverbot verhängt sowie für sechs Monate generelle Geschwindigkeitsbegrenzungen (100 km/h auf Autobahnen; auf Landstraßen bzw. außerhalb geschlossener Ortschaften 80 km/h) eingeführt wurden. Aufgrund der daraus resultierenden Treibstoffeinsparung und Reduzierung des Schadstoffausstoßes plädierte die Schutzgemeinschaft Deutscher Wald e.V. nach diesem Verbot für eine freiwillige Geschwindigkeitsbegrenzung auf deutschen Autobahnen.

Die künstlich herbeigeführte Ölknappheit und der damit verbundene Mangel an Heizöl ließen die Nachfrage nach Brennholz im Saarland entsprechend ansteigen, was wiederum zu einer leichten und kurzfristigen Holzpreissteigerung führte.[1]

Administrative Veränderungen des Naturschutzes an der Saar

1972 erfolgte die erste administrative Verlagerung des Naturschutzes im Saarland. Sowohl die Oberste Naturschutzbehörde als auch die Landesstelle für Naturschutz und Landschaftspflege wurden in die »Abteilung Arbeits- und Umweltschutz des Ministeriums für Arbeit, Gesundheitswesen und Sozialordnung« eingegliedert. Dank der Personal- und Finanzmittelaufstockung wurde ein erstes saarländisches Naturschutzprogramm aufgelegt. Dieser »politische Rückenwind« führte dazu, dass Belange des Naturschutzes in der künftigen Straßen- und Städteplanung stärker berücksichtigt werden mussten. Eine weitere entscheidende Umstrukturierung erfolgte 1974 mit der Neubildung eines saarländischen Umweltministeriums. Die Abteilung Arbeits- und Umweltschutz, einschließlich des Naturschutzreferates, wurde als neuer Ressortbereich dem Umweltministerium überantwortet. Bereits im November desselben Jahres wechselte das Naturschutzreferat zur Abteilung Raumordnung, Naturschutz, Städtebau und Bauaufsicht. Der Naturschutz war dadurch eng mit Fachbereichen verbunden, die grundlegende und weitreichende Entscheidungen für Natur und Landschaft zu treffen hatten. Auf der rahmengesetzlichen Grundlage des 1976 ratifizierten Bundesnaturschutzgesetzes wurde das saarländische Naturschutzgesetz verabschiedet, das am 1. April 1979 in Kraft trat und erneut eine Umstrukturierung des Naturschutzes vorgab.[2]

1976 wurde auf Initiative von Rainer Wicklmayr, dem damaligen Rechtspflegeminister des Saarlandes, und Berthold Budell, dem damaligen Vorsitzenden des

Bundes für Umschutz e.V. Saarbrücken – später BUND, die Naturlandstiftung Saar (NLS) gegründet. Satzungsgemäßer Zweck ist es, landschaftsökologisch wertvolle Flächen zu erwerben, um die Lebensräume bedrohter Tiere und Pflanzen für nachfolgende Generationen zu sichern, zu pflegen und zu entwickeln.[3]

»Naturschutz und Trimmen, beides muss stimmen« – Umweltwahrnehmung und Waldsport

Der Europarat rief das »Europäische Naturschutzjahr 1970« aus, was im Saarland zu einer »umweltpolitischen Kettenreaktion« führte. In einer Sondersitzung des Saarländischen Landtages hielt der neuberufene Bundesbeauftragte für Naturschutz, Prof. Dr. Bernhard Grzimek, eine beeindruckende Rede, die mit großer Zustimmung und Applaus der Parlamentarier honoriert wurde. Im Anschluss fand eine groß angelegte Wanderausstellung in vielen saarländischen Städten und Gemeinden und auf der Saarmesse statt. Mit dieser Aktion wurden weite Teile der saarländischen Bevölkerung für den Schutz natürlicher Ressourcen (Boden, Wasser, Luft und Biomasse) sowie Tier- und Pflanzenwelt und Klima sensibilisiert.[4]

Dieser bundesweit feststellbare gesellschaftliche Wertewandel einer zuvor eher materialistisch ausgerichteten zu einer zunehmend postmaterialistisch orientierten Bevölkerung hatte eine weitere wichtige Facette: Das kritische Reflektieren der Lebensweise in den Bereichen Ernährung und Gesundheit.

Die »Fresswelle« des deutschen Wirtschaftswunders hatte nach den Hungerjahren der Nachkriegszeit zu einer immer stärker an Übergewicht leidenden Bevölkerung geführt. Angesichts von jährlich bundesweit registrierten 250.000 Herzinfarkten appellierten Ärzte und Krankenkassen, dringend gesundheitsfördernde Gegenmaßnahmen zu ergreifen.[5]

Nach dem Motto »Trimm Dich durch Sport« startete daraufhin der Deutsche Sportbund (DSB) die Trimm-Dich-Bewegung am 16. März 1970. Mit Slogans wie »Lauf mal wieder!«, »Kick mal wieder!«, »Schwimm mal wieder!«, »Fahr mal wieder Rad!« oder »Ein Schlauer trimmt die Ausdauer!« sollten Bürger der alten Bundesrepublik Deutschland zu sportlichen Aktivitäten ermuntert werden. In vielen saarländischen Wäldern wurde diese Idee in Form von Trimm-Dich-Pfaden umgesetzt und von einer verstärkt Sport treibenden Bevölkerung begeistert angenommen. In dieser Zeit wurde der »Jogginganzug« auch im Saarland salonfähig.

Die Wohlstandsgesellschaft des Saarlandes avancierte zu einer Wegwerfgesellschaft, die ihren Müll zum Teil an leicht zugänglichen Waldwegen und Beständen entsorgte. Dieses illegale Abladen von Müll im Wald wurde durch harte Strafen einzudämmen versucht. Dennoch nahm das Vermüllen des Waldes in den 1970er Jahren derart zu, dass die Schutzgemeinschaft Deutscher Wald e.V. zu mehreren Aktionen »Sauberer Wald« in saarländischen Wäldern aufrief (z.B. Forstamt Fischbach, Forstrevier Holz, 1978).

Appell an die Wegwerfgesellschaft:
»Haltet den Wald sauber«

Wald – Allheilmittel gegen schädigende Umwelteinflüsse?

In den 1970er Jahren stellte man gravierende Waldschäden durch Luftschadstoffe im Saarland fest. Aber anstatt die schädigenden Emissionen zu reduzieren oder zu unterbinden, sollten Wälder als Immissionsschutz konzipiert bzw. ausgewiesen werden. 1972 postulierte der Minister für Finanzen und Forsten im Landschaftsplan für den Waldbereich im Großraum Saarbrücken:

»Bei den im Saarbrücker Planungsgebiet vorherrschenden Winden aus westlicher Richtung ergibt sich, daß Saarbrücken vor Staub und Gasen aus dem westlich vorgelagerten französischen Industrie- und Siedlungsgebiet … geschützt werden muss. Diese Aufgabe fällt dem Stiftswald St. Arnual, dem Stadtwald Alt-Saarbrücken und dem Gemeindewald Gersweiler zu. Eine Fahne stärkster SO_2-Konzentration scheint in Höhe der Goldenen Bremm aus Frankreich zu wehen. Dabei wirken die Bewaldung des Hauptfriedhofs und das bewaldete Habsterdick als bedeutender Filter, was wie der Augenschein beweist, der Waldbestockung … gesundheitlich stark

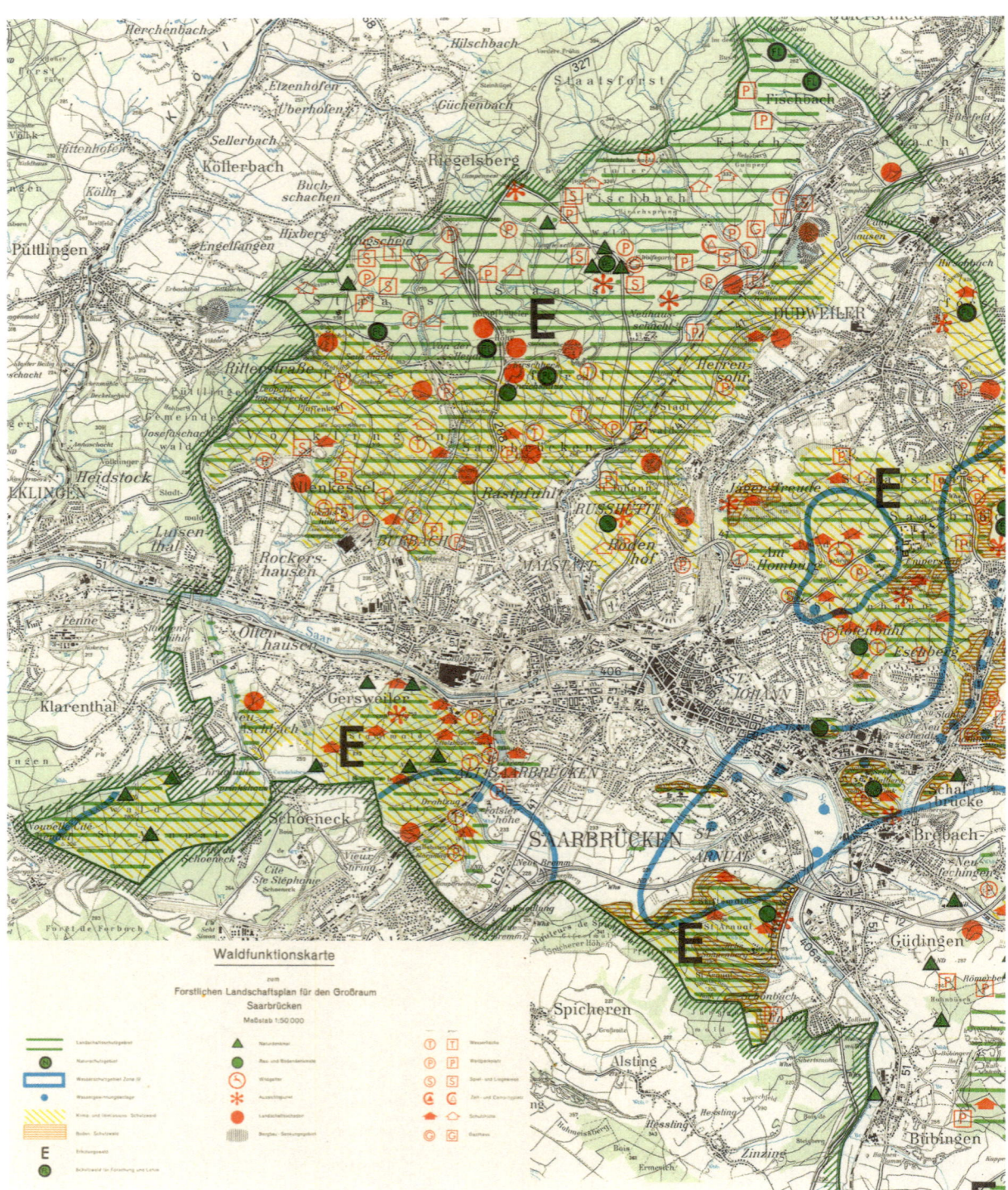

Waldfunktionskarte für den Großraum Saarbrücken: Klima- und Immissionsschutzwald, 1972[6]

zu schaffen macht. Aus siedlungshygienischen Gründen wäre daher gerade
in diesem Gebiet ... eine Waldvermehrung von größter Bedeutung ... In
zwei Aufbauformen ist der Immissionsschutzwald daher im Planungsraum
notwendig, und zwar einerseits in der Form von ... Schutzstreifen,
die ... besonders empfindliche Objekte wie Schulen und Krankenhäuser
abschirmen und andererseits in der Form einer Schutzwaldzone, welche in
ausreichender Tiefe den Wald rings um Städte und Dörfer erfasst.«[6]

Demnach schützte die saarländische Forstverwaltung der 1970er Jahre weniger die Wälder vor Immissionen, sondern vielmehr die gesundheits- und waldschädigenden Emittenten.[7] Im gleichen ministeriellen Statement unterstellte man dem Wald eine positive Wirkung gegenüber radioaktiver Strahlung. Diese Haltung bezog sich auf die in Diskussion befindliche Planung des benachbarten französischen Atomkraftwerkes Cattenom.

»Der Wald vernichtet zwar keine Radioaktivität, aber er verändert ihre
Verteilung. An der Wind abgewandten Seite von Bäumen wurden nur 25 %
der Radioaktivität gemessen gegenüber der Windseite. Die Schutzwirkung
der Bäume betrug demnach 75 %. Reaktoren werden daher mit Vorliebe in
den Wald gebaut.«[8]

Diese Sichtweise wurde zeitgleich von bestimmten gesellschaftlichen Gruppierungen stark kritisiert und bezweifelt. Angesichts der späteren Reaktorunfälle in Tschernobyl (1987) und Fukushima (2011) sind die empfohlenen Maßnahmen der 1970er Jahre weder nachvollziehbar noch wissenschaftlich haltbar.

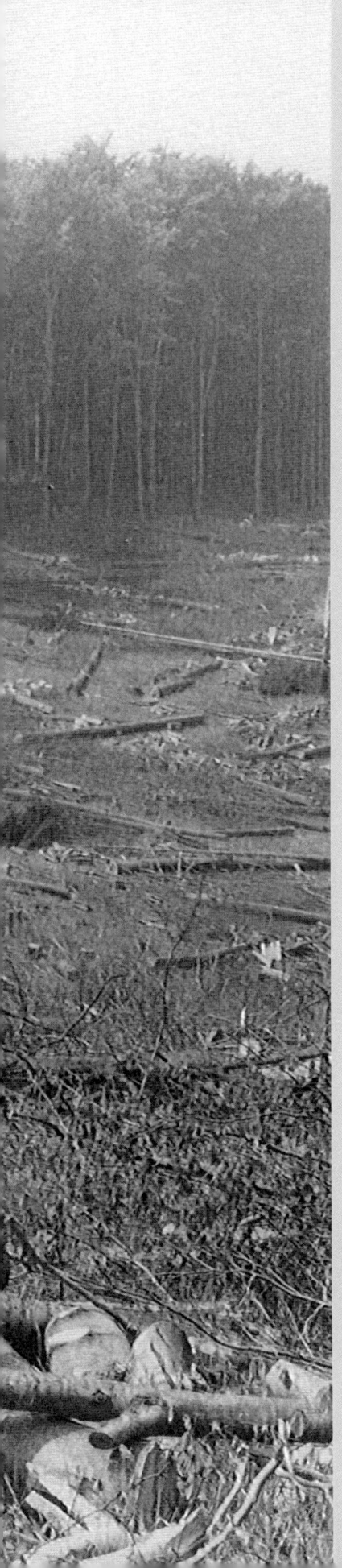

1980 – 1988

Die 1980er Jahre zeigen die enge, historisch gewachsene Verbundenheit der deutschen (saarländischen) Bevölkerung mit dem Wald. Dabei geht es nicht nur um den Erhalt der Schutz- und Erholungsfunktion des Waldes, sondern auch um die ökologische Tragweite des »Waldsterbens«.
Die Diskussion um die Gefährdung der Wälder wird zum Motor einer immer stärker werdenden neuen Umweltbewegung, die zu völlig neuen Sichtweisen und Forderungen an Gesellschaft, Politik und Wirtschaft führt.
Forstleute und Naturschützer beurteilen Waldumwandlung und Großkahlschläge zunehmend kritisch. Künstler befeuern die Kritik.

»... mit scharfer Axt fällt man Baum um Baum;
zerstört damit seinen Lebensraum ...«
aus: »Karl der Käfer« – Umweltsong 1983

8 Waldsterben – Hochphase
1980 – 1988

»Hier stirbt der Wald« – wie der Wald sein eigener Friedwald wurde

In den 1980er Jahren kam es aufgrund der Debatte um das Waldsterben zu einem entscheidenden Umdenken in der gesamten deutschen Umweltpolitik. Neben der offiziellen Waldschadenserhebung wurde der traditionelle Waldbau, allen voran die gleichaltrige Fichtenreinbestandswirtschaft kritisch hinterfragt. Dennoch schlug die saarländische Forstverwaltung noch 1983 – zeitgleich mit der Verminderung der Luftschadstoffe – vor, weiterhin Fichtenwälder als Schadstofffilter anzubauen:

> *Da aber im Interesse der Volksgesundheit die Fichte die ideale Holzart
> in diesem Gebiet wäre, da sie vielfach mehr Schadstoffe aus der Luft
> auszukämmen vermag als Laubbäume und so ein guter, natürlicher
> Gas- und Staubfilter im Verdichtungsraum sein könnte, wird in Zukunft
> überprüft werden müssen, ob nicht … ein gezielter Nadelholzanbau im
> Rauchschadensgebiet zwecks Verbesserung der Umweltqualität möglich ist.*[1]

Dagegen belegen andere zeitgenössische Dokumente eine vermehrte Aufforstung mit Laubbaumarten, wie beispielsweise die 1986 erfolgte flächendeckende Inventarisierung aller Bergehalden und Absinkweiher des Saarkohlenreviers. Die seit Anfang der 1960er Jahre mit 5,5 Millionen Laubbäumen und Sträuchern aufgeforsteten saarländischen Haldenflächen (450 ha) bewertete man aus Sicht des Naturschutzes als eine ökologisch wertvolle Maßnahme.[2]

Eine hervorragende Darstellung der forstlichen Situation des Saarlandes gewährt die Allgemeine Forstzeitschrift, die sich in ihrer Ausgabe vom 22. Januar 1983 ausschließlich dem Thema »Wald und Forstwirtschaft im Saarland« widmete.[3] Dabei wurde die 25jährige »kleine Wiedervereinigung« des Saarlandes mit der

Das große Waldsterben: Plakat an Straßen-
bäumen, Poster von Klaus Staeck und
Spiegel-Titel

Bundesrepublik Deutschland unter einer Vielzahl forstlicher und holzwirtschaftlicher Aspekte beleuchtet. Die Waldstatistik wies für das gesamte Saarland eine Bewaldungsrate von 33 Prozent aus, ein Anteil der für ein Industriegebiet per se äußerst positiv zu bewerten wäre. Dennoch konstatierte Martin Klein (1983) in seinem Aufsatz »Sicherung und Entwicklung der Waldfläche im Saarland, dass die gesamte saarländische Waldfläche seit 1963 um 4 Prozent zurückgegangen und ein Viertel der Landesfläche weniger als 20 Prozent bewaldet sei. Für ein Viertel der saarländischen Landesfläche lag 1983 der Waldanteil pro Einwohner bei lediglich 0,05 ha. Von dieser Situation war die Hälfte der saarländischen Bevölkerung betroffen. Deswegen und in Anbetracht des Waldsterbens wurde appelliert, den Wald nicht nur wegen seiner Nutzfunktion zu erhalten, sondern in erster Linie wegen seines Schutz- und Erholungscharakters zu sichern und zu vermehren.[4] Der damalige Leiter der saarländischen Landesforstverwaltung, Dr. Gert Kirst, griff diese Forderungen auf und postulierte ein »Waldprogramm«, das Probleme wie Immissionsschäden, Waldverluste und Wildschäden lösen sollte. Eines der Hauptziele war dabei der Umbau »künstlicher« Forste in standortgerechte und naturnahe Wälder nach den Grundsätzen der Standortsökologie und der Ökosystemforschung.[5]

Gesetzliche Umweltmaßnahmen und administrative Veränderungen des Umwelt- und Naturschutzes

Bereits in der ersten Hälfte der 1970er Jahre ging im Kraftwerk Weiher II mit Unterstützung des Bundesministeriums für Forschung und Technologie eine Pilotanlage zur Auswaschung von Schwefeldioxid (S02) aus dem Rauchgas in Betrieb. Aufgrund der gewonnenen Erfahrungen wurde das neu gebaute Kraftwerk Weiher III 1979 mit einer Entschwefelungsanlage ausgerüstet, die zunächst 25 Prozent, seit 1983 schließlich 50 Prozent der Rauchgase entschwefelte. Weitere feuerungstechnische Maßnahmen reduzierten zusätzlich den Stickstoffausstoß.[6] Walderhalt und Industrieflächenaufforstungen maß man weiterhin eine besondere Luftfilterfunktion bei.[7] Für den Betrieb von Großfeuerungsanlagen wurden 1983 vom Gesetzgeber emissionsbegrenzende Anforderungen bundesweit verbindlich, die 1988 mit ähnlichen Anforderungen durch die EU-Richtlinie 88/609/EWG auf alle EU-Länder übertragen wurden.

Das Inkrafttreten des Saarländischen Naturschutzgesetzes (1. April 1979) führte zu einer Reihe von rechtlich festgeschriebenen Umstrukturierungen. Am 27. März 1980 wurde die ehemalige saarländische Landesstelle für Naturschutz und Landschaftspflege durch die neugebildete Fachbehörde »Abteilung Natur und Landschaft« im Landesamt für Umweltschutz ersetzt. Die dieser Abteilung entsprechende Oberste Naturschutzbehörde wuchs bis 1985 auf 14 Bedienstete an und wurde durch ministeriellen Beschluss am 16. Mai 1986 in die Referate Naturschutz – Flächen und Artenschutz, Naturschutz – Eingriffe und Ausgleichsmaßnahmen sowie Naturschutz – Landschaftsplanung aufgeteilt. Schließlich erfolgte am 18. November 1986 die Einrichtung der »Abteilung D – Landschaftsökologie, Naturschutz, Bodenschutz«. Durch diese Umstrukturierungsmaßnahmen wurde die Naturschutzarbeit an der Saar wesentlich verbessert. Bereits in den Jahren 1982 bis 1984 kartierte man rund 3.000 »besonders schutzwürdige Biotope« auf rund 8 Prozent der saarländischen Landesfläche, die 1988 bis 1991 fortgeschrieben wurden. Insgesamt wurden 662 Naturdenkmale sowie rund 250 besonders geschützte, meist kleinflächige Landschaftsbestandteile ausgewiesen. Ende der 1980er Jahre belief sich der Flächenanteil der Landschaftsschutzgebiete im Saarland auf etwa 40 Prozent.[8]

In den 1980er Jahren setzte die saarländische Forstverwaltung das »Laubholzkulturen-Sonderprogramm« sehr konsequent um. Im Zeitraum von 1978 bis 1987 wurden jährlich durchschnittlich 90 Hektar Eichennachwuchsflächen und 128 Hektar Buchen- und sonstige Laubholzkulturen angelegt. Dies führte zu einem deutlich höheren Laubholzanteil an der gesamten Verjüngungsfläche des Waldes und trägt zu der Baumartenzusammensetzung der saarländischen Wälder erkennbar bei.[9]

»Baum ab? Nein danke« – neue Umweltschutzaktivitäten

1979 wurde der Saarwaldverein als erster Naturschutzverband im Saarland anerkannt, da er aktiv in den Bereichen des Naturschutzes und der Landschaftspflege mitwirkte.[10] Mitte der 1980er Jahre beabsichtigten die Saarbergwerke, einen neuen Absinkweiher für die Grube Göttelborn im Merchtal (Gemarkung Merchweiler) anzulegen. Die Aktionsgemeinschaft »Rettet das Merchtal« führte dazu, dass sich die Saarbergwerke gezwungen sahen, das Hölzerbachtal bei Fischbach, das Malzbachtal bei Uchtelfangen und das Fröhn-Rödelbachtal bei Holz als mögliche andere Standorte in Erwägung zu ziehen. Die Bürgerinitiative »Rettet das Hölzerbachtal« verhinderte letztendlich eine große Waldzerstörung im Fischbacher Wald. Das Absinkweiherprojekt »Hahnwies« wurde letztlich im Hahnbachtal (Gemarkung Illingen) im Zeitraum zwischen 1990 und 1992 realisiert.[11]

In den 1980er Jahren wurden zudem großflächige Waldzerstörungen durch Konzessionsvergaben an Steinbruchbetreiber verursacht. Darüber hinaus beeinträchtigten größere Straßenbauplanungen massiv und nachhaltend die saarländische Waldlandschaft. Der Autobahnausbau (A1) im Nordsaarland führte beispielsweise zu einer irreversiblen linearen Zerschneidung eines zuvor weitgehend geschlossenen Waldgürtels.

Wie eine tiefe Narbe: Zerschneidung der Waldlandschaft durch den Autobahnbau bei Türkismühle

Bäume

Früher sollen sie
Wälder gebildet haben und Vögel
Auch Libellen genannt kleine
Huhnähnliche Wesen die zu
Singen vermochten schauten herab.

Protest in den 1980er Jahren: populärer »Baum ab? – Nein Danke« Sticker und Künstler Postkarte von Klaus Staeck

Selbst in der Musikwelt wurde der von der Gesellschaft zunehmend beklagte vermehrte Waldeinschlag thematisiert. Die deutsche Musikgruppe »Gänsehaut« griff diese Problematik sehr anschaulich auf in ihrem sozialkritischen Lied »Karl der Käfer«:

> »Tief im Wald, zwischen Moos und Farn
> da lebte ein Käfer mit Namen Karl
> Sein Leben wurde jäh gestört;
> als er ein dumpfes Grollen hört
> Lärmende Maschinen überrollen den Wald;
> übertönen den Gesang
> der Vögel schon bald
> Mit scharfer Axt fällt man Baum um Baum;
> zerstört damit seinen Lebensraum
> Karl der Käfer wurde nicht gefragt;
> man hat ihn einfach fortgejagt
> Karl der Käfer wurde nicht gefragt;
> man hat ihn einfach fortgejagt.«[12]

1988–2005

Die erwachende Umweltdebatte kommt bei den Forstleuten im Saarland an. Im Staatswald ersetzen sie das auf die Industrieproduktion zugeschnittene Konzept der (Altersklassen-)Forstwirtschaft mit Chemie und großflächigen Kahlschlägen durch naturnahe Waldwirtschaft. Gemeinden und Privatwaldbesitzer folgen der Idee. Ökosystemgerechte Jagd soll zur Entwicklung eines natürlichen, baumartenreichen, vielfältigen Mischwalds beitragen. Ins neue Konzept des Bürgerwaldes gehen Ideen des sanften Tourismus, der Wildnis-Pädagogik, aber auch der Wertschätzung kulturhistorischer Relikte ein. Selbstbewusste Kommunikation über den »Neuen Forst« äußert sich an der nun stetigen Beteiligung an der Grünen Woche in Berlin sowie an der Expo 2000 und in ganz neuen Projekten (»Living History«) der Kulturlandschaftsinitiative im St. Wendeler Land.

Naturnaher Mischwald bei Riegelsberg-Süd

9 Aufbruch zur Waldwende
Der »Neue Forst« 1988 – 2005

Mitte der 1960er Jahre geriet die Forstwirtschaft durch die Globalisierung des Holz-marktes in eine Wirtschafts- und damit in eine Identitätskrise. Daraufhin erweiterte die Landesregierung unter Ministerpräsident Dr. Franz-Josef Röder das Leitbild der Forstverwaltung um die Schutz- und Erholungsfunktionen der Wälder für die Industriebevölkerung. Ende der 1980er Jahre traten schließlich die ökologischen Funktionen der Wälder in den Mittelpunkt der Forstpolitik. Impulse kamen aus der erwachenden Umweltdebatte, beispielsweise über »Die Grenzen des Wachs-tums«, einen Bericht des »Club of Rome«, der auch die zunehmende »Zerstörung von Lebensräumen« kritisierte.[1]

Die traditionellen Pfade: Forstwirtschaft mit Kahlschlag und Chemieeinsatz

Bislang war wie in anderen Bundesländern auch eine systematische Umwandlung von alten Buchenwäldern überwiegend in Nadelbaumbestände forciert worden. Trotz eines bundesweiten Appells seitens der Forstwissenschaft »Helft unsere Buchenwälder retten« von Dietrich Mülder[2] sah die bis 1987 geltende Produktions-Zielplanung im Saarland vor, die immer noch auf größerer Fläche vorherrschenden Buchen-Mischwälder einzuschränken und in wirtschaftlich profitablere Eichen-, Douglasien-, Fichten- sowie Kiefernbestände umzuwandeln. Verbleibenden Buchenwäldern wollte man hohe Eichenanteile beimischen; die aber ließen sich nur mit erheblichem Kostenaufwand gegen die Buchendominanz schützen. In die-sen künstlich gestalteten Holzproduktions-Systemen mit hohen Pflegekosten und kurzen Eingriffsintervallen musste ständig gegen die natürliche Walddynamik ge-arbeitet werden.

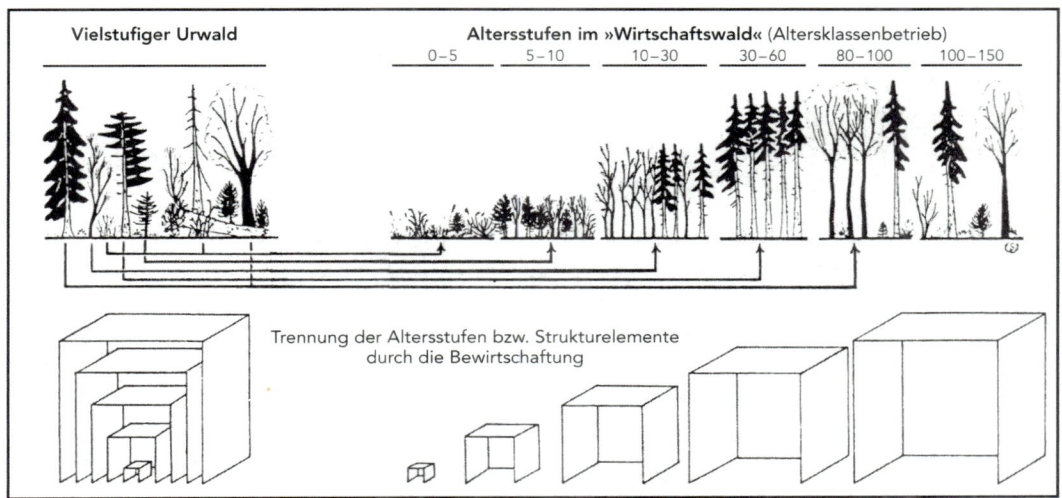

Vielstufiger Urwald im Vergleich zum Wirtschaftswald in Altersklassen (Grafik von 1976)

Wegen der ökologischen Instabilität solcher Altersklassenwälder (Sturmwürfe, Insektenkalamität, immer gravierender werdendes Waldsterben durch Luftschadstoffe) forderten interne und externe Kritiker, insbesondere junge Forstleute aus den eigenen Reihen der Forstverwaltung, einen Paradigmenwechsel: die Forstwirtschaft gänzlich umstellen und die Altersklassenwirtschaft endgültig und zunächst zumindest im gesamten Staatswald aufgeben. Ursprünglich hatten Anfang des 19. Jahrhunderts Forstleute in preußischer Zeit (unter anderem Heinrich Cotta und Georg Ludwig Hartig) diese Holzproduktionsweise der »rationellen Forstwirtschaft« aus dem Ackerbau der Landwirtschaft abgeleitet, um den Nutzholzhunger in der Industrialisierungsepoche zu stillen. Die Alternative eines naturgemäßen Waldbaus, die »den Urwald als Lehrmeister« und »die Natur als beste Lehrmeisterin«

Aus dem Fundus der Naturschutzbehörde des Saarlandes 1950: »100 Stimmen für naturgemäßen Wirtschaftswald«, erschien 1958 schon in »3. (nach Umfang vervielfachter) Auflage«

Ausschuß zur Rettung des Laubwaldes im Deutschen Heimatbund V 83

Leiter: Wilhelm Münker   Arbeitsbereich: Bundesgebiet   **Hilchenbach,** den
Kr. Siegen (Westfalen)
Postscheck Dortmund 72170   29. April 1958

An die:

    Gebirgs- und Wandervereine

    Heimatbünde

    Landes-Fremdenverkehrs-Verbände

    Obersten Naturschutzbehörden

    Landesbeauftragten für Naturschutz
    - - - - - - -

Dem MISCHWALD gehört die ZUKUNFT

Von den meisten forstlich nicht unmittelbar beteiligten Stellen ist die
Entwickelung im Waldgeschehen kaum gebührend beobachtet, geschweige denn bean-
standet worden. In diesem Jahrhundert wich fortschreitend der naturnahe Mischwald dem naturwidrigen Nadelkunstforst. Es wurde schwarz und immer schwärzer,
ohne daß die Öffentlichkeit daran Anstoß nahm.

Auf diese betrübliche Lage soll das neue Buch unter obiger Überschrift die
Aufmerksamkeit aller lenken, denen die Natur noch etwas zu sagen hat.

Wie Sie dem Ihnen zugehenden Stück zu entnehmen belieben, habe ich mich
auf Einleitung und Schlußfolgerung beschränkt. Umso mehr Gewicht haben die
Bekundungen von rund 200 Fachleuten, darunter fast alle erstrangigen. Von den
forstlichen Wissenschaftlern dürfte es kaum einen einzigen geben, der dem Grund-
gedanken dieser Schrift nicht zustimmte.

Alle unbefangenen Verfechter der Natur werden aber nicht minder das ein-
schätzen, was die Dichter, die Mediziner, die Pflanzensoziologen und Maler
bekunden. Bei ihnen braucht kein Wort über die sog. Wohlfahrtswirkungen des
Waldes gesagt zu werden. Anderseits aber muß offen ausgesprochen werden, daß
die Wasserfrage kaum überschätzt werden kann und jeden Einzelnen angeht, trotzdem aber, außer den Fachkreisen, die Gemüter nur bitter wenig erregt hat.

So wage ich die Bitte, bei Gutbefinden zur Verbreitung des Buches beitragen
zu wollen. Über die Preisfrage gibt die Anlage V 78 Aufschluß.

Die Anlage V 82 verzeichnet einige Werturteile. Ergänzend zu der Erklärung
von Ministerialdirektor Mann vom Bundeslandwirtschaftsministerium sei bemerkt,
daß sich auch Bundeslandwirtschaftsminister Lübke wiederholt zu diesen Gedan-
kengängen bekannt hat.

Von Bundespräsident Heuss findet sich ein lehrreiches launiges Gedicht
auf Seite 146. Darüber hinaus will er demnächst in seinen Akten Umschau nach
einem früheren Aufsatz in der Frankfurter Zeitung halten, worin er in diesem
Sinne gegen die Nadelreinbestände zu Felde zog.

Für eine freimütige Beurteilung wäre ich Ihnen sehr verbunden.

Mit Waldschutzgruß !

anbei:

MiWaBu.
V 78/82
Bestellkarte
- - - - - - - - -

(Wilhelm Münker)

Begleitbrief zur 3. Auflage mit »Über 200 fachmännischen Stimmen« an die Oberste Naturschutzbehörde des Saarlandes, 1958

auffasste, hatten Mitte des Jahrhunderts Forstwissenschaftler in Süddeutschland (unter anderem Carl Gayer) entwickelt.[3]

Druck von außen, naturnahe Waldwirtschaft statt Altersklassenwirtschaft zu praktizieren, kam vom NABU Saarland[4] und vom BUND Saar[5]. Inspiriert von der Idee der von Robert Junck[6] in den 1980er-Jahren angeregten »Zukunftswerkstätten«[7] trafen sich über viele Monate Forstleute, Landschaftsökologen, Naturschützer und einige Waldarbeiter im Freizeitzentrum Finkenrech bei Dirmingen regelmäßig zu selbst organisierten Fachvorträgen. Sie gingen Alternativvorstellungen im Sinne der Arbeitsgemeinschaft Naturgemäße Waldwirtschaft (ANW) nach, die auf Bundesebene schon 1950 in einem Aufruf von Forstleuten, Wissenschaftlern und Waldbesitzern eine generelle Neuorientierung der deutschen Forstwirtschaft gefordert hatte.[8] Immer eindringlicher mahnte auch der Ausschuss zur Rettung des Laubwaldes im Deutschen Heimatbund: »In diesem Jahrhundert wich fortschreitend der naturnahe Mischwald dem naturwidrigen Nadelkunstforst. Es wurde schwarz und immer schwärzer, ohne dass die Öffentlichkeit daran Anstoß nahm … Auf diese betrübliche Lage soll das neue Buch … die Aufmerksamkeit aller lenken … Andererseits muss offen angesprochen werden, daß die Wasserfrage kaum überschätzt werden kann.«[9]

Die ANW auf Landesebene des Saarlandes konstituierte sich nach einiger Zeit informeller Aktivitäten im März 1989 mit eigener Satzung und als eingetragener Verein.[10]

Im Fokus der Kritik stand der Kahlschlag, der nach der sogenannten Umtriebszeit (je nach Baumart zwischen 80 und 240 Jahren) das Holz – wie in der Landwirtschaft – flächenweise erntet und damit den freigelegten Waldboden Wind, intensiver Sonneneinstrahlung und Starkregen preisgibt. Die Folgen sind Trockenheit und Abschwemmung je nach Intensität des Regens. In den 1960er Jahren legten Kahlschläge die Waldböden ganzer Berghänge im Saarland frei.

Kahlschläge entblößen großflächig ganze Bergzüge in Rimlingen bei Losheim

© Landesbildstelle Saarland im LPM (Joachim Lischke)

Kahlschläge mit Wiederaufforstung zwischen Hochscheid und Hassel, 1980er Jahre

© Landesbildstelle Saarland im LPM (Gerd Kügelgen)

Kahlschlag im Forstrevier Pfaffenkopf. Im Hintergrund: Einzelbestände (Altersklassen) mit je nur einer Baumart: links etwa 80jährige Fichte und Mitte etwa 100jährige Buche, um 1970

»Dich sah ich wachsen, Holz« – 100 + 1 Jahre Saar-Wald-Kultur

Weitere Kritikpunkte an der Altersklassenwirtschaft waren, dass der Waldbestand nur wenige, gleichaltrige Baumarten aufwies, dass Großmaschinen den Waldboden überall befahren konnten mit entsprechenden Verdichtungen des Bodens und vor allem: dass in der Forstwirtschaft Chemie zum Einsatz kam. Dem Zeitgeist entsprechend, verwendete man auch im Saarland jahrelang im Wald zur Jungbestandspflege das Herbizid Tormona, das das Grundwasser erheblich gefährden konnte. Tormona war ein wichtiger Bestandteil der im Vietnamkrieg eingesetzten Entlaubungsmittel, bekannt als »Agent Orange«. Das alles passte nicht in das Weltbild der »Naturgemäßen« im Saarland, schon gar nicht, dass Kenntnisse darüber Abfragestoff in der Forstlichen Staatsprüfung war.

Die saarländische Forstwirtschaft – bislang auf traditionellen Pfaden geräuschlos agierend – war nunmehr der Kritik externer Akteure ausgesetzt. Der bundesweite Slogan des NABU »Der Wald hat ein Problem, wir haben die Lösung« provozierte die Forstleute alter Schule, deren Handeln zuvor keiner Kritik ausgesetzt war.

Waldwende im Staatsforst – »Natur als Vorbild« in der Forstwirtschaft

An die Stelle der Altersklassenwaldwirtschaft trat – forciert vom neuen Forstchef Wilhelm Bode – per Erlass des für Forsten zuständigen Wirtschaftsministers Hajo Hoffmann 1988 eine naturnahe, also eine »weitgehend kahlschlagfreie Waldwirtschaft«.[11] Sie war verbindlich im öffentlichen Waldbesitz des Saarlandes. Dieser Erlass und seine Umsetzung waren nicht unumstritten. Jede Bevölkerungsgruppe, die mit dem Wald verbunden war, erwartete etwas anderes davon:

> *»Die Jäger befürchteten den Angriff auf ihre gehegten und gepflegten*
> *Wildbestände, die Naturschützer verstanden darunter ein ihren*
> *Wünschen entsprechendes Waldnaturschutzprogramm, die Sägewerke und*
> *Holzwirtschaft erwarteten einen Rückgang des Holzeinschlages und damit*
> *wirtschaftliche Verluste, die Spaziergänger, Fahrradfahrer, Reiter nahmen*
> *an, dass kein Waldweg mehr nicht durch Holzernte verschmutzt oder gar*
> *zeitweilig unpassierbar ist, und die Förster, die den Erlass im Wald umsetzen*
> *sollten, waren keineswegs besonders darauf vorbereitet.«[12]*

Ziel war aber, wie bei der klassischen Forstwirtschaft, weiterhin die Erzeugung von Holz. Die Holzernte erfolgt dagegen nicht flächenhaft im Kahlschlag, sondern einzelstammweise, damit das Waldökosystem als Ganzes immer erhalten bleibt. Freiflächen im Wald fallen also weg. In den Lücken der entnommenen Bäume und unter dem Schirm verbleibender Altbäume verjüngt sich der Wald auf natürliche Weise.

Ziele des Naturschutzes	Naturnahe Vegetation	Hohe Bestandsreife Totholz	Optimale Altersstruktur	Strukturvielfalt und Kleinstrukturen
Ziele der Waldwirtschaft	Standortsbezogene Baumartenwahl	Vorratsreiche Bestände	Hohe Umtriebszeiten Überhalt lange Verjüngungs-zeiträume Naturverjüngung	Aufbau mehrstufiger stabiler Bestände Waldmantel Schaffung und Erhaltung von Kleinstrukturen

Naturnahe Waldwirtschaft verbindet Ziele des Naturschutzes mit Holzproduktion und Landschaftspflege (Grafik 1987)

> »Verschiedene Baumarten wechseln sich auf derselben Fläche ab und wirken synergetisch bei der Nutzung von Sonnenlicht, Niederschlag, Nährelementen. Der Wald ist baumartengemischt. Einzeln bis in Gruppen stehen nebeneinander alte und junge, dicke und dünne, hohe und niedrige Bäume. Der gesamte Luftraum ist mit Chlorophyll erfüllt. Die Wurzeln erschließen unterschiedliche Bodenhorizonte und nutzen das gesamte Standortpotenzial. Der Wald ist strukturreich.«[13]

Das Prinzip der naturgemäßen Waldwirtschaft ist weitgehende Selbststeuerung der Natur – ganz im Gegensatz zur steuerungsintensiven Altersklassenwirtschaft. Die relativ kostenintensiven Forstpflegearbeiten werden reduziert.

Geistiger Mentor und Ziel mehrerer Exkursionen der an einer Waldwende interessierten Forstleute im Saarland war unter anderem der Schweizer Waldbauprofessor Hans Leibundgut (1909–1993). Er beschäftigte sich schon seit den 1970er Jahren wegen der Rentabilitätskrise der Forstwirtschaft mit dem Themenfeld »Rationalisierung und naturnahe Waldwirtschaft«.[14] Sein Institut und die diesem angeschlossenen Forschungswälder in der Schweiz wurden zum Mekka der »Alternativen«. Auch das bayerische Forstamt in Ebrach in Franken mit dessen Leiter Dr. Georg Sperber war Ziel von Exkursionen, um praktizierte naturnahe Waldwirtschaft zu studieren. Eine besondere Fach-Exkursion mit einer großen »Busladung« voller interessierter Förster und Waldbesitzer aus dem Staats-, Kommunal- und Privatwald besuchten mit Wirtschaftsminister Hajo Hoffmann und der Landtagsabgeordneten Roswitha Hollinger an der Spitze den naturgemäß bewirtschafteten Ebracher Wald. Außergewöhnlich war die Fahrt auch deshalb, weil zwei motorisierte Polizisten in weißer Uniform per Order aus München den hohen Politiker-Besuch in damals politisch unruhiger Zeit im Wald empfingen und Personenschutz »gegen Extremisten« gewähren wollten.

Nach mehreren Wald-Exkursionen u.a. zu diesen ausgewiesenen Fachleuten, Prof. Leibundgut in der Schweiz und Dr. Sperber im fränkischen Wald, und Studium jedweder Fachliteratur waren sich die Vertreter einer ökologischen Forstreform im Saarland sicher, diesen neugewählten Weg auch in der Öffentlichkeit selbstbewußt vertreten zu können. Die Grüne Woche in Berlin bot ein Podium, um auf die Gefahr der »Ver-Fichtung« und »Douglasierung« der Landschaft mit

Wirtschaftsminister Hajo Hoffmann mit Förstern und Waldbesitzern aus dem Saarland im Ebracher Wald

Der neue Forstchef Wilhelm Bode (Mitte); Rudi Reiter, »Urgestein« im NABU Saarland (ganz links)

Forstamtsleiter Dr. Georg Sperber, in Ebrach, »Mekka« naturgemäß bewirtschafteter Wälder in Süddeutschland; Prof. Dr. Reza Marvie, Waldbaureferent im Saarland (ganz hinten)

Die Fichte wurde zum Brotbaum der deutschen Forstwirtschaft

Illustration: © Michael Tewiele

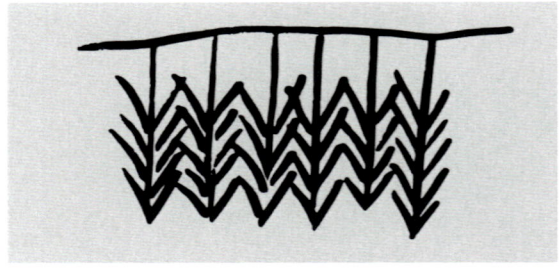

Grüne Woche Berlin, Entwurf »Wald verkehrt« für den Forstbereich des Saarlandstandes, 1990

Monokulturen und auch auf die ökologischen Folgeprobleme der Artenarmut und Bodenversauerung hinzuweisen: **»Wald verkehrt«** war die in ihrer Schlichtheit dem damals aktiven Plakatkünstler Klaus Staeck abgeschaute Provokation der saarländischen Förster. Sie hängten einfach eine Vielzahl der mittlerweile zum »Brotbaum« der deutschen Forstwirtschaft gewordenen Massenbaumarten Fichte und Douglasie von der Decke der Messehalle herab. **»Der Forst stand Kopf«.** Auch das vorbeiziehende Fachpublikum.

Nach der Einführung kahlschlagfreier Waldwirtschaft war auch jedweder Chemieeintrag verboten.[15] Holzerntemaschinen durften die Waldfläche nur auf einem weitmaschigen Wegenetz befahren, um so den größten Teil des Waldbodens zu schonen. Die saarländische Forstverwaltung war – nach den Berliner Landesforsten im Jahr 1986 – die erste in der Bundesrepublik, die im Jahr 1988 die Prinzipien naturgemäßer Waldwirtschaft auf den gesamten Staatswald übertrug. Diesem Modell schlossen sich bald danach fast alle Gemeinden im Saarland mit ihren eigenen Wäldern an, kurz darauf auch einige Privatwaldbesitzer. So wurde das Saarland Vorreiter einer bundesweiten Ökologisierung der Waldwirtschaft. Natürlich sollte der Wald Wirtschaftsraum für den attraktiven Baustoff Holz bleiben:

> »Das wichtigste Produkt, das Holz, ist ein wahres Naturwunder. Es wächst ständig nach und ist so vielseitig verwendbar wie kein anderer Stoff.«[16]

Die saarländische Forstverwaltung sah den Wald multifunktional als Ökosystem und grünes Rückgrat der Landschaft. Die künftigen Strukturen des Wirtschaftswaldes sollten sich den unterschiedlichen Ökosystemen aller 26 potenziellen Waldgesellschaften annähern, die im Saarland von Natur aus existieren könnten. Knut Sturm, ein aus der niedersächsischen in die saarländische Forstverwaltung angeworbener Forstökologe, entwickelte ein für die Bundesrepublik neues Konzept der Waldbiotopkartierung und begann damit, den aktuellen Zustand in einigen Wäldern am Beispiel des Bliesgaues zu erfassen.

Die Waldbiotopkartierung (WBK) bezog außer der aktuellen Naturnähe viele weitere Merkmale mit ein, so auch die Waldaußenränder und -säume, die als Nahtstellen zur offenen Landschaft besonders artenreiche Sonderbiotope für spezialisierte Tier- und Pflanzenarten sind.[17]

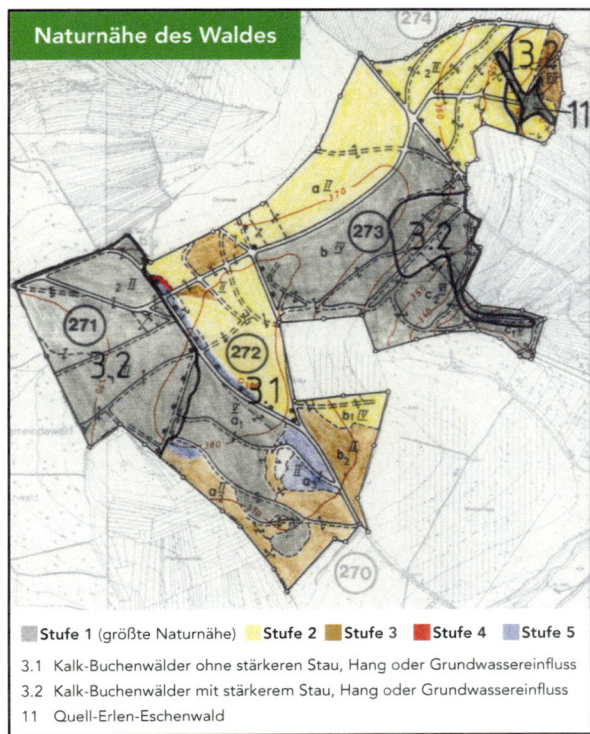

Erfassung der Naturnähe des Wirtschaftswaldes

Legende:
■ Stufe 1 (größte Naturnähe) ■ Stufe 2 ■ Stufe 3 ■ Stufe 4 ■ Stufe 5

3.1 Kalk-Buchenwälder ohne stärkeren Stau, Hang oder Grundwassereinfluss
3.2 Kalk-Buchenwälder mit stärkerem Stau, Hang oder Grundwassereinfluss
11   Quell-Erlen-Eschenwald

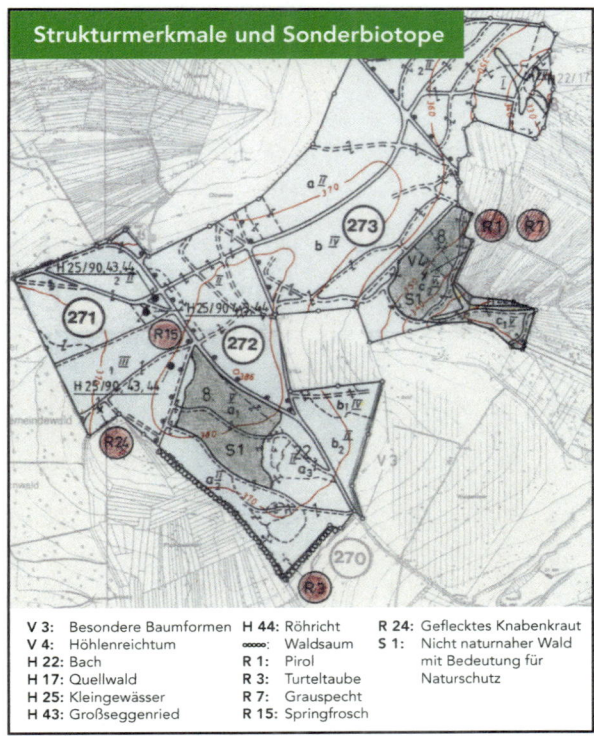

Strukturmerkmale und Sonderbiotope im Wald

V 3:	Besondere Baumformen	H 44:	Röhricht	R 24:	Geflecktes Knabenkraut
V 4:	Höhlenreichtum	oooo:	Waldsaum	S 1:	Nicht naturnaher Wald
H 22:	Bach	R 1:	Pirol		mit Bedeutung für
H 17:	Quellwald	R 3:	Turteltaube		Naturschutz
H 25:	Kleingewässer	R 7:	Grauspecht		
H 43:	Großseggenried	R 15:	Springfrosch		

Alter Waldstandort: Waldgrenzen der Fröhn, südlich von Holz, 1810

Die Fröhn nach zwei Jahrhunderten mit fast unveränderten Waldgrenzen

Besonderer Schutz sollte auch den »alten« Waldstandorten zukommen, also den Flächen, auf denen seit Jahrhunderten ununterbrochen Wald wächst, weil diese Flächen zu den konstantesten und wertvollsten Lebensräumen gehören.[18]

Naturwaldzellen im Saarland

1	Heidhübel	7 ha
2	Hölzerbachtal	52 ha
3	Hoxfels	55 ha
4	Werbeler Graben	46 ha
5	Oberes Steinbachtal	375 ha
6	Jägersburger Moor	38 ha
7	Baumbusch	23 ha
8	Rheinfels	16 ha
9	Bärenfels	57 ha
10	Weinbrunn	11 ha
11	Kahlenberg	44 ha

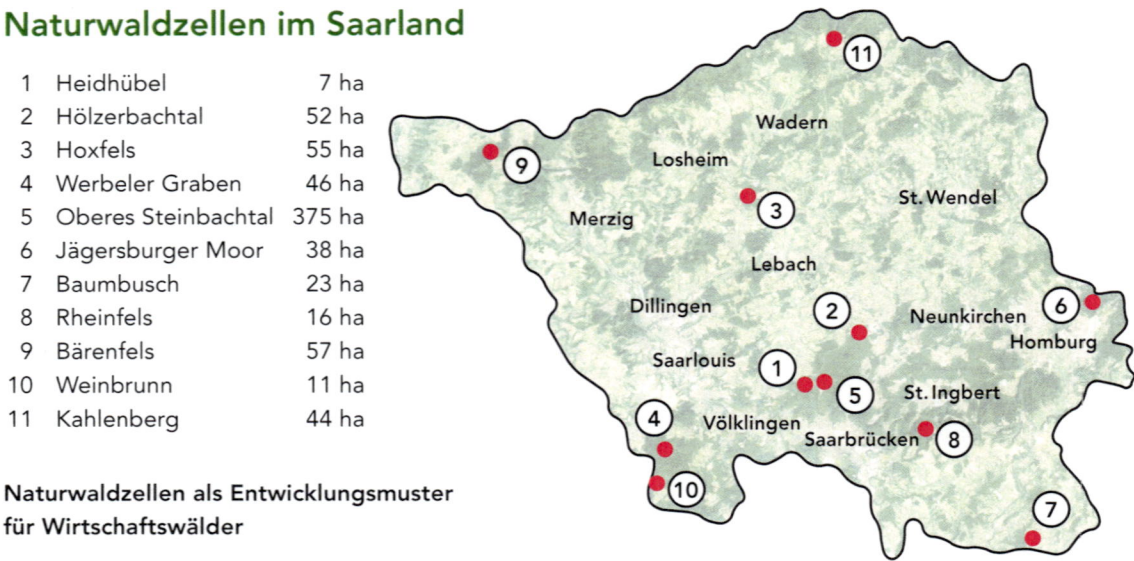

Naturwaldzellen als Entwicklungsmuster für Wirtschaftswälder

Naturwaldforschung am Hoxfels bei Schmelz von 1986 bis 2002 mit Unterstützung der SDW-LV Saar

Ein weiteres Planungsinstrument in Richtung Naturwald war die Naturwaldzellen-Ausweisung, die es zu verstärken galt. Naturwaldzellen (NWZ) sind Flächen, auf denen Wald ungestört wachsen kann. Sie dienen als Entwicklungsmuster für die umliegenden Wirtschaftswälder.[19] Bisher waren schon elf Naturwaldzellen ausgewiesen, in denen sich der bisherige Wirtschaftswald frei ohne forstliche Eingriffe zu kleinen regionalen Urwäldern entfalten sollte.

Alle gewonnenen Informationen über die Waldbiotope und die Naturwaldzellen integrierten die Kartierer in die Forstplanung mit ihren Daten über Holzvorräte, Baumartenanteile, Nutzungssätze u.a. Damit sollte der Wald-Naturschutz über ein systematisches Controlling in der naturgemäßen Forstwirtschaft verfügen.[20]

Die Idee setzt sich durch: Die Gemeinden übernehmen das neue Konzept[21]

Fast drei Viertel des saarländischen Waldes sind im öffentlichen Eigentum. Nicht nur der Staat als Waldeigentümer, sondern nun auch die Gemeinden mit etwa 40 Prozent Waldflächenanteil wollten mit ihren Wäldern entsprechend des neuen forstpolitischen Konzeptes, also nach naturgemäßer Wirtschaftsweise, verfahren.

> »Die Gemeinden nahmen ihre Eigentümerverantwortung unterschiedlich intensiv war. Die größten kommunalen Waldbesitzer verfügten in der Regel über eigene Revierförster, nahmen aber gleichzeitig die forsttechnische Betriebsleitung durch das Land in Anspruch (mit Ausnahme der Landeshauptstadt Saarbrücken und der Stadt Völklingen). Andere Gemeinden verfügten über kein eigenes Forstpersonal und wurden von den Regionaldirektionen der Forstverwaltung betreut.«[22]

Bei der schwierigen Ertragslage der Forstwirtschaft – die Gemeinden erzielten 1994 im Bundesdurchschnitt 95 DM/Hektar – suchten sie nach individuellen Lösungen. Der größte kommunale Waldbesitzer, die Stadt Merzig, besitzt 2500 Hektar Wald. Sie versuchte, ihren Absatz zu steigern, in dem sie das Holz in der Region vermarktete und darüberhinaus seine Verwendungsmöglichkeiten zu erweitern. Gleichzeitig stellte die Stadt auf Betreiben des neuen Oberbürgermeisters Dr. Alfons Lauer den Waldbau im Rahmen eines Modellprojektes mit der Umweltschutzorganisation Greenpeace auf ‹prozessschutzorientierte Waldbewirtschaftung› um und ließ sich 1999 nach den strengen Naturland – Kriterien als erste Stadt im Saarland zertifizieren. Bei diesem Naturwald-Bewirtschaftungskonzept wird bei der Waldpflege und der Ernte möglichst wenig in das Ökosystem des Waldes eingegriffen. Natürliche Abläufe bleiben weitgehend ungestört. Damit erhoffte sich die Stadt, auch Betriebskosten zu sparen. Nach derselben sehr ambitionierten Methode und demselben strengen Naturlandzertifikat wirtschaftet seit dem Jahr 2000 auch die Landeshauptstadt Saarbrücken auf ihrer Waldfläche von 2000 Hektar. Ihren Stadtwald naturnah zu bewirtschaften beschloss sie schon im Jahr 1987.[23]

Waldwende auch im Privatwald – Vom Frust am Eigentum zur Waldes-Lust[24] [25]

In der französischen Revolution war das Waldeigentum der ehemaligen Feudalherren zerschlagen worden, größere Privatwälder in unserem Land sind später zumeist durch Ankauf entstanden. Der Bauernwald als unmittelbare Lebensgrundlage des landwirtschaftlichen Betriebes fehlt bei uns. Gemischte Betriebe mit land- und forstwirtschaftlicher Erzeugung sind aber zahlreich vorhanden. Interessant ist, dass es vor allem im Nordsaarland noch einige Wälder in Gemeinschaftseigentum gibt, die sogenannten Gehöferschaften.

Anfang der 1980er Jahre gehörte etwa ein Fünftel (22 Prozent) des Waldes im Saarland privaten Waldbesitzern – mit steigender Tendenz nach Gesamtflächenanteil im Land. Weit über 10.000 waren es zum Ende der 1990er Jahre.

Erbrechtlich ist das Saarland Realteilungsgebiet. Von Generation zu Generation wurde die Bodenfläche unter allen Erbberechtigten aufgeteilt und deshalb – wie in der Landwirtschaft auch – sind immer kleinere, schmale, lange Wirtschaftsflächen entstanden. Seit der Wirtschaftswunderzeit wurden sie wegen des günstigen und bequemen Heizöls auch als Brennholzlieferant im ländlichen Raum uninteressant.[26]

Die – aus historischen Gründen – klein parzellierten Waldflächen hatten in den 1990er Jahren nur noch eine Durchschnittsgröße von 0,3 Hektar.

Die Eigentümer bewirtschafteten ihren Wald unter schwierigen Bedingungen. Gleichzeitig ging ihr Wissen über den Wald zurück. Folglich kümmerten sie sich nicht um ihre Flächen, eine Flucht aus dem Eigentum setzte ein.[27] Um bei den Waldbesitzern wieder die Lust an ihrem Stück Wald zu wecken, hatte die Landesregierung verschiedene Projekte in Angriff genommen: Förderung, forstliche Zusammenschlüsse,

Folgen der Realerbteilung: Besitzzersplitterung im Privatwald im Nordsaarland

Waldschulung, Waldbauerntage. Ein Ziel war dabei, eine nachhaltige und möglichst naturnahe Bewirtschaftung zu erreichen und die Idee der Waldwende auch im Privatwald zu realisieren.

Förderung: Die Waldbesitzer erhielten zum einen direkte finanzielle Unterstützung, zum anderen wurden sie mit Personal, durch Beratung oder beim Holzverkauf gefördert. Diese Leistungen beliefen sich auf jährlich 250.000 DM. Zur Beantwortung von forstlichen Alltagsfragen erarbeiteten die Forstberater Amberger, Marx und Staap 1989 ein »Handbuch für den Privatwaldbesitzer«, womit die Landesforstverwaltung über weitergehende Hilfen und insbesondere auch über »Naturnahe Waldwirtschaft – Betriebserfolg mit der Natur« informierte.[28]

Handbuch für Privatwaldbesitzer: Unterstützung bei der Waldwirtschaft

Forstliche Zusammenschlüsse (Forstbetriebsgemeinschaften):

Die Landesregierung hatte die Gründung von drei Forstbetriebsgemeinschaften initiiert. Sie deckten die gesamte Fläche des Saarlandes ab. In ihnen organisierten sich die Waldbesitzer freiwillig, um die Nachteile der kleinteiligen Flächen zu überwinden. Gemeinsam kauften sie Pflanzen, verkauften Holz oder bauten Wege. Im ersten Jahrzehnt haben sich die Besitzer von einem Drittel der Privatflächen den Gemeinschaften angeschlossen.

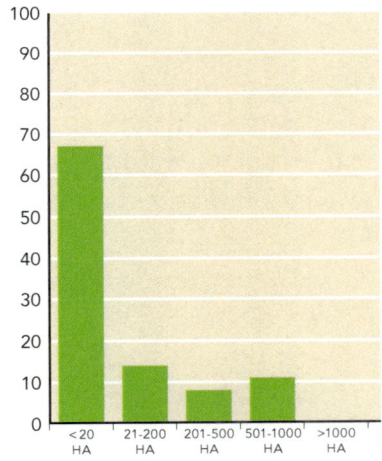

Besitzgrößenstruktur der saarländischen Privatforstbetriebe

(Angaben in Prozent der Waldfläche)

Waldschulung: Getragen von der Idee der Waldwende, initiierte die staatliche Forstverwaltung eine mobile Waldbauernschule für Privatwaldbesitzer. Ein zweiköpfiges Schulungsteam ist seither bis heute in einem Ausbildungswagen unterwegs, der mit einem geländetauglichen Zugfahrzeug an die einzelnen Schulungsorte gebracht wird. Bei den Schulungen erfahren die Waldbesitzer mehr über Unfallverhütung, Arbeitssicherheit und Waldbewirtschaftung. Das Projekt war zunächst für zehn Jahre ausgerichtet. In dieser Zeit sollten bei Interesse

5.000 bis 6.000 Waldbesitzer Weiterbildung erhalten. An dem Projekt beteiligten sich bis heute die Landesforstverwaltung, der Privatwaldbesitzerverband und die Landwirtschaftliche Berufsgenossenschaft für das Saarland. Die mobile Schule erhielt Zuschüsse der EU und kostete Ende der 1990er Jahre 100.000 DM/Jahr.

Waldbauerntage: Um die Waldbesitzer kleiner Parzellen, die die Lust an der Bewirtschaftung ihres Waldes verloren hatten, aus ihrer Vereinzelung zu holen und ihnen wieder Freude und Stolz an ihrem Stück Land zu geben, aber auch, um kleinflächige Privatwald-Familienbetriebe zusammenzuführen, veranstaltete die Landesforstverwaltung zusammen mit dem Privatwaldbesitzerverband 1997 in Nonnweiler-Primstal den ersten Saarländischen Waldbauerntag.[29]

Eine breite Öffentlichkeit nahm mit großem Interesse die Bedeutung und Leistung des Privatwaldes für (Brenn-)Holzbereitstellung, aber auch für Landschaftsökologie und Naturschutz im ländlichen Raum zur Kenntnis. Weitere Waldbauerntage folgten mit neuem Selbstbewusstsein, selbst mitten im saarländischen Verdichtungsraum: in der »Scheune Neuhaus – Zentrum für Waldkultur« bei Saarbrücken.

Förster gegen Jäger … Streiten verbindet: die Jagdwende

War das »Waldsterben von oben« aufgrund jahrzehntelangen Eintrages von Luftschadstoffen ein Anlass zum Wechsel auf naturgemäße Waldwirtschaft, so war zeitgleich das »Waldsterben von unten«, verursacht durch Verbiss überhöhter Wildbestände, bundesweit in die Kritik vieler Förster geraten:

> »Überhegte und unterbejagte Bestände an Hirsch und Reh ruinieren den Wald […] Wenn wir ernstlich das gesunde Drittel [der noch weitverbreiteten Buchen-Eichenbestände, J.W.] unserer Wälder erhalten, labile Fichtenbestände stabilisieren und kranke Kiefernbestände sanieren wollen, dann müssen wir gegen dieses Krebsübel unserer Wälder radikal angehen. … Nur wenn wir uns als ökologisch kundige, wirtschaftlich verantwortungsbewusste Fachleute entpuppen, wird auch eine aufgeklärte Gesellschaft uns ihre Wälder weiter anvertrauen.«[30]

Ursache für das »Waldsterben von unten« war der starke Verbiß von Jungpflanzen. Rehwild bevorzugt als Nascher bei der Nahrungsaufnahme vor allem nährstoffreiche Pflanzenteile, also Knospen und frische Triebe. Verbiss führt zu Kümmerwuchs oder zum kompletten Ausfall. Besonders verhängnisvoll wirkt sich das auf die wertvollen Mischbaumarten aus. Sind Rehwildbestände überhöht, führt das zur Selektion bestimmter Pflanzenarten und zur Entmischung von Waldbeständen. Die natürliche Walddynamik und Artenvielfalt werden sehr beeinträchtigt. Wenn sich der Wald zu einer höheren Naturnähe entwickeln soll, müssen demnach Wildbestände auf eine verträgliche Höhe einreguliert werden, ohne dabei die Existenzberechtigung des Rehwildes in Frage zu stellen.[31]

Parallel zu sich naturgemäß orientierenden Förstern machte sich ein Kreis von 13 Akteuren ans Werk, darunter vor allem Forstbeamte, ein Wildökologe, Geografen aus der Universität Saarbrücken und Landschaftsökologen, und gründeten 1987 den Verband für naturnahe Jagd im Saarland (VnJS). Ziel war es,

> *»die Jagd als eine ökologisch integrierte Nutzungsform unserer Umwelt zu fördern, d.h. naturnahe Bewirtschaftung der Landesfläche zu erlauben, tierhalterische Hege auszuschließen, d.h. den Wildtiercharakter zu erhalten und Räuber-Beute-Systeme wiederherzustellen.«[32]*

Aus dem VnJS ging später der Ökologische Jagdverband (ÖJV) und danach der Verein Ökologisch Jagen im Saarland (ÖJiS) hervor. Damit war, neben dem traditionellen Jagdverband, der Vereinigung der Jäger des Saarlandes (VJS), ein zweiter Player auf dem Feld der neuen Debatte um das »Waldsterben von unten« in der aufmerksam gewordenen Öffentlichkeit. Die Diskussionen gingen darum, ob und wie mit Unterstützung der Jäger ein naturnaher Waldzustand zu erreichen und stetig aufrecht zu erhalten sei. Der für die Jagd zuständige Wirtschaftsminister Hajo Hoffmann und seine Oberste Jagdbehörde mussten sich heftigen Auseinandersetzungen stellen. Ein historischer Streit brach auf: Förster gegen Jäger. Selbst eine Kleinigkeit wurde zur Affäre, als sein für Forst-, Jagd- und Holzwirtschaft zuständiger Abteilungsleiter und ein enger Mitarbeiter auf einer Verwaltungsjagd im Steinbachtal sichtbar rote statt grüne Socken trugen. Das wurde nicht mit Schmunzeln am abendlichen »Schüsseltreiben« und »Jagdgericht« quittiert, sondern als Affront gegen die traditionell grün gekleidete Jägerschaft empfunden in der insgesamt mit Streit aufgeladenen Zeit.[33] Manch einer vermutete dahinter einen politischen Affront. Der Wirtschaftsminister bemühte sich nach langen jagdpolitischen Grundsatzdebatten mit der traditionellen Jägerschaft über Rehwildverbiss an Jungpflanzen um einen Konsens und ließ eine »Richtlinie zur Bejagung und Erhaltung des Rehwildes im Saarland« zusammen mit der Vereinigung der Jäger im Saarland erstellen.[34]

Debatten über »Wald vor bzw. und Wild« zwischen Förstern und Jägern wurden dennoch – wenn auch mit der Zeit in ruhigerem Fahrwasser – jahrelang weitergeführt:

»Ebenso wie die Waldwirtschaft zu einer ganzheitlichen ökologischen Betrachtung gefunden hat, muss sich die Jagd am gesamten Ökosystem orientieren und einen Konsens mit forst- und landwirtschaftlichen Anforderungen, Natur, Tierschutz und sonstigen Nutzungsansprüchen an die Landschaft herstellen.«[35]

Streiten verbindet: Gemeinsame Richtlinie zur Bejagung des Rehwildes, 1991

Auf ihren Eigenjagdflächen wollte die Landesforstverwaltung des Saarlandes die Jagd in einer naturnahen, handwerklichen Form zur nachhaltigen Ressourcennutzung unter Berücksichtigung der Anliegen des Natur- und Tierschutzes durchführen. Das Gesetz zur Erhaltung und jagdlichen Nutzung des Wildes (Saarländisches Jagdgesetz vom 27. Mai 1998) hatte hierzu die entsprechenden rechtlichen Grundlagen geschaffen.[36]

Trotz Öko-Hype: der Wald soll wirtschaftlich sein

Das neue Konzept der naturnahen Waldwirtschaft sollte nicht nur die ökologische, sondern gleichzeitig auch die ökonomische Leistungsfähigkeit des Waldes verbessern. Es nutzte die in Waldökosystemen ablaufenden Prozesse, etwa die natürliche Verjüngung des Waldes, was wesentlich weniger oder keine kostenträchtigen Eingriffe und Maßnahmen (Pflanzkosten, Chemieeinsatz und anderes) erforderte. Geringerer Input an kostenintensiver menschlicher Arbeitskraft bedeutete enorme Kostenersparnis (»ökologische Rationalisierung«) und gleichzeitig weniger Störungen im Ökosystem Wald.[37] Die Existenzkrise öffentlicher Forstbetriebe im Saarland ließ sich damit allerdings nicht überwinden.

Seit Mitte der 1950er Jahre hatte sich die Ertragslage öffentlicher Forstbetriebe kontinuierlich verschlechtert. Gleichzeitig verschärfte sich der internationale Wettbewerb. Das Angebot war durch den Markteintritt der ehemaligen Ostblockländer größer geworden.[38] Preiswerte Holzimporte kamen insbesondere aus den Ländern, die keine naturnahe Waldwirtschaft praktizierten. Dort hielten Großkahlschläge, hochmechanisierte Holzernten und extrem niedrige Personalkosten den Holzpreis auf einem dauerhaft niedrigen Niveau.[39] [40] Nach der ökologischen Reform war eine Strukturreform des Staatsforstbetriebes zur Kostenreduktion unerlässlich.

Geht »dem Forst« die Arbeit aus? – eine neue Forstreform halbiert den Personalbestand

Die Frage der Gewerkschaften, ob der Gesellschaft die Arbeit ausgehe, ließ sich auf die saarländischen Forstbetriebe übertragen und beschäftigte die Forstleute.[41]

Die immer gravierender werdende Verschuldung der öffentlichen Haushalte im Saarland und der weitere Zuschussbedarf (ca. 15 Mio. DM/Jahr) in der Forstverwaltung führte 1994 zu einer neuen, der sogenannten ökonomischen Reform. Eine Kostenentlastung des Forstbetriebes sollte herbeigeführt werden. Nach der ökologischen Rationalisierung durch die naturgemäße Waldwirtschaft (1988) führte nun nach Ansicht der Politiker an tiefgreifender Personalkostenreduktion kein Weg mehr vorbei. Nach Zusammenlegung von Dienststellen (Forstämter und Reviere), Rationalisierung der Holzernte und Entfaltung der arbeitsextensiven naturgemäßen Waldwirtschaft reduzierte Wirtschaftsminister Reinhold Kopp (1991-1994) die Belegschaft im Staatsforst in der Übergangszeit zu Umweltminister Willy Leonhardt (1994-1998) von fast 600 Personen auf die Hälfte, vor allem im Waldarbeiterstand: nicht bei den »Häuptlingen«, sondern bei den »Indianern« werde gespart, war deren Kritik.

Heiko Maas, der Willy Leonhardt nachfolgende Minister für Umwelt, Energie und Verkehr und damit »Forstminister« des Saarlandes (1998 – 1999), sah im Rückblick den Forst dennoch auf dem richtigen Weg:

»Naturnahe Waldwirtschaft sichert langfristig anspruchsvolle Arbeitsplätze. So gibt der öffentliche Wald des Saarlandes heute 309 Beschäftigten ein direktes Einkommen. Darunter sind rund 160 Waldarbeiter sowie 149 Beamte und Angestellte. Die Arbeiter werden als Forstwirte eingesetzt. Dies ist ein anerkannter Ausbildungsberuf, in dem im Saarland bis 1994 jährlich rund zehn bis 15 Menschen ausgebildet wurden. Nachdem in den

Jahren 1995 bis 1998 kein Bedarf an Waldarbeitern bestand, wurden 1998
wieder acht Auszubildende eingestellt. Darüber hinaus beschäftigt die
saarländische Forstwirtschaft 20 Forstwirtschaftsmeister.«[42]

Das alte Forstamt ist passé – modernes Management für Wald und Holz[43]

Die Verschuldung öffentlicher Haushalte im Saarland lag weiter wie Blei auf der staatlichen Forstverwaltung, auch wenn der Zuschussbedarf von rund 15 Millionen DM/Jahr 1994 auf 9,3 Millionen DM jährlich im Jahr 1999 zurückgegangen war. Mit einer neuen Reform sollte er weiter reduziert werden. Um dies zu erreichen, wollte die Landespolitik der staatlichen Forstverwaltung, die als schwerfällig galt, Handlungsfähigkeit am Markt verschaffen. Deshalb trennte die Landesregierung Forsthoheitsverwaltung und Staatsforstbetrieb voneinander.

»Ein Wirtschaftsbetrieb, der die wirtschaftliche, soziale und ökologische Funktion des Waldes managt und Holz anbaut und vermarktet, kann nicht mit den üblichen Instrumenten und Organisationsformen geführt werden. […] Rückblickend auf die Erfahrung anderer öffentlicher Verwaltungen (wie z.B. Stadtwerke, viele kommunale Einrichtungen, Bundespost und Bundesbahn) war es notwendig, die hoheitlichen Aufgaben von den fiskalischen und den Dienstleistungsaufgaben zu trennen und eine mit kaufmännischen Regeln und Instrumenten ausgestattete Organisation ›SaarForst‹ zu gründen, die alle nicht hoheitlichen Aufgaben der bisherigen Forstverwaltung wahrnimmt.«[44]

»SaarForst LB« wurde am 1. Juli 1999 im Sinne des §28 Landeshaushaltsordnung als Landesbetrieb gegründet. Die bestehenden Gemeinschaftsforstämter wurden aufgelöst. Die neuen Aufgaben von SaarForst waren vielfältig:
- Saarforst sollte den Staatswald ohne Defizit und möglichst mit Gewinn bewirtschaften.
- Der Dienstleistungssektor sollte intensiviert werden. Wesentlicher Arbeitsbereich in diesem Sektor war die Bewirtschaftung der kommunalen Wälder. Hier sollte SaarForst ein umfangreiches Dienstleistungsangebot für Gemeinden präsentieren.
- Saarforst sollte das Leistungsangebot außerhalb der klassischen Holzproduktion erweitern. Hierzu zählten Unterstützung privater Waldbesitzer, genauso wie neue Umweltvorsorge und Tourismus.

Mit einer Erweiterung des Leistungskatalogs wollte die Landesregierung zugleich den drastischen Mitarbeiterschwund der vorigen zehn Jahre beenden und nach Möglichkeit neue Arbeitsplätze schaffen. Die Trennung von Hoheitsverwaltung und Staatsforstbetrieb war bereits 1967 auf Bundesebene von Hansjörg Steinlin, Professor an der Forstlichen Abteilung der mathematisch-naturwissenschaftlichen Fakultät der Universität Freiburg, vorgeschlagen und 1975 von der Papierwerke Waldhof-Aschaffenburg AG gefordert worden. Ein Kreis junger Forstleute befürchtete in den 1970er Jahren, dass die Holzindustrie damit gezielter und billiger an Holzrohstoffe herankommen wollte.[45]

Die Trennung von Forsthoheit und Forstbetrieb war das Ende der traditionellen saarländischen Forstverwaltung. 39 Forstrevierleiter in vier Regionalbetrieben betreuten den saarländischen Wald: Regionalbetrieb West mit Sitz in Merzig, Regionalbetrieb Süd mit Sitz in Karlsbrunn, Regionalbetrieb Nord mit Sitz in Türkismühle und Regionalbetrieb Ost mit Sitz in Neunkirchen. Das Saarland war damit das erste Bundesland, das nicht nur die naturnahe Waldwirtschaft flächendeckend einführte,[46] sondern auch die Trennung von Hoheit und Betrieb auf Bundesebene realisierte. Fast alle Bundesländer folgten diesem Modell nach.

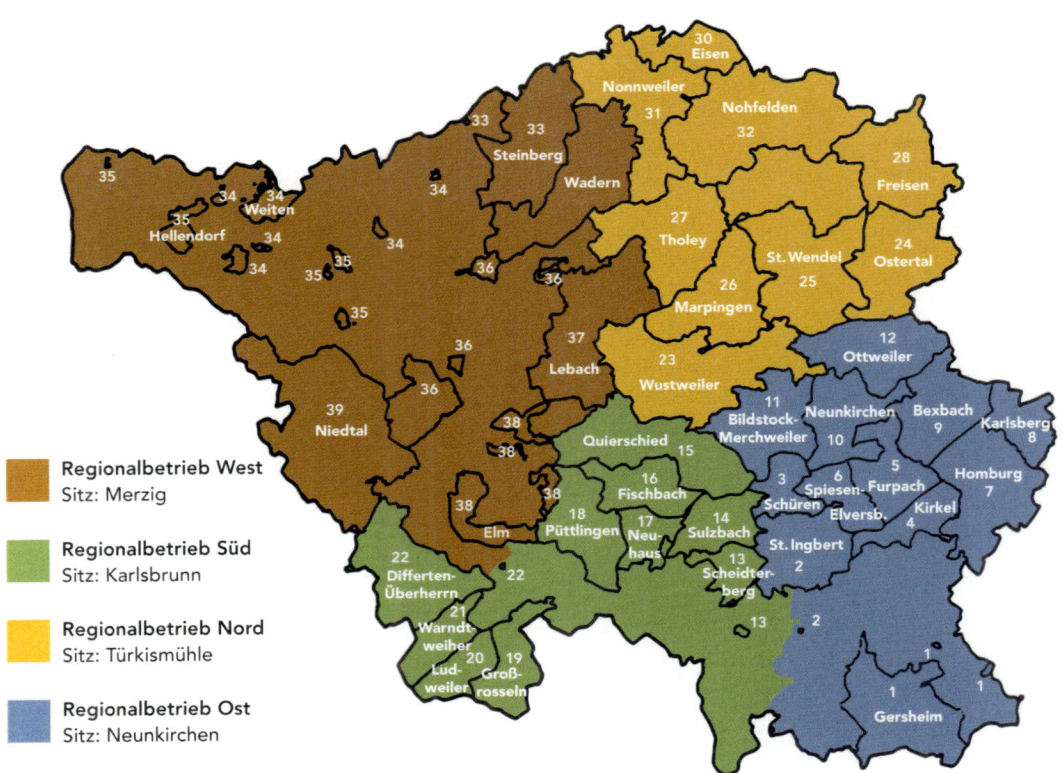

Die Organisationsstruktur des neuen SaarForst Landesbetriebes im Jahr 1999

FörsterInnen – Förster:innen – Förster*innen: Kompetenz bricht Tradition

Es gab auch Neuerungen, die die saarländische Forstverwaltung aus anderen Bundesländern übernahm. Die benachbarte Forstverwaltung in Rheinland-Pfalz hatte 1975 die erste Försterin im bislang Männern vorbehaltenen Forstberuf zur Ausbildung eingestellt. 1987 trat nun auch Karin Bauer ihren Arbeitsplatz im gehobenen Forstdienst in der saarländischen Forstverwaltung an und war damit die erste Försterin, die im Saarland ihren Dienst tat. Das war neu, und sie war in der Verwaltung willkommen. War es doch eine Entscheidung, die zum »Neuen Forst« passte. In der preußischen Forsthierarchie hingegen und in den Forstverwaltungen danach konnten Frauen innerhalb der Forst-»Mannschaft« nur als Angestellte im Büro eines Forstamtes tätig sein. Höhere Funktionen gab es im Saarland im Gegensatz zur Landwirtschaft mit einer Frau an der Spitze der Landwirtschaftskammer noch nicht.

Forst-»Mannschaft« des Forstamtes Saarbrücken 1951 und die Bürokraft Frau Steinfeld

Es sei denn, sie verließen die Forstverwaltung und schlugen den Weg in die Politik ein. Bei Roswitha Hollinger führte der Weg vom Forstamtsbüro in Völklingen bis zur Vizepräsidentin des Landtages des Saarlandes. Ansonsten waren den Frauen nur Arbeiten als Kulturfrau möglich: zum Pflanzen und Pflegen in Pflanzgärten und Forstkulturen, die die Forstverwaltung in jedem Revier zur Aufforstung der Kahlschläge betrieben.

Für diese Pflegearbeiten gab es einen Mangel an männlichen Arbeitskräften, denn diese hatten »in de Gruub unn off de Hitt« bessere Verdienstmöglichkeiten. In allen Forstrevieren in Deutschland waren Kulturfrauen wegen der notwendigen Sorgfalt für die Kultur-Pflege unentbehrlich und geschätzt. Ihnen ist die Wiederaufforstung der im Krieg oder in der Nachkriegszeit durch Reparationshiebe zerstörten Wälder zu verdanken. Die 50-Pfennig-Münze erinnerte jahrzehntelang an die Trümmerfrauen des Waldes. Im seit 1998 bis 2021 in stetiger Neuauflage erscheinenden Kosmos Wald&Forst-Lexikon hingegen, das mit mehr als »17.000 Stichwörtern«

Kulturfrauen gehörten zum unverzichtbaren Stammpersonal jedes Revierleiters

und mit »Extra-Sonderseiten zur Forstgeschichte« ganz aktuell angepriesen wird, kam der Begriff »Kulturfrau« bislang nicht vor. Dafür sind 20 Einträge von Kulturbiotop bis Kultur-zeit vermerkt.[47] Darin vermerkt ist auch, dass die ersten Frauen an der Forstlichen Fakultät in Göttingen Mitte der 1980er Jahre noch eine Minderheit bildeten und oftmals auch als »Papageien im deutschen Wald« betrachtet wurden.[48]

Kulturfrauen wurden nicht immer in ihrer persönlichen Würde respektiert. Gerade in männerdominierten Berufen herrschte ein anderer Zeitgeist und ein anderes Frauenverständnis. Bereits im 19. Jahrhundert mussten Frauen Erfahrungen mit sexueller Nötigung machen, wenn sie ohne Erlaubnisschein zum Holzsammeln im Wald erwischt wurden: »Ins Buch oder aufs Tuch« – dieser Spruch erinnert an die Schattenseiten des Gebrauchs von forstlichen Rügebüchern, in die Forstbedienstete auch Strafen wegen unerlaubten Raffholzsammelns eintrugen;[49] es sei denn, die verängstigten Frauen waren in ihrer Not »zu Willen«.[50]

Forstfrevlerin wird überrascht beim Raffholz-
»Diebstahl«, Anfang 19. Jhd.

Die preußischen Forstbeamten gingen mit unerbittlicher Härte gegen Holzdiebe, auch Frauen jeden Alters, vor. Selbst junge Mädchen wurden inhaftiert: »Maria Ritter, 16 Jahre, wohnhaft zu Göttelborn, einer Colonie auf dem Banne Merchweiler, Bürgermeisterei Uchtelfangen (…) wurde wegen wiederholter Holzdiebstähle am Zuchtpolizeigericht zu Saarbrück im vorigen Jahr zu achtwöchentlicher Einsperrung verurteilt«, notierte Pfarrer Hammes aus der Gemeinde Illingen im Jahr 1844 über eine Bergmannstochter in sein Tagebuch und wandte sich in einem Gesuch zur Stundung – nicht zum Nachlass – der Gefängnisstrafe an die königliche Oberprocuratur in Saarbrücken: »Es dürfte im Interesse der religiösen Bildung der Ritter erscheinen, wenn dieselbe jetzt mit den übrigen Catheschumenen den Religionsunterricht genießen und so ihre Strafzeit gestundet werden könnte, wofür recht sehr bittet Euer Hammes, Pf. in Illingen.«[51] Soweit der Exkurs.

Im benachbarten Rheinland-Pfalz, in dessen Forstschulen die saarländischen Forstanwärter lange Zeit ausgebildet wurden, gab es 1975 erstmals die Zulassung einer selbstbewussten jungen Frau zur Ausbildung als Försterin. Die Biografie der ersten Försterin in diesem Bundesland erhielt fast ein halbes Jahrhundert später, im Herbst 2020, noch in DIE ZEIT Aufmerksamkeit in einer Rubrik: »… Ich habe noch mit 16 Staudämme im Wald gebaut und wollte Försterin werden. Beim Auswahltest in der Forstdirektion war ich das einzige Mädchen unter 70 Jungs. Es gab 15 Stellen. Als die Absage kam, dachte ich: Du warst nicht gut genug. Doch ein Förster sagte meinem Vater, er habe ein Gespräch belauscht: ›Das Mädchen ist unter den Ersten, sollen wir die nehmen?‹ Ein Beamter habe gesagt: ›Nein, die Frauen sollen bei den Kochtöpfen bleiben.‹ Das war 1975. Noch nie hatte es in Rheinland-Pfalz eine Försterin gegeben. Ich habe mich per Brief beschwert und den Platz bekommen. Nun bin ich seit 31 Jahren im Revier. Ich liebe es, im Wald zu arbeiten. Nach kurzer Zeit falle ich in eine Art Flow und bin absolut glücklich«, so Anne Merg, 62, Försterin aus Himmighofen und Vorsitzende der Arbeitsgemeinschaft Naturgemäße Waldwirtschaft Rheinland-Pfalz in einem Rückblick am 26. November 2020 in DIE ZEIT.

Karin Bauer, erste Försterin im Saarland, demonstrierte im Juli 1995 in Saarbrücken mit Kollegen aus dem Staats- und Kommunalwald gegen die befürchtete Privatisierung des Staatswaldes.

Verena Lamy, Forstchefin im Völklinger Stadtforst, mit Diensthund Anton

Karin Bauer-Lux ist, wie Anne Merg in Rheinland-Pfalz, seit dreieinhalb Jahrzehnten Försterin im saarländischen Staatswald. Sie ist 1987 als erste Försterin in die Landesforstverwaltung eingetreten und arbeitete in den Sachbereichen Waldbau, Jagd, Umweltbildung, Waldpädagogik und Erholungsinfrastruktur im Staatswald. Mittlerweile koordiniert sie als Mitarbeiterin im SaarForst Dienstleistungszentrum in Eppelborn waldnahe Dienstleistungen, die vom Landesbetrieb erbracht werden.

Weitere Försterinnen folgten seither im SaarForst Landesbetrieb in allen Funktionen und auch im Umweltministerium, bei Stadt- und bei Gemeindeverwaltungen.

In Völklingen ist Verena Lamy Stadtförsterin. Seit ihrer Jugend war es ihr Ziel, im Saarland ihren Traumberuf zu realisieren. Dass es in ihrer Geburtsstadt sein würde, hätte sie nicht gedacht. Zuvor absolvierte sie Lehr- und Wanderjahre beim Studium der Forstwissenschaft und einem anschließenden Aufbaustudiengang der Tropischen Forstwirtschaft an der Universität Göttingen, bei Forschungsaufenthalten in Namibia, Sambia und Malawi, als Holzeinkäuferin in Baden-Württemberg und in der Schweiz. Ernst genommen zu werden in der einstigen Männerdomäne Forst, sei eine Frage der Kompetenz, nicht des Geschlechts, sagt die heutige Forstchefin in Völklingen. Meist unter Männern zu sein, damit hatte sie nie Probleme. Einziges »Manko«: »Als ich anfing, gab's kaum Outdoor-Kleidung für Frauen.«[52] Denn Forstuniformen waren zuvor im Saarland abgeschafft worden. In der Dienstkleidungsreform folgten die anderen Länderforstverwaltungen dem saarländischen Beispiel und schafften moderne Waldfunktionskleidung an: von den Uniformbefürwortern im Kreis der »Alten« zunächst als »Räuberzivil« verspottet, von den »Jungen« als praktisch begrüßt.

Martina Herzog, Försterin im mehrfach zertifizierten und ausgezeichneten Gemeindewald Kleinblittersdorf © Heiko Lehmann

Seit 1998 war Martina Herzog Försterin in Niedersachsen, ab 2011 ist sie in Kleinblittersdorf im 488 Hektar großen Gemeindewald. In dieser Gemeinde in der Nähe von Städten beidseits der deutsch-französischen Grenze und mit vielen Tagespendlern zu umliegenden industriellen Arbeitsstätten ist die Erholungsfunktion in Balance zu bringen mit dem Natur- und Artenschutz und dem Anspruch der Bürger nach Bau- und Kaminholz. Die Gemeinde ließ ihren Wald bereits mehrfach zertifizieren. Gemischte, gestufte, ungleichaltrige und genetisch vielfältige Wälder sind das Ziel der Gemeindeförsterin in Vorbereitung auf den Klimawandel. In Anerkennung dieser Leistungen haben unabhängige Gutachter vom »Bund für nachhaltige verantwortungsvolle Waldbewirtschaftung« der Gemeinde deshalb jüngst eine Prämie von 58.000 Euro zuerkannt.[53]

Die Konsolidierung – grüner Wald schreibt schwarze Zahlen

Umweltminister Stefan Mörsdorf (1999–2009), der zuvor ein Jahrzehnt lang als NABU-Landesvorsitzender schon für die naturgemäße Waldwirtschaft eingetreten war, führte dann als Forstminister die wirtschaftliche Konsolidierung von SaarForst LB weiter.

> *»Erste ökonomische Erfolge der Organisationsreform zeichneten sich langsam ab … Das traditionelle Kerngeschäft der Bereitstellung von Rohholz als Haupteinnahmequelle wurde – gemessen am Gesamtumsatz des Betriebes – zurückgeführt, während zeitgleich neue Geschäftsfelder ins Leben gerufen wurden.«*[54]

Was die Förster mit der Entwicklung zur Freizeitgesellschaft bislang kostenlos im Kielwasser des Wirtschaftsbetriebes realisierten, beispielsweise Waldführungen, Bau von Waldspielplätzen, Schutzhütten, Wanderparkplätzen und Aussichtspunkten, das heißt alle Erholungsanlagen im Wald, wurde nun vom Land als Erholungsinfrastruktur für die Bürgerinnen und Bürger an SaarForst LB beauftragt. So spielten bei SaarForst die Dienstleistungen eine immer größere Rolle, weshalb er im Jahr 2000 ein Dienstleistungszentrum mit Sitz in Eppelborn gründete.

Ein Qualitätssiegel für Holz aus saarländischen Wäldern – Zertifizierung der Waldwirtschaft nach FSC® und PEFC

Ein Instrument, den Marktwert des Holzes aus naturnaher Forstwirtschaft im Saarland zu steigern, war die Zertifizierung. Bisher honorierte die Holzwirtschaft die Produkte aus naturnaher Bewirtschaftungsweise des Waldes nicht finanziell; für Holz aus dem nach ökologischen Kriterien bewirtschafteten saarländischen Staatswald bezahlte sie die gleichen Preise wie für Holz aus konventionell wirtschaftenden Betrieben. Mit dem Ziel, diese Art der Waldnutzung im Saarland auch ökonomisch in Wert zu setzen, hatte sich die Landesforstverwaltung seit 1995 an der Debatte auf Bundesebene über die Zertifizierung von Holz aus nachhaltiger Forstwirtschaft beteiligt und mit anerkannten Zertifizierern Gespräche geführt. Dialogpartner waren außerdem große Naturschutzverbände (BUND, Greenpeace, WWF[55] und andere) und Gewerkschaften.[56] SaarForst LB unterzeichnete im August 2002 einen Zertifizierungsvertrag mit dem international anerkannten Forest Stewardship Council® (FSC®). Im September 2004 ließ sich der Staatswald auch nach den Kriterien des PEFC (Programme for Endorsement of Forest Certification Schemes) zertifizieren, dessen Anerkennungsverfahren sich später viele Privatwaldbetriebe im Saarland anschlossen.

Die Landeshauptstadt Saarbrücken und die Stadt Merzig erwarben zusätzlich die höchst mögliche Anerkennung für ihre Waldbewirtschaftung nach »Naturland«-Kriterien. Die Erwartungen auf höhere Preise haben sich leider nicht erfüllt. Allerdings ist heute Holz ohne Label kaum noch verkäuflich.

Logos von FSC® und PEFC

Der Wald kommt – der Förster geht:
Das Ende der klassischen Forstreviere

Der Spardruck der Landesregierung auf SaarForst blieb weiterhin bestehen. Dieser führte mit der Forstreform 2005 zum Ende der traditionellen Forstreviere mit nur einem Förster an der Spitze. Trotz der erheblich angewachsenen Bedeutung des Waldes in der Bevölkerung organisierte sie aufgrund der weiterhin angespannten Lage der öffentlichen Haushalte zum Stichtag 1. September 2005 den SaarForst LB neu und verpflichtete ihn, ab 2006 ohne Verlustzuführung aus dem Landeshaushalt auszukommen. Nicht zuletzt aufgrund sich rasch verändernder Absatzmärkte gab sie das klassische Reviersystem auf; ähnlich, wie es später in anderen Organisationen, etwa bei der Polizei, vollzogen wurde. Die Förster waren nicht mehr für sämtliche Arbeiten im Revier zuständig, sondern waren nun in abgegrenzten Großräumen als Spezialisten tätig.[57] In einem etwa 5.000 Hektar umfassenden »Großrevier« wirken in einem Dreierteam zwei »Holzförster« und ein »Dienstleistungsförster« zusammen. Letzterer sollte vor allem für die Bürger in den Bereichen Erholung,

Die neue Revierstruktur ab 2005

Freizeitgestaltung, Waldpädagogik und Naturschutz Ansprechpartner sein. In Bereichen also, die wenig mit dem klassischen, von Waldbau und Holzernte geprägten Aufgabenfeld eines Försters zu tun hatten. Wegen der international schwierigen Holzpreissituation erlangte SaarForst LB im Jahr 2005 nur noch etwa 50 Prozent des Gesamtumsatzes im klassischen Holzverkauf, die übrigen 50 Prozent kamen überwiegend aus Landesmitteln, wie beispielsweise Jagd, Fischerei, Landschaftspflege und Immobilienmanagement.[58] Umweltministerin Simone Peter (2009–2014) löste diese als sehr bürgerfern empfundenen Großreviere in ihrer Amtszeit als Nachfolgerin von Stefan Mörsdorf wieder auf und kehrte zu den klassischen Forstrevieren mit einem Förster als deren Leiter zurück.

Der spannende Weg zu einem Bürgerwald – Soziale Aspekte des Waldes

Die Forstpolitik der Waldwende ab 1988 war darauf ausgerichtet, den Staatswald weit über die ökologische Neuorientierung hinaus für weitere gesellschaftliche Ansprüche der Menschen zu öffnen und einen multifunktionalen »Bürgerwald« zu schaffen. Bürgerinitiativen nahmen sich dieses Themas an. Viele Bedürfnisse und Ideen in der Gesellschaft erreichten die Forstverwaltung, aus Wandervereinen, dem Verband der Freizeitreiter, Freunden alter Grenzsteine im Wald, Naturschutzinitiativen und Familien mit Kindern beispielsweise, die gerne mit ihnen in Waldweihern baden wollten; sie nahm all diese Anregungen mit Interesse auf und setzte sie – nicht ohne verwaltungsinterne Skepsis – um:

- So führte die Wertschätzung für das kulturelle Erbe im Land zu umfangreichen Kartierungen und zur Pflege kulturhistorischer Relikte im Wald.
- Der Drang vieler Städter in die Natur veränderte das Konzept für Wald-Erholung.
- Das Bedürfnis nach Öffnung des Waldes führte zur Forst-Scheune Neuhaus als »Zentrum für Waldkultur« in der Nähe der Großstadt Saarbrücken.
- Und die damit gewachsene Akzeptanz für die Waldwende insgesamt ermutigte die Förster, der Anregung aus der Staatskanzlei zu folgen, den »Neuen Forst« im Rahmen der Weltausstellung Expo 2000, als eines von vielen anderen dezentralen Projekten in aller Welt, zu präsentieren.

Eine Zukunft für unsere Vergangenheit – kulturelles Erbe im Wald

Die 1970er und 1980er Jahre waren nicht nur der Erkenntnis über die Zerstörung unserer Lebensgrundlagen gewidmet, sondern auch der Diskussion über die Vernachlässigung unseres kulturellen Erbes. Das Europäische Denkmalschutzjahr 1975 hatte eine Kampagne mit dem Slogan »Eine Zukunft für unsere Vergangenheit« eröffnet, die auch im Saarland Impulse gab zur Restaurierung von Altstädten, Burganlagen und industriekulturellen Relikten. Vielen Forstleuten war aufgrund ihrer eher konservativen Haltung bewusst, dass sich im Wald die Kulturgeschichte einer Region spiegelt. Er ist ein exzellenter Konservator historischer Relikte, die – als Zeitzeugnisse im Wald verborgen – die Geschichte aller Epochen sichtbar machen.

Zeitgleich mit der Einführung der naturnahen Forstwirtschaft im Jahr 1988 wollte die Forstverwaltung zunächst selbst ein Zeichen setzen. Sie bemühte sich zusammen mit dem Landeskonservator Johann Peter Lüth, den begonnenen Abriss des repräsentativen im Jahr 1882 erbauten Bergarbeiterschlafhauses II der untergegangenen Grube Von der Heydt im Staatswald bei Saarbrücken zu beenden.

Sanierung statt Abriss: das Bergarbeiter-Schlafhaus II (im Foto Mitte links) im Saarkohlewald wird Sitz der Landesforstverwaltung; dies regte die umliegenden Hauseigentümer zur Nachahmung an. © Bernd Ostertag

Die Abteilung Liegenschaften und Forsten der Saarbergwerke dagegen wollte ein Jahrzehnt zuvor alle 37 Familien umsiedeln, das ganze Dorf abreißen und sich später mit einer Aufforstung befassen. »Wenn alle Häuser geräumt sind, wächst Gras über Von der Heydt«, titelte die Saarbrücker Zeitung am 29. September 1979. »Haus für Haus stirbt Dein Zuhaus« war der warnende Slogan im Europäischen Denkmalschutzjahr 1975 gegen den damaligen hemdsärmeligen Abriss vieler alter Gebäude in der Zeit des Wirtschaftswunders der 1960er Jahre. Warum sollte ein Umdenken nicht auch für das wegen seiner Architektur einmalige Schlafhaus der Bergleute mitten im Saarkohlenwald nahe der Landeshauptstadt gelten? Nachdem die Forstverwaltung das historische Schlafhaus II vor dem Abriss bewahrt und sich für eine komplette Restaurierung eingesetzt hatte, regte diese Leitinvestition fast alle umliegenden Hausbesitzenden an, ihre Gebäude mit Unterstützung des Landesdenkmalamtes zu sanieren. Die alten Steigerhäuser, die Direktorenvilla, das ehemalige Schulhaus und auch das ehemalige Schlafhaus I von 1880 wurden zu Schmuckstücken der Denkmalpflege. Danach erklärte die Fachbehörde das ganze Dorf Von der Heydt und seine im Wald verstreuten Grubenrelikte zum Flächendenkmal und gliederte es als Teil bergmännischer Erinnerungskultur in die »Saarländische Bergbaustraße« ein.

Die Forstverwaltung begann nun auch, parallel zur Waldbiotopkartierung, kulturhistorische Relikte im Wald zu erfassen, historische Waldnutzungsformen wie etwa die Niederwaldwirtschaft im Nordsaarland zu dokumentieren und historische Ruinen im Wald zu sichern und in Wert zu setzen. Auf Initiative der Landesforstverwaltung entstand mit Unterstützung des Landeskonservatoramtes und zusammen mit dem Saarpfalzkreis sowie der Stadt Homburg, dem dortigen Forstamt und der Industriellenfamilie Dr. Paul Weber der »WaldPark Schloss Karlsberg«. Ziel war es, auch im Osten des Saarlandes einen Schwerpunkt des Kulturtourismus zu entwickeln.

Angeregt von der Kartierung von historischen Grenzsteinen im Forstamt Saarlouis durch Forstdirektor Rainer Hornbach begannen seit Mitte der 1990er Jahre junge Absolventen der Geografie der Universität des Saarlandes ausgehend von der französischen Warndt-Grenze in allen Forstrevieren des Saarkohlenwaldes bis Quierschied eine thematisch weit gespannte Bestandsaufnahme kulturhistorischer Relikte:

- Relikte der Gewässer- und Wassernutzung (Weiher, Brunnen/-stuben und Tränken),
- Landwirtschaft im Wald (Wiesen, Ackerterrassen, Rebmauern und Weingärten),
- zur Waldnutzung gehörige Infrastruktur (Pflanzgärten, Forsthäuser und Jagdhütten, Waldarbeiterschlafhäuschen, Wildgehege),
- historische Waldbesiedlung (vorchristliche Kultplätze, Friedhöfe und Grabhügel, Klöster und Burgen),

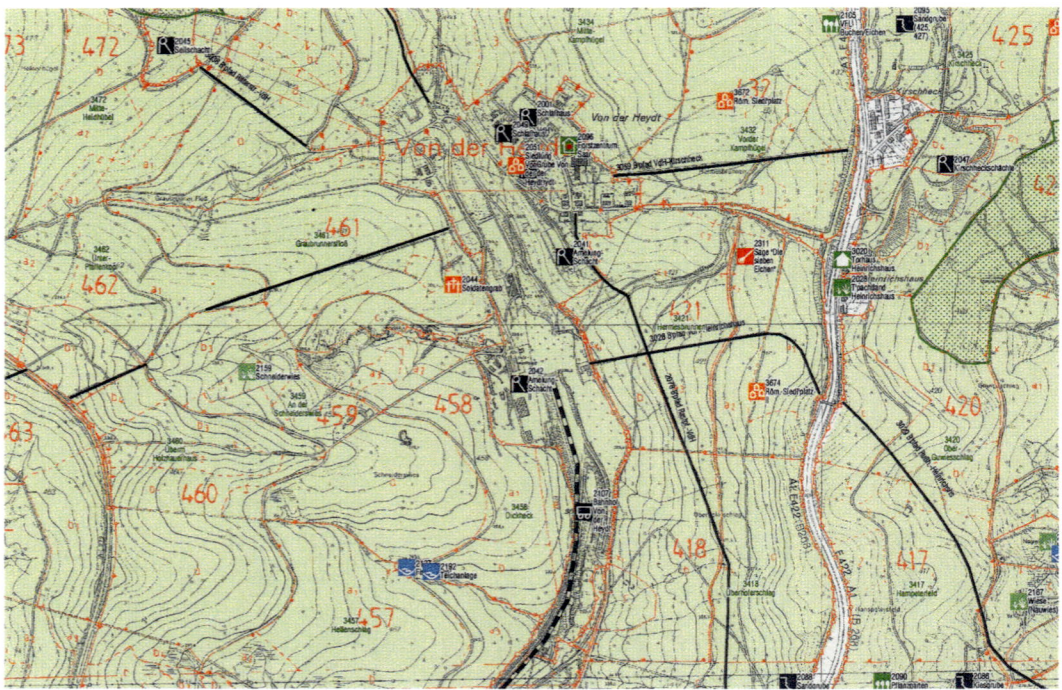

Waldkultur-Atlas, Blatt 36 Kulturhistorische Relikte rings um Von der Heydt: Römische Siedlungsplätze, Sagen, alte Forstabteilungsnamen, historische Waldwiesen, fürstliche Torhäuser, Soldatengrab 70/71, Gruben-Schächte, Schlafhäuser, Bergmannspfade

- Bergbau (Stollenmundlöcher, Grubenanlagen, Werksstraßen),
- Waldgewerbe (Glashütten, Köhler- und Meilerplätze, Ziegeleien und Kalköfen)
- Kriegsrelikte (Bunker und Schützengräben)

Zudem ordneten die von der Forstverwaltung beauftragten Planer Sagen und Brauchtum des Waldes den einzelnen Regionen zu. Ein umfangreiches Kartenwerk, erarbeitet vom »Büro Geograf – Gert Körner« zusammen mit dem »Büro Programm und Raum – Jürgen Liesenfeld«, präsentierte in einem Waldkultur-Atlas Planungsvorschläge und Erhaltungsmaßnahmen für die kulturhistorischen Relikte im Wald.

Dieses Grundlagenwerk nahmen die Forstplanungsanstalt und das Landesdenkmalamt in Gebrauch.[59] So wuchs mit den jungen Geografen und den Denkmalpflegern, mit Lehrkräften der Hochschule der Künste und den Förstern eine experimentierfreudige Zukunftswerkstatt zusammen. Sie fand später bei der Expo 2000 als dezentraler Ausstellungsort in der »Scheune Neuhaus – Zentrum für Waldkultur« und danach im Regionalpark Saar ein anspruchsvolles Aktionsfeld.

»Möblierter Wald? Nein danke!« –
Naturwald als Kontrast zum hektischen Alltag

Erste, aus der Not geborene Ansätze, den Försterwald zu einem Bürgerwald umzugestalten, entwickelte die Forstpolitik schon Ende der 1960er Jahre, als die Forstwirtschaft wegen der Globalisierung des Holzmarktes in eine Rentabilitätskrise kam, der Staats- und Gemeindeforst bezuschusst werden musste und damit an gesellschaftlicher Bedeutung verlor. Es war die Zeit nach dem Wirtschaftswunder, als in vielen Nachkriegs-(Groß-)Städten eine Debatte über deren zunehmend schlechte Umweltqualität einsetzte. »Die Unwirtlichkeit der Städte – Anstiftung zum Unfrieden« von Alexander Mitscherlich war der Klassiker der »Stadt-Kritik«.[60] Für den Forst war es verlockend, die Defizite an Erholungsmöglichkeiten des »unwirtlich« gewordenen (Groß-)Stadtlebens im »unrentierlich« gewordenen Wald zu kompensieren und wieder politische Bedeutung zu gewinnen:

> »Reizüberflutung, Hast und Unruhe, aber auch Monotonie,
> Bewegungsarmut, einseitige körperliche Belastung und Stress sind Merkmale
> unserer Industriegesellschaft, für die das Saarland, hochindustrialisiert,
> überdurchschnittlich dicht besiedelt und mit stark belasteter Umwelt,
> hervorstechendes Beispiel ist. Zur Gesunderhaltung und zur Erholung
> von den Belastungen fordern Mediziner und Psychologen den Aufenthalt
> in einer menschengerechten, mit natürlichen Reizen ausgestatteten, von
> naturfremden Reizen freien Umgebung.
> Diese Anforderung erfüllt unter den hiesigen Verhältnissen gerade der
> Wald als naturnächste, von den Einflüssen der Zivilisation am wenigsten
> beeinträchtigte Landnutzungsform am besten. Neben seinem besonderen
> Waldklima, der Lärmfreiheit, der sauberen Luft sind es in hohem Maße
> auch die die Psyche des Menschen positiv beeinflussenden Eigenschaften,
> die seine überragende Eignung für die Erholung unserer Bevölkerung
> ausmachen.«[61]

Auf dem Erholungssektor waren viele Landesforstverwaltungen bereitwillig dazu übergegangen, die Wälder zu möblieren und wollten sie damit attraktiver machen. Seit den 1970er Jahren war die Zahl an Spaziergängern, Joggern, Freizeitreitern, Trimm-Trabern, Radfahrern und Gruppenwanderern, die am Wochenende aus den Ballungsräumen ins Grüne strebten, rasant angestiegen. All diesen Ansprüchen versuchte die saarländische Forstverwaltung bereitwillig gerecht zu werden und den Wald mit Erholungsanlagen auszustatten.

Die Freizeitsoziologie kritisierte aber schon bald die übermäßige Möblierung vor allem der großstadtnahen Wälder:

Erholungsanlagen in den saarländischen Wäldern (Erhebung 1981)	
963 km	Markierte Spazier- und Wanderwege
420 km	Rundwanderwege
40 km	Radwanderwege
393 km	Reitwege
19	Lehrpfade
250	Wanderparkplätze
92	Aussichtspunkte
10	Aussichtstürme
88	Brunnen
47	Wasserflächen für die Erholung (47 ha)
221	Schutzhütten und Schutzdächer
127	Rastplätze ohne Feuerstelle
39	Rastplätze mit Feuerstelle
45	Grillhütten
31	Wassertretstellen
21	Liege- und Spielwiesen (10 ha)
36	Spielplätze (12 ha)
13	Wildgehege (157 ha)
3	Skiabfahrten
11	Jugendlager

Erholungsanlagen in den saarländischen Wäldern, 1981

Vom »stillen Wald« als Ideal zum »Erholungs-Rummel« am Waldrand, 1980er Jahre

»Diese ›Erholungs-Forsten‹, durch den Verlust der ursprünglichen Pflanzenvielfalt ohnedies schon fast aller ihrer Wunder entkleidet, wurden mit Bänken und Unterständen, Kinderschaukeln und Abfallkörben, befestigten Promenadenwegen und Bündeln von Orientierungshinweisen an jeder Wegkreuzung vollends zu austauschbaren Gerümpelkammern degradiert.«[62]

Die Erholungssuchenden würden – so die Kritik der Freizeitsoziologen – durch immer weniger landschaftstypische Waldgesellschaften und immer mehr »verunmündigende Ausstattung« zum gedankenlosen Verweilen im Wald und dem achtlosen Umgang mit der Natur erzogen. »Freizeit« solle jedoch eher »Befreiungszeit« von organisierten Verhaltensweisen sein, die bei einem Überangebot von Freizeiteinrichtungen nicht mehr gewährleistet sei.

Helmut Schelsky, einer der bekanntesten Freizeitsoziologen der 1970er und 1980er Jahre, wies auf das Problem hin,

»dass Massen von Erholungssuchenden in die Natur dirigiert werden, und dass sie mit ihren Fahrzeugen und Apparaten, ihren Konsum- und Unterhaltungsbedürfnissen allein schon in der Menge, in der sie auftreten, die Stadt in die Landschaft transportieren und damit vielfach das, was sie in der Landschaft suchen, selbst verändern oder gar zerstören.«[63]

Diese Kritik ließ sich auch an Wäldern am Rande aller Großstädte festmachen, im Saarland am Rande der Siedlungsachse des Ballungsraumes, etwa im Saarkohlenwald, im Warndt und im Homburger Wald, und an den neu geschaffenen

Ökologisch und wirtschaftlich wertvoller Fichtenbestand mit hohem Erholungswert im Stadtwald Blieskastel.   *Foto: Gressung/Scholz*

Positive Bewertung von Fichtenplantagen bis in die 1980er Jahre

Kahlschlag – eine landschaftliche und ökologische Bereicherung der Wälder!
In Urwäldern brechen im hohen Alter während der natürlichen Zerfallsphase   *chen-Biotopen" überhaupt nicht vor- kommen.*   *schlages den standörtlichen Verhältnis- sen, den ökologischen Ansprüchen der*

Positive ökologische Bewertung von Kahlschlägen in einem Sonderdruck der Allgemeinen Forstzeitschrift 1983 über Wald und Forstwirtschaft im Saarland

Der »Mischwald« wird zum Leitbild bei Umfragen zur Walderholung ab den 1980er Jahren.

Freizeitschwerpunkten Bostalsee und Losheimer Stausee. Mit der Zeit steuerte die Landesforstverwaltung um:

> »Damals wurde dem Verlangen der Bevölkerung nach Intensiverholung entsprochen, so dass mancherorts Lärm und Unruhe in den Wald gebracht wurden. Mittlerweile erkennt man jedoch, dass bei steigender Belastung des Menschen gerade ruhige Formen der Erholung die volksgesundheitlichen Wirkungen des Waldes am besten zur Geltung bringen. Auch die Bevölkerung wünscht sich den Wald vermehrt als Ort der Ruhe und des Naturerlebnisses.«[64]

Motiviert von den Anregungen des »sanften Tourismus«, so wenig wie möglich auf die Natur einzuwirken, geschweige denn, ihr zu schaden, setzte die Forstpolitik der Waldwende diese Linie fort: weg vom möblierten Wald hin zum naturnahen, echten Wald(-Wildnis-)Erlebnis. Die naturnahe Waldwirtschaft sollte naturorientierte Freizeitbedürfnisse integrieren:

> »Der ›Run‹ aufs Authentische benötigt den Wald nicht als Kulisse; der Wald selbst ist das Erlebnis für Wandern, Spazieren gehen, Rad fahren, naturnah betriebene Jagd und Fischerei, Baden – punktuell geduldet in Waldweihern – ruhige Wassersportarten, Reiten, Langlauf.«[65]

Erinnerungen von Helen Heuwagen an ihre Waldausflüge mit ihren Kindern ins Steinbachtal am Stadtrand von Saarbrücken bestätigten das Konzept.

> »Mit meinen Kindern habe ich im Sommer oft an den schönen Waldweihern gesessen, Picknick gemacht und wir sind schwimmen gegangen. Meine kleine Tochter hat hier fleißig Schwimmen geübt. Wir haben hier Fische gesehen, Frösche sind auch in der Nähe des Weihers herum gehüpft und manchmal, wenn man besonderes Glück hatte, konnte man eine Wasserschlange sehen. Eine besondere Erfahrung ist es auch, im Wald zu übernachten. Mit Schlafsack, Isomatte und Moskitonetz. Für mich ist das ein Moment des Innehaltens, zur Ruhe kommen und mich auf mich selbst zu besinnen.« Alle Jahreszeiten lockten die junge Familie in den Wald. »Gerade letzte Woche war ich bei Schnee und Eis mit Freunden und Kindern im Wald wandern. Als wir so richtig durchgefroren waren, haben wir Halt gemacht und auf einem Campingkocher Schokopudding gekocht. Der ist leider etwas angebrannt – aber Spaß hatten wir trotzdem.«[66]

Eine sehr gut in die Waldlandschaft angepasste Gestaltung gelang dem Amt für Grünanlagen, Landwirtschaft und Forsten der Stadt Saarbrücken mit dem durch Trümmermassen der Burbacher Hütte nach dem Krieg entstandenen Stauweiher. Der langgestreckte Waldweiher im Burbacher Wald ist seither zu allen Tages- und Jahreszeiten Ziel von Erwachsenen und Kindern der nahen Stadtteile, die Schwerpunkte der Migration aus weit über hundert Nationen der Welt sind. Der rührige Angelsportverein Burbach pflegt seit Jahrzehnten das naturnahe Gewässer.[67]

Der Burbacher Waldweiher – übers ganze Jahr ein Ort der Ruhe

Die Saarbrücker Bürgermeisterin Margit Conrad, spätere Forstministerin in Rheinland-Pfalz, mit Carmen Dams, Amtsleiterin für Grünanlagen, Forsten und Landwirtschaft bei den Waldtagen auf dem St. Johanner Markt, 1997

Forstpolitisch kooperierte die Landeshauptstadt mit dem Landesforst: neben der sehr anspruchsvollen Zertifizierung ihrer Waldwirtschaft auf 2000 ha nach Kriterien von Naturland organisierte sie Waldtage auf dem St. Johanner Markt mitten in der Altstadt, um die Bürger für »Naturschutz durch Nutzung« des Waldes zu gewinnen; dies war ein Plädoyer für sanfte Resourcennutzung, das – von Stefan Rösler von der Gesamthochschule in Kassel ausgehend – die Idee von der bisherigen Konfrontation des klassischen Naturschutzes zur Kooperation mit den Landnutzern wie Land- und Forstwirtschaft entwickelte.

Urwald vor den Toren der Stadt –
Erste Schritte zu einem Jahrhundertprojekt

Eine besondere Form, Freizeit im Wald zu verbringen und dabei Wildnis zu erleben, sollte ein »Urwald vor der Stadt« bieten. Deshalb und vor allem auch aus ökologischen Gründen erklärte das Ministerium für Umwelt, Energie und Verkehr 1998 ein 375 Hektar großes Waldgebiet im oberen Steinbachtal am unmittelbaren Rande der Großstadt Saarbrücken und des Stadtverbandes zum »Waldschutzgebiet von landesweiter Bedeutung«. Wissenschaftler aus dem Fachbereich der Ökologie betrachteten den Schutz ungestörter, natürlicher Abläufe immer nachdrücklicher als eigenständiges Ziel modernen Naturschutzes. Schon ein Jahr zuvor hatte Umweltminister Willy Leonhardt den »Urwald vor den Toren der Stadt« in einer ersten Stufe auf den Weg gebracht.[68]

»Nie werde ich vergessen, wie der Minister und der Vorsitzende des NABU Stefan Mörsdorf den Urwald vor den Toren der Stadt eröffneten. Die Bürger konnten zwar überhaupt noch keinen Urwald sehen oder auch nur erahnen, aber der Auftritt war beeindruckend: absurd und großartig. Die beiden schoben einen roten Theatervorhang mitten im Wald feierlich zur Seite und schritten an der Spitze vieler Gäste hindurch. Dies war das Eingangstor in den ›Urwald‹. Ein historischer Moment!« So erinnerte sich die Vertreterin des Saarbrücker Bürgerforums Ulrike Donié noch Jahre später. Der »Urwald« in spe war gut mit dem ÖPNV erreichbar über den neuen Stadtbahn-Anschluss Heinrichshaus, vor allem für Schulklassen aus dem Raum Saarlouis-Völklingen-Saarbrücken-St. Ingbert und aus den nördlichen Gemeinden von Riegelsberg bis Lebach.

Die Idee für ein Wildnisgroßschutzprojekt hatte entsprechend einer diesbezüglichen Aktion auf Bundesebene der NABU Saarland eingebracht. Das Konzept im Saarland beruhte auf einer Diplomarbeit von Anne Caspari.[69]

Eine zweite Fläche mit insgesamt 1.011 Hektar wies der mittlerweile zum Umweltminister ernannte Stefan Mörsdorf im Frühjahr 2002 im östlich benachbarten Netzbachtal im Rahmen einer Partnerschaftsvereinbarung zwischen den Projektpartnern Umweltministerium, SaarForst und NABU

Mit der Försterin im Urwald vor den Toren der Stadt

**»Die Natur schlägt zurück –
Ur-Laub vor den Toren von Saarbrücken.«**

© maksimovic & partners, art direction und grafik:
patrick bittner, text: germaine paulus, foto: andré mailänder

Saar aus und ließ es von der Deutschen Bundesumweltstiftung fördern. Das Projekt blieb aber das einzige aufgrund der Kampagne in Deutschland umgesetzte Projekt.

Fortan besuchten zahlreiche an der Wildnisidee interessierte Waldbesucher, vor allem Schulkinder mit ihrem Betreuungspersonal, den Urwald vor den Toren der Stadt. Bislang ranghöchste politische Gäste waren Bundespräsident Horst Köhler und seine Frau bei ihrem Antrittsbesuch im Saarland am 23. Januar 2007.

Der Antrittsbesuch von Bundespräsident Köhler im Saarland 2007 startete auf dem »Weg der Liebenden« im Urwald vor den Toren der Stadt, zusammen mit dem Chef der Staatskanzlei Karl Rauber, SaarForst-Chef Michael Klein, Ministerpräsident Peter Müller (ganz hinten links) und Umweltminister Stefan Mörsdorf. © Landesbildstelle Saarland im LPM (Mechthild Schneider)

Der »Neue Forst« mit neuer Sprache – Die Teilnahme an der Expo 2000

Die Waldwende im Saarland und das neue Projekt Urwald vor den Toren der Stadt sollten nach der positiven öffentlichen Resonanz nun auch selbstbewusst, offensiv und modern kommuniziert werden. Inmitten des Ballungsraumes mit mehr als 40 Prozent Waldanteil errichtete SaarForst in der alten Scheune des Forsthauses Neuhaus zwischen Riegelsberg und Saarbrücken ein attraktives Kommunikationszentrum, um die verschiedenen Dimensionen des Bürgerwaldes darzustellen. Förderer und Empfänger von Fördermitteln von Saartoto war der Forstverein Rheinland-Pfalz–Saarland. Vorbild war das Ökowerk Teufelssee der Berliner Forsten im Grunewald.

Die Forstverwaltung nahm die Mitte der 1990er Jahre an die Staatskanzlei ergangene Aufforderung, sich mit mehreren Projekten aus dem Saarland an der zur Jahrtausendwende geplanten Weltausstellung Expo 2000 in Hannover zu beteiligen, mit großem Interesse auf. Die Idee der Ausstellung war, das Motto »Mensch, Natur und Technik – Eine neue Welt entsteht« nicht nur in Hannover, sondern auch weltweit in dezentralen Projekten vor Ort umzusetzen. Von zwölf saarländischen Projektvorschlägen wählte die Staatskanzlei drei aus, darunter auch das Konzept der Waldwende. Unter dem Titel »Low tech – high nature – Forstwirtschaft mit Zukunft« ließ sie es in Hannover akkreditieren. Weitere 280 weltweite Projekte demonstrierten in einer Zeit des ökologischen Aufbruchs natur-angemessene Formen des Wirtschaftens. Harald Hullmann,

Ausflugsgaststätte und Försterei Forsthaus Neuhaus in den 1970er Jahren
© Landesbildstelle Saarland im LPM (Marcel Klippel)

Das Waldinformationszentrum 2018: Zentrum für Wildnis und Waldkultur
© echtgut markeninszenierung GmbH, Saarbrücken

**Allee der Arten zum dezentralen Wald-
zentrum der EXPO-2000** © Hartmann Jenal

**Waldausstellung in der Scheune Neuhaus –
Zentrum für Waldkultur, 2000** © Hartmann Jenal

**Hinweis auf Biodiversität des Waldes: 100 Farbtafeln für »100 Waldarten« in der Scheune
Neuhaus – Zentrum für Waldkultur beim Herbstfest 2001**

Einladung zum Blick in die Baumkronen – Hängematten zum Stillwerden

Design-Professor an der Hochschule für Bildende Künste Saar, und sein Team gestalteten nach thematischer Vorgabe des Umweltministeriums und des Saar-Forst LB die ehemalige Scheune des Forsthauses Neuhaus. Der saarländische Expo 2000-Beitrag in der Scheune und im angrenzenden Saarkohlenwald war eine Initialzündung für moderne Kommunikation über den Wald.[70] Diesem saarländischen Beispiel außer-»gewöhnlicher« Waldinszenierung folgten in jeweils anderer Form das neue »Haus des Waldes« in Stuttgart und vergleichbare neue Waldzentren in Schleswig-Holstein und in Rheinland-Pfalz.

Fünfzig Teesorten aus Waldkräutern in fünfzig Kannen auf der Teewiese im Urwald

Vier thematische Parcours zu »Waldwirtschaft und Waldsterben«, zu »Wald als letzter Lebensraum für Tiere und Pflanzen«, zu »Forst- und Industriegeschichte« und »Urwald – zurück zur Wildnis« führten in die umliegenden Waldgebiete.

Bis heute hat sich in enger Kooperation mit dem NABU Saarland dieses mittlerweile neu benannte »Zentrum für Waldkultur und Wildnis« erhalten.

Verschwundene (Wald-)Arbeit – »Living History« im Hochwald und im St. Wendeler Land

Eine ganz andere Form von neuer Kommunikation über den Wald entwickelte seit den 1990er Jahren die Forstverwaltung im St. Wendeler Land. Typisch für die überkommenen Holz-Nutzungen des Hochwaldes im 19. Jahrhundert waren die Niederwälder. Bei dieser Betriebsart verjüngt sich der Wald durch mehrstämmige Ausschläge der Wurzelstöcke. Nach Abschlagen von etwa 20jährigen Stangen treiben die Wurzelstöcke regenerationsfreudiger Baumarten wie Eichen, Buchen, Hasel oder Birken immer wieder aus, von deren Rinde die ländliche Bevölkerung Gerbsäure zur Lederverarbeitung und Brennholz für den Brotbackofen gewann.[71] Vor allem Eichenschälwälder waren weit verbreitet. Bei den Eiweiler Lohheckentagen demonstrierte die Dorfbevölkerung ab 1987 alle fünf Jahre die historische Lohrindegewinnung in traditionellen Arbeitskleidern: »Living History« im Hochwald.

Die Köhlertage in Walhausen erinnern an das alte Waldhandwerk. Brennholztage zeigten seit den 1990er Jahren den Wandel der Holzenergie von früher bis zur modernen Holzbeheizung heute. © Josef Bonenberger

Prägend für den Hochwald war die Buche, die die Köhler im 18. und 19. Jahrhundert zur Holzkohlengewinnung für die Industrie nutzten, bis die Steinkohle diesem alten Waldhandwerk langsam ein Ende bereitete. Eine Initiative in Nohfelden-Walhausen erinnert bis heute an diese »Verschwundene Arbeit« der Köhler im Wald,[72] indem sie alle vier Jahre auf

Eiweiler Lohheckentage: Lohrinde wird nach alter Tradition gewonnen © Werner Feldkamp

alten verebneten Waldplätzen Kohlemeiler errichtet. Der Saarwaldverein zeichnete die Initiatoren im Herbst 2020 mit dem Heimatpreis aus.

Auch das Jagdhandwerk – zum Beispiel, mit einem ausgebildeten Jagdhund verendetes Wild nachzusuchen, die Verarbeitung von Wildbret, das Brauchtum bei der Jagd und ihre Bedeutung in heutiger Zeit – präsentierte das Forstamt St. Wendeler Land im Hochwald zusammen mit der Vereinigung der Jäger des Saarlandes.

2005–2020

Der Steinkohlebergbau geht zu Ende und mit ihm das auf fossilen Energien beruhende Industriezeitalter. Auf zahlreichen Bergbau- und Hüttenbrachen entsteht neuer Wald, der nun dem Naturschutz und der Freizeitgestaltung dient. Dem Artensterben suchen die Förster zu begegnen, indem sie kleinteilige Waldlebensräume wiederherstellen: zum Beispiel Waldwiesen offen halten für gefährdete Insektenarten, Bäche renaturieren und Moore wieder vernässen. Großräumige Schutzgebiete wie etwa der Nationalpark Hunsrück-Hochwald, der Urwald vor den Toren der Stadt und die Biosphäre Bliesgau werden eingerichtet. Der Klimawandel schädigt den Wald durch extreme Stürme, Trockenheit, Brände und Insekten-Kalamitäten. Klimatolerantere Baumarten werden erforscht. Die Politik bestimmt den Wald als Standort für Windräder und als Ressource für Biomasse. Während der Corona-Pandemie wird der Wald zum idealen Rückzugs- und Erholungsraum: Tausende Menschen können sich darin aufhalten, ohne einander zu nahe zu kommen.

Hüttenpark Neunkirchen im Kerngebiet der LIK Nord, 2015
Foto: © Detlef Reinhardt

10 Neue Herausforderungen
Auf dem Weg ins postfossile Zeitalter 2005 – 2020

Nachdem die Wälder in den 1980er und 1990er Jahren im Saarland insbesondere unter dem Aspekt der Ökologie neu interpretiert wurden, erhielten sie in den folgenden beiden Jahrzehnten mit dem Auslaufen des Bergbaus neue Bedeutung:

- Warndt und Saarkohlenwald als grünes Rückgrat in der Montan-Folgelandschaft
- Wälder als Arche Noah in Zeiten des Artensterbens
- Wald als CO_2-Speicher im Klimawandel
- Waldflächen für die Infrastruktur erneuerbarer Energieproduktion
- Wälder als Rückzugsräume für die Menschen während der Corona-Pandemie

Der Warndt und der Saarkohlenwald nach Ende des Bergbaus: der Regionalpark Saar

Der systematische Steinkohlebergbau, der ab 1751 unter der Waldachse des Warndt und des Saarkohlenwaldes mit der Verstaatlichung durch das Fürstenhaus Nassau-Saarbrücken begonnen hatte, zog sich ab 1988 entsprechend des Drei-Standorte-Konzeptes der Saarbergwerke sukzessive zurück. Nacheinander wurden die Gruben Camphausen (1999), Göttelborn (2000) und das Verbundbergwerk Warndt-Luisenthal (2006) stillgelegt. Das Steinkohlefinanzierungsgesetz bereitete das Ende des Steinkohlebergbaus vor. Zeugnisse des Bergbaus – darunter Gebäudeareale, annähernd 50 Haldenaufschüttungen, zahllose Absinkweiher (Schlammweiher), Zufahrtsstraßen – blieben im Warndtwald und im Saarkohlenwald als Industrierelikte zurück. Jahrzehnte zuvor hatte die Forstverwaltung die Flächen an den Bergbau

verpachtet. Sie sollten nach Gruben-
stillegung und Rekultivierung an den
Pachtgeber zurückfallen.

Der Saarkohlenwald und der Warndt
waren im Laufe der montan-industriel-
len Entwicklung des Landes von den
Menschen aus den Industriestädten
und -dörfern für Freizeit und Erholung
genutzt worden. Für die Abstimmung
dieser Ansprüche mit den Erforder-
nissen der Forstwirtschaft gab es bislang keine klaren Ziele und Regeln.
Dieses Problem nahm nun eine inter-
disziplinäre Arbeitsgruppe in Angriff.
Im Rahmen des EU-Programmes In-
terreg beteiligte sich das Saarland ab

**Stadt trifft Wald: Masterplan für den Regional-
park Saar, 2006**

1999 am transnationalen Projekt »Neue Stadtlandschaften« (New Urban Landscapes)
und ab 2003 am Folgeprojekt »SAUL – sustainable and accesible urban landscapes«
(nachhaltige und zugängliche Stadtlandschaften).[1] In Zusammenarbeit mit den
Stadtregionen London, Amsterdam, Luxemburg, Ruhrgebiet und Frankfurt sollte die
Qualität der Freiräume, so auch der Wälder in urbanen Regionen, verbessert werden.
Mit den Fördermitteln von SAUL begann die Umsetzung eines Regionalparks Saar
zunächst im Saarkohlenwald. Als Projektpartner beteiligten sich unter Federführung
des Umweltministeriums auch SaarForst LB, die Landeshauptstadt Saarbrücken, die
Stadt Völklingen und die Deutsche Steinkohle (DSK) AG als Waldeigentümer.

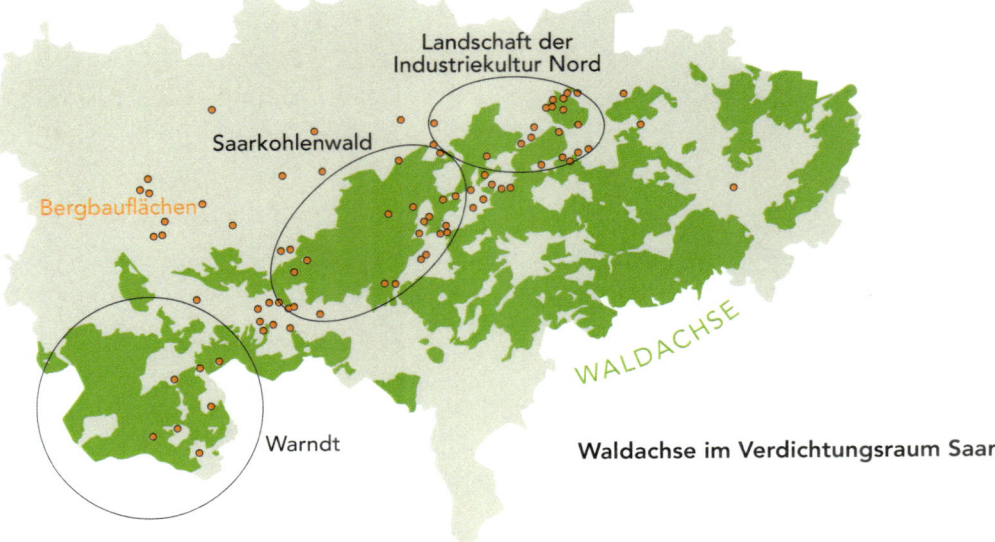

Waldachse im Verdichtungsraum Saar

Die Natur erobert sich den Absinkweiher Frommersbachtal bei Püttlingen Ritterstraße, 2005

Der Regionalpark Saar umfasst den saarländischen Verdichtungsraum mit fast einer halben Million Einwohnern. Dieses Städteband wird von der Waldachse des Saarkohlenwaldes und des Warndts durchzogen. Zentrales Element des großen Waldareals ist der Urwald vor den Toren der Stadt Saarbrücken. Bergehalden, Absinkweiher, Fördertürme und Tagesanlagen haben als sichtbare Landmarken herausragende Anziehungskraft. Die Deutsche Steinkohle (DSK) begann, die aus der Bergaufsicht entlassenen Halden und Absinkweiher an die früheren Landeigentümer, den Staatsforst und einzelne Städte und Gemeinden im Saarkohlenwald, zurückzugeben.

Neugestaltete Aufstiegswege machten die Halden für die Öffentlichkeit erstmals offiziell zugänglich. Bislang war das Betreten bergpolizeilich verboten. Ein Rundweg verbindet seit 2009 auf 40 Kilometern die neuen Halden-Aussichtspunkte mit Blick auf die Landschaft des Saarkohlenwaldes und des Warndt.[2] Die rekultivierten Schlammweiher sollten als Stationen des Vogelzugs und Areale naturnaher Freizeitgestaltung bleiben. Die Planer entwickelten die Scheune der ehemaligen Försterei im alten Jagdschloss Philippsborn und das moderne Restaurant Forsthaus Neuhaus zum Zentrum des Regionalparks und machten aus den umliegenden ehemaligen fürstlichen Weiden ein Camp für Waldpädagogik.

Der Wald kehrt zurück in der Carrière de Merlebach (ehemalige Sandgrube) im Warndt an der Grenze nach Frankreich

Projekträume in der Waldachse des Regionalparks:
Im *Saarkohlenwald,* der »Lichtung in der Stadt«, konnten neue Verbindungen zwischen (Stadt)Mensch und (Stadt)Natur geknüpft werden: die Inszenierung der Haldenlandschaften, das Wildniscamp, die besondere Gestaltung von Waldeingängen und die Wiederentdeckung der feudalen Gärten auf dem Ludwigsberg. Im *Warndt,* der »Zukunft nach der Kohle«, wird das grüne Herz zwischen französischer und deutscher Seite an vielen Bergbauhinterlassenschaften renaturiert.

In der »*Landschaft der Industriekultur Nord*« (LIK Nord) ist ein Naturschutzgroßprojekt entstanden. Nicht nur Bergbau, sondern auch die Eisenindustrie haben die Region zwischen Neunkirchen und Illingen geprägt.

IndustrieNatur: Kohlbachweiher beim Kraftwerk Weiher

Die LIK Nord, Gewinner des Bundeswettbewerbs IDEE.NATUR, setzt das Potenzial von Industrienatur in vier Teilräumen um:

In der Bergbaufolgelandschaft bei Heinitz und Göttelborn. Im Projekt »Forstwirtschaft und Natürliche Prozesse« bei Quierschied zusammen mit dem BUND Saar, im Projekt »Vogelzug und Wilde Weiden« an einem ehemaligen Flotationsweiher des Bergbaus und im Projekt »Neuerfindung der Bergmannskuh«, in dem die

**Elbsandsteingebirge? Nein: Rückkehr des Waldes in die Sandgrube »Carrière de Merlebach«
im französischen Warndt** © Patrick Ginsbach

Selbstversorgung von Familien der Berg- und Hüttenleute zur Nachahmung in der
heutigen Zeit demonstriert wird. Beide Projekte werden in Partnerschaft mit dem
NABU LV Saarland realisiert.

Der Wald als Arche Noah in der Zeit des Artensterbens

Seit Ende der 1970er Jahren war ein alarmierender Rückgang der biologischen Vielfalt weltweit zu beobachten. Der Verlust an Lebensräumen, Arten und Genen führte
zur Verarmung der Natur. Dieses existenzielle Problem konnte nicht durch isolierte
Naturschutzaktivitäten gelöst werden. Deshalb wurde das »Übereinkommen über
biologische Vielfalt« getroffen und die Biodiversitätskonvention (CBD) auf der
Konferenz der Vereinten Nationen für Umwelt und Entwicklung (UNCED) 1992 in
Rio de Janeiro beschlossen.

Im Zeitraum von 1992 bis 2012 hatten es schon 193 Vertragsstaaten unterzeichnet. Auch die Forstverwaltung im Saarland hatte sich Ende der 1980er Jahre dem Biodiversitätsziel verpflichtet, »die Vielfalt des Lebens auf der Erde zu schützen, es zu erhalten und deren nachhaltige Nutzung zu organisieren«. So geht es nicht nur um einzelne Pflanzen oder Tiere und ihren Eigenwert, sondern auch um deren Funktionen für die jeweiligen Ökosysteme. Einige konkrete Beispiele: Springschwänze zersetzen abgefallene Pflanzenteile der Waldbäume; Insekten bestäuben Blüten, die nur so zu Früchten auf Wiesen und Feldern werden; Blattläuse produzieren Nahrung für andere Insekten, die wiederum Singvögeln als Nahrung dienen; der lebendige, von Milliarden Mikroorganismen belebte (Wald-)Boden filtert schmutziges Wasser, aus dem wir Trinkwasser gewinnen. Hinter all diesen »Dienstleistungen« stehen Tausende von Arten, die nährstoffreichen Humus produzieren. Ohne diese gäbe es kein sauberes Trinkwasser aus dem Wald, auch keinen (Wald-)Boden mit Schwammstruktur, der Regengüsse aufsaugt und vor Überschwemmungen und Erosion schützt. Ein ganzes Netz von Lebewesen ist daran beteiligt.

Aber überall dort, wo die Waldvielfalt schwindet, können sich einzelne Arten so weit ausbreiten, dass sie zur Plage werden – Beispiel: Buchdrucker, Kupferstecher oder andere Borkenkäfer in Nadelbäumen. Der Reichtum an natürlichen Gliederungselementen und Sonderstandorten feuchterer Wälder hatte in den letzten 200 Jahren, vor allem aber in der Nachkriegszeit, abgenommen.

Das Modellprojekt »Waldbiotope Steinbachtal« vor den Toren Saarbrückens sollte Ende der 1980er Jahre der Großstadtbevölkerung das Drama des Artenrückgangs in einem teils zerstörten Bach-Eschen-Erlen-Wald vor Augen führen.[3] Vorausgegangen waren Diplomarbeiten zweier saarländischer Absolventen der forstwissenschaftlichen Fakultät in Freiburg im Breisgau, so auch des späteren Umweltstaatssekretärs Klaus Borger, mit faunistischen und floristischen Bio-Inventuren sowie Entwicklungsvorschlägen für das Steinbachtal.[4] Die Forstverwaltung verband Restbestände zerstörter

Waldbiotope Steinbachtal – Naturschutz durch Nutzung, 1988

Bach-Eschen-Erlen-Wälder mit Renaturierungsmaßnahmen standorttypischer Biotope.[5]

SaarForst LB ging in den folgenden Jahren noch viele praktische Schritte weiter. Im März 2008 legte er eine »Regionale Biodiversitätsstrategie« für die heimischen Buchenwälder vor.[6] Alterungs- und Zerfallsphasen des Naturwaldes sollten in den Wirtschaftswald integriert, die Vernetzung von Wäldern mit Urwald-Reliktarten realisiert und sogenannte Lichtwaldarten gesichert werden.

Ehemalige historische Waldwiesen, zumeist Zeugnisse früherer Landwirtschaft im Wald[7], wurden als Lebensraum und historisches Landschaftselement wiederhergestellt, so das Kasbruchtal bei Neunkirchen, die Dörrwiese in Scheidt, die Nauwiese und die Wiese am Forsthaus Neuhaus bei Saarbrücken. Der SaarForst-Landesbetrieb renaturierte zahlreiche Bachauen und -täler, die einst mit schnell wachsenden Nadelbäumen aufgeforstet und somit als naturnaher Lebensraum verloren gegangen waren. Im Rahmen eines Programmes für Waldbäche und Feuchtwälder entstanden stattdessen Erlen-Eschen-Auewälder.[8] Der Vogelsgraben im Saarkohlenwald bei Quierschied-Fischbach, das Kappbachtal in Türkismühle, das Weiherbachtal in Ensdorf und das Kondelerbachtal bei Beckingen sind weitere Beispiele landesweiter Maßnahmen zur Wiederherstellung der Biodiversität von Waldbächen.[9]

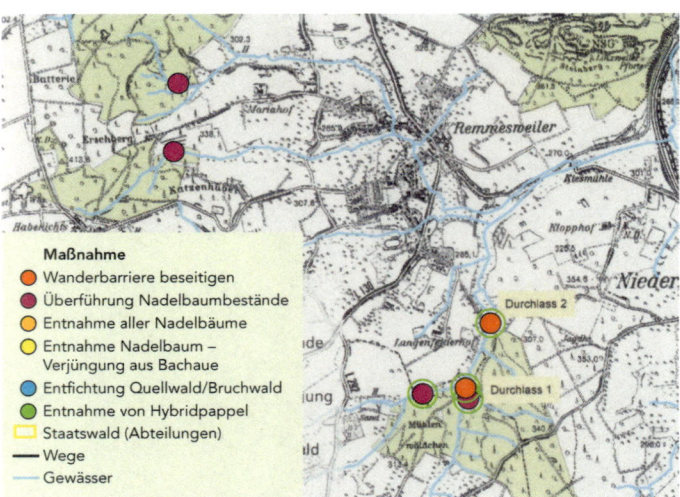

Maßnahmen zur Renaturierung des Gerechbach bei Remmesweiler

Moor- und Bruchwälder, die die Landesforstverwaltung einst zur Drainage mit zahlreichen Entwässerungsgräben durchzogen hatte, um Nadelbäume anpflanzen zu können, wurden vom SaarForst LB wieder vernässt. Die Förster ließen einen Großteil der hier nicht natürlich vorkommenden Fichten einschlagen, um die vorhandenen Reste der Moorvegetation wie Moorbirke, Schwarzerle, Vogelbeere und andere Laubbäume in ihrem Bestand zu fördern. So begannen sie die Moor- und Bruchwälder im Bereich Eisen-Dollberge im Hochwald für spezialisierte Tier- und Pflanzenarten und als Wasserspeicher (Rückhalt in der Fläche) wiederherzustellen. Diese Maßnahmen dienten dem Ziel, den alarmierenden Rückgang der biologischen Vielfalt zu verlangsamen.

Auf dem Weg zum guten Gewässerzustand von Waldbächen

»Dich sah ich wachsen, Holz« – 100 + 1 Jahre Saar-Wald-Kultur

Die Biodiversitätsstrategie: Regionale Verantwortung für Mitteleuropas einzigartige Buchenwälder

Aufbauend auf diesen Erfahrungen legte das für den Wald zuständige Umweltministerium 2015 die »Saarländische Biodiversitätsstrategie« Teil 1 vor.[10] Es konzipierte darin nicht nur Arten- und Lebensraumprogramme für saarländische Wälder, sondern auch für extensiv genutztes Grünland, Felsen, Blockhalden, Schuttfluren, Gewässer und Ackerwildkrautfluren. Diese Studie externer Fachleute[11] attestierte den Förstern im saarländischen Staatswald, dass sie sich früh ihrer regionalen Verantwortung für die weltweit einzigartigen Buchenwälder Mitteleuropas bewusst waren:

»Durch die ›Regionale Biodiversitätsstrategie für Buchenwälder‹
mit ihren […] Schwerpunktthemen Alt- und Totholzbiozönosen, […]
Licht-Waldarten und naturnahe Entwicklung von Waldgewässern und
Feuchtwäldern sind beste Voraussetzungen gegeben« …,

wertvolle Arten von internationaler Bedeutung wie Wildkatze, Mops- und Bechsteinfledermaus, Gartenschläfer, Mittelspecht und Rotmilan, die vorrangig im Wald leben, zu erhalten und ihre Bestände zu fördern.[12]

»Die ›Regionale Biodiversitätsstrategie für Buchenwälder‹ […] ist
fortzuführen. Hierdurch wird in vorbildlicher Weise für große Flächen
des Saarlandes der Schutz der Biodiversität gefördert.«[13]

Im Oktober 2017 legte das Saarland als erstes Bundesland ein Maßnahmenprogramm für seine Wälder vor, aber auch für Äcker und Wiesen, Auen, Wildnis, Schutzgebiete und Stadtgrün. Damit entsprach es einem elementaren Teil der »Naturschutz-Offensive 2020« der Bundesregierung. Dies geschah im Dialog und Konsens mit den Naturschutzverbänden.[14] Eine Arbeitsgruppe Wald aus SaarForst, Kommunal- und Privatwaldbesitzern, BUND Saar, NABU Saarland und geleitet vom Ministerium für Umwelt und Verbraucherschutz erarbeitete 2018 einen Entwurf für einen »Leitfaden Biodiversität im Wirtschaftswald« und entwickelte damit eine Vision für den »Wald der Zukunft«.[15] Das Besondere daran war, dass die Ökologie nicht mehr gleichwertig neben der Nutzungs- und Erholungsfunktion des Waldes steht, sondern sich die jeweilige Nutzung an den Erkenntnissen der Waldökologie orientieren sollte. Ökologie – und damit das Ziel, resiliente Waldökosysteme zu entwickeln und zu erhalten – sollte allen anderen Aspekten vorrangig werden; dementsprechend wurden auch die Richtlinien zur Bewirtschaftung des Staatswaldes angepasst.

Im Nationalpark Hunsrück-Hochwald: Natur Natur sein lassen © Angelina Müller

»Dich sah ich wachsen, Holz« – 100 + 1 Jahre Saar-Wald-Kultur

Der Nationalpark Hunsrück-Hochwald: ein wichtiger Beitrag zum Schutz der Artenvielfalt

Einen besonderen Beitrag zur Biodiversitätsstrategie leisteten das Saarland und Rheinland-Pfalz 2015 mit der Gründung des Nationalparks Hunsrück-Hochwald. Dieser erstreckt sich über die westlichen Höhenlagen des Hunsrücks auf einer Fläche von insgesamt 10.120 ha, wovon 986 Hektar im Saarland liegen. Hier haben sich größere naturnahe Laubwälder erhalten; sie werden nun vor Eingriffen geschützt und behutsam weiterentwickelt. Ziel ist es, dass der größte Teil des Waldes künftig ganz sich selbst überlassen werden kann.[16]

»In den Wäldern des Nationalparks Hunsrück-Hochwald wachsen rund 35 Baumarten, einen Großteil des Bestandes aber macht mit fast 50 Prozent die Rotbuche aus … In ihm haben sich uralte und riesenhafte Buchen erhalten, manche rund 250 Jahre alt. So die Buchen am Kahlenberg, der schon vor Nationalparkzeiten als Naturwaldzelle aus der menschlichen Nutzung herausfiel. Mit etwas Glück haben sie noch einige Zeit vor sich, denn Buchen können gut 300 Jahre alt und bis zu 45 Meter hoch werden. Dabei liefern sie einen enormen Beitrag für die Artenvielfalt: Ein Buchenwald beherbergt bis zu 7.000 Tierarten.«[17]

»Wertvoller Wald durch Alt- und Totholz« – ein PPP-Projekt des NABU Saarland

Den Wald als Arche Noah in Zeiten des alarmierenden Rückgangs der biologischen Vielfalt zu erkennen und weiterzuentwickeln, hat sich der NABU LV Saarland 2015 mit einem besonderen Projekt vorgenommen: dem Projekt »Wertvoller Wald«. Damit setzte er im Saarland das Bundesprogramm Biologische Vielfalt in Partnerschaft mit öffentlichen wie auch mit privaten Waldbesitzern um: Private Public Partnership (PPP) im saarländischen Wald! Dass unsere naturnahen, von der Buche dominierten Wälder zu wahren »Schatzkammern der biologischen Vielfalt« werden, setzt voraus, dass sie insgesamt alt werden können. In der Regel wurden die Bäume bislang »im Kälbchenalter« geerntet zwischen 100 und 150 bis 180 Jahren, könnten aber bis zu 600 Jahren alt werden. Das Ziel des Projektes ist, in Wirtschaftswäldern und damit auf dem überwiegenden Teil der Waldfläche natürliche Alterungs- und

Differenzierungsprozesse in ausreichendem Umfang zuzulassen. Sogenannte Reife- und Zerfallsphasen, in denen auch alle Arten von Biotopbäumen und Totholz- habitaten vorkommen und strukturreichen Lebensraum bieten für Großvögel wie den Schwarzstorch, mit entsprechender Tier- und Pflanzenbesiedlung für scheue Waldbewohner wie die Wildkatze, kleine Säugetiere wie die Bechsteinfledermaus und viele Vogelarten wie den Grauspecht und den Zwergschnäpper, sind noch viel zu wenig vertreten. Denn Totholz lebt! Ein hoher Alt- und Totholzanteil ist auch Voraussetzung, dass die Wälder sich an den Klimawandel anpassen können.[18]

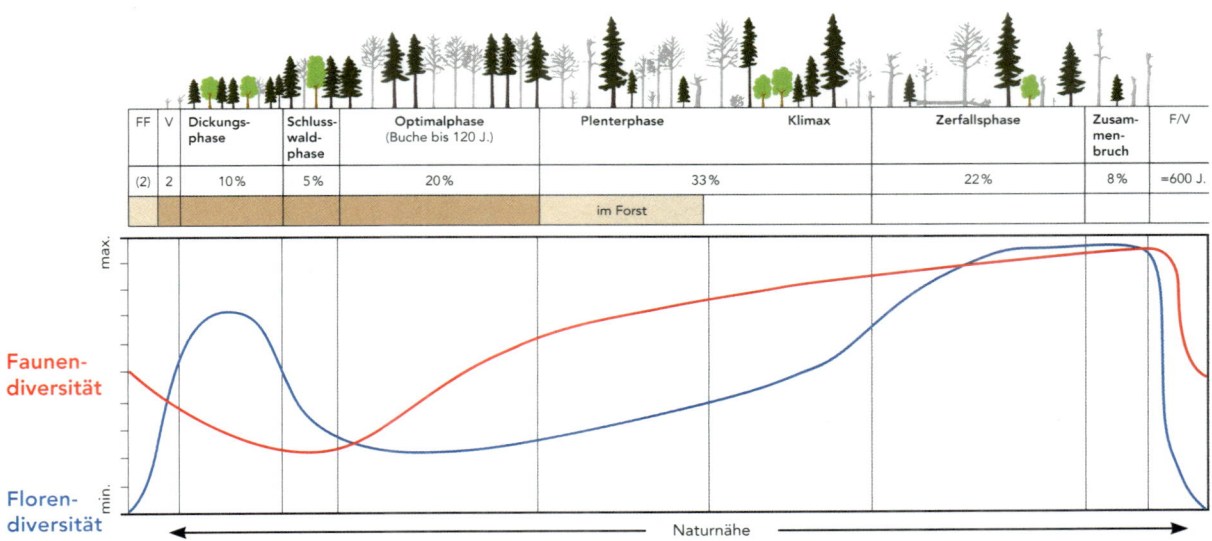

**Diversität und Naturnähe in verschiedenen Waldentwicklungsphasen,
Schema nach Scherzinger (1994)**

linke Seite: **Baummarder im Nationalpark Hunsrück-Hochwald** © Angelina Müller

Der Wald im Klimawandel – Patient und Arzt zugleich

Eine drohende Klimakatastrophe war von der Landesforstverwaltung des Saarlandes bereits 1988 öffentlich in einem weit verbreiteten Flyer über die Waldbiotope Steinbachtal thematisiert worden:

> *»Die Industrieländer werden im Schlußkommuniqué der Klimakonferenz*
> *vom Juli 1988 in Toronto aufgerufen, den Ausstoß an Kohlendioxid*
> *(CO_2) und anderen Abgasen bis zur Jahrtausendwende um mindestens*
> *20 Prozent zu verringern. Falls nichts geschieht, wird ein Treibhauseffekt*
> *(Erwärmung der Atmosphäre) die Folge sein, d.h. ein Anstieg der*
> *Jahresdurchschnittstemperatur auf der Nordhalbkugel um 1,5-4,5 °C in den*
> *nächsten 50 Jahren und ein damit verbundener Anstieg des Meeresspiegels*
> *durch Abschmelzen der Pole und Gletscher. Dieser Treibhauseffekt ist eine*
> *Gefahr für die Menschheit: weite Landstriche werden überschwemmt,*
> *fruchtbare Zonen werden zu Wüsten.*
> *Das sogenannte Ozonloch und der Treibhauseffekt sind die größte derzeit*
> *anerkannte Umweltgefahr. Damit ist auch die Forstwirtschaft vor die größte*
> *Herausforderung ihrer Geschichte gestellt.«*[19]

Arnold Wagner, Waldbaureferent der saarländischen Forstverwaltung, zitierte in der »Chronik zur Waldgeschichte des saarländischen Raumes« in einem Eintrag von 1991 die Klimadaten des Deutschen Wetterdienstes »100 Jahre Niederschlagsdaten von 1891-1990« an der Wetterstation Limbach bei Schmelz:

> *»Das letzte Jahrzehnt [1981-1990] brachte mit durchschnittlich 984 mm*
> *pro Jahr die höchsten Niederschläge seit Beginn der Messungen im Jahr*
> *1891. [...] Da nach Aussage der Meteorologen [...] in den letzten hundert*
> *Jahren auch die Jahresmitteltemperaturen um etwa 0,5 bis 0,7 Grad C leicht*
> *zugenommen hatten, war eine gewisse Tendenz zum feuchtwarmen Klima*
> *zu erkennen, die aber nichts mit den Klimaspekulationen (Treibhauseffekt,*
> *Ozonloch etc.) der letzten Jahre zu tun hatte.«*[20]

Zwei Orkane, Vivian am 3.2.1990 und Wiebke am 28.2.1990, verursachten erhebliche Windwurf- und -bruchschäden, insbesondere in den Forstämtern Merzig, Saarlouis, Warndt und Homburg mit einem gesamten Sturmholzanfall von ca. zwei Millionen Kubikmetern; 19 Prozent der Waldfläche waren betroffen.[21]

Windwurfschäden im Saarbrücker Stadtwald Anfang der 1990er Jahre

© Landesbildstelle Saarland im LPM (Karin Heinzel)

Zahlreiche Waldbrände auf den Sturmschadenflächen im Sommer 1990 folgten: 15 Hektar im Warndt, 9 Waldbrände bei St. Ingbert und Kirkel, 40 Waldfeuer (!) in Dillingen, weitere in Otzenhausen, Lauterbach, bei Weiten und Faha.[22] Im Jahr 2009 konstatierte SaarForst LB in einem Flyer: »Der Klimawandel ist angekommen.«

> »[…] Der Klimawandel mit seinen extremen Wetterverhältnissen führt auch im Wald zu Veränderungen. Erste Effekte auf Wälder im Saarland sind heute bereits zu erkennen. Die stärkere Vermehrung von Schädlingen, Trockenstress durch ›Jahrhundert-Sommer‹ und Unwetter machen den Bäumen zu schaffen.«[23]

In Hoffnung auf die waldbauliche Gegenstrategie verwiesen die saarländischen Forstleute auf den »vor Jahrzehnten« begonnenen Umbau von reinen Nadel- hin zu weniger empfindlichen Mischwäldern. Die Zukunft sei jedoch ungewiss:

> »Noch weiß niemand, wie extrem sich das Wetter genau entwickeln wird: SaarForst sichert daher eine möglichst große Vielfalt an standortgerechten Baumarten, Waldstrukturen und Waldtypen, um für alle Fälle gewappnet zu sein.«[24]

Die »warming stripes« von Ed Hawkins sind ein Sinn-Bild für den Klimawandel. Sie zeigen die mittlere Lufttemperatur der letzten 100 Jahre (1881 bis 2020) im Saarland. Je röter die Streifen, desto stärker sind die Anomalien hin zu warmen Temperaturen.

Im Klimawandel sei der Wald zwar Patient, aber auch Arzt zugleich:

> *»Der Wald ist nicht nur Opfer, er kann auch die Probleme des Klimawandels abschwächen: Im Laufe ihres Lebens entziehen Bäume der Atmosphäre bei der Photosynthese Kohlendioxid und lagern es im Holz ein. Aufforstungen, nachhaltige Bewirtschaftung und die Nutzung von Holz statt Stahl, Beton und Öl sind die effektivsten Möglichkeiten, den Kohledioxid-Gehalt unserer Erde zu senken.«[25]*

Geopfert hatte der Wald zwischen 1980 und 2019 gut die Hälfte seiner Fichtenflächen, sie gingen zurück von 10.000 Hektar auf 4.350 Hektar. Vor allem der Borkenkäfer als Folgeschädling des Temperaturanstieges setzte der Fichte zu.

Verbunden mit dem Borkenkäferbefall waren erhebliche Einnahmeverluste für die Fichte, den »Brotbaum« des SaarForsts. Der Preis für einen Festmeter fiel in diesem Zeitraum von 90 auf 30 Euro.

Die Grundvoraussetzung dafür, dass der Wald im Saarland dem Klimawandel trotzen könnte, so ließ das Umweltministerium verlauten, sei sein hoher Anteil an

Laubbäumen. Der beträgt 75 Prozent, was im Vergleich mit dem Bundesdurchschnitt von nur 44 Prozent sehr von Vorteil sei.[26] Als »Arzt«, so das Ministerium, habe der Wald einen ständig wachsenden Holzvorrat als CO_2-Speicher; der Holzvorrat habe sich von 1980 bis 2019 von 7,3 Millionen Kubikmeter auf 13,7 Millionen Kubikmeter fast verdoppelt. Der saarländische Wald speichere jährlich über 60 Millionen Tonnen CO_2. Durch den weiter steigenden Holzzuwachs steige das Speichervolumen dementsprechend jährlich an.

»Der saarländische Wald ist Klimaschützer Nr. 1« – das war das Ergebnis der jüngsten (jeweils im Abstand von zehn Jahren durchgeführten) Inventur, die Umweltminister Reinhold Jost 2019 dem Landtag vorlegte, zusammen mit einem »Masterplan Wald«, der konkrete Maßnahmen enthält. So sei mit dem »Eine-Million-Bäume-Programm« eine Wiederaufforstung vor allem der befallenen Fichtenbestände geplant – insbesondere durch Naturverjüngung aber auch durch Anpflanzung von Setzlingen. Außerdem solle der Holzvorrat weiter erhöht und der Hiebsatz, also die Ernte, reduziert werden. Dafür werde auf die Ernte etwa der Hälfte aller »dicken Bäume über 70 Zentimeter« verzichtet, erklärte Jost. Er versprach, dass Einnahmeverluste nicht mit einem höheren Einschlag des Buchen-Eichenbestandes ausgeglichen würden.[27]

Angst vor dem Sommer – Waldbrände, eine wachsende Gefahr

Die »Angst vor dem Winter« ist eine Metapher, die wir seit Jahrhunderten aus Märchen und Volksliedern kennen: »Ach bitter Winter, wie bist du kalt! Du hast entlaubet den grünen Wald«(1582).[28] Sie hat sich mittlerweile umgekehrt und ist der Angst vor dem Sommer gewichen: »Wenn ich gefragt werde, erzähle ich, … was es mit mir macht, wenn wir den dritten trockenen Sommer in Folge haben. Ich wohne im Südwesten, hier war es ohnehin immer ziemlich warm, und nun kommt diese Wasserknappheit hinzu. Bei mir ist es schon so, dass ich

Waldbrände im Saarland und weltweit nehmen deutlich zu und bedrohen Siedlungen.
© Rolf Ruppenthal

Angst vor dem Sommer habe. Über solche Ängste tauschen wir uns bei den ›Psychologists for Future‹ aus«, so berichtete eine junge Frau jüngst in einem Interview im reportpsychologie.[29]

Die anhaltende Dürre und Hitze in den Sommerhalbjahren 2017-2020 erhöhten die Waldbrandgefahr. Bei wochenlang anhaltendem Hochsommerwetter blieb es trocken und heiß. Temperaturen bis 38 Grad wurden erreicht. Abkühlung setzte erst im Frühherbst ein. Die Feuerwehr hatte immer wieder Brände zu löschen, so etwa im August 2020 im Wald zwischen Ensdorf und Hülzweiler.

Die wochenlange Dürre ließ auch die Felder und Wiesen verdorren. Genau die Szenarien, vor denen Klimaforscher seit Jahren warnen, waren jetzt erstmals zu erleben.

Die Energiepolitik entdeckt den Wald[30]

Im März 2011 kam es nach einem Erdbeben und einem Tsunami im japanischen Kernkraftwerk Fukushima zur atomaren Katastrophe.[31] Die Bundesregierung beschloss daraufhin ein dreimonatiges Moratorium für ältere Kernkraftwerke; im Juni 2011 verkündete sie den umfassenden Ausstieg aus der Kernkraft bis 2022 und den Ausbau der erneuerbaren Energien. Gänzlich neu war diese Zielsetzung nicht; allerdings sollten vorherige Szenarien, entworfen zum Beispiel vom Ökoinstitut e.V. Freiburg bereits seit 1980,[32] nun in die Tat umgesetzt werden. Windkraft, Photovoltaik, Wasserkraft, Biomasse und Geothermie erhielten politische und finanzielle Anreize zum Ausbau.

Förster Philipp Klapper leitete 2012 das Saar-Forst-Biomassezentrum. © IMAGO / Becker&Bredel

Der Forst war von dieser Politik für erneuerbare Energien in vieler Hinsicht betroffen, und zwar von der ansteigenden Nachfrage nach Biomasse, von der Umwandlung von Waldflächen für Windenergieanlagen und vom Verzicht auf Rückgabe einiger an die Saarberg AG verpachteten Flächen in aufgeforstetem Zustand, auf denen sie statt Aufforstung Photovoltaikanlagen errichtete.

Biomasse: Die Verwendung von Biomasse, so auch von Holz, zur Produktion von Wärme und Strom, nahm im Saarland wieder zu. In Karlsbrunn im Warndt entstand 2012 ein Biomassezentrum des SaarForst LB mit Brennholzhof. Vertragspartner des SaarForst Landesbetriebes war die Steag New Energies GmbH mit einem Heizkraftwerk am Karlsbrunner Warndtschacht. SaarForst begab sich auf ungewohntes, aber doch nicht ganz fremdes Terrain: erneuerbare Energien. Philipp Klapper leitete das Forstrevier Dietrichsberg und zugleich das SaarForst-Biomassezentrum auf dem früheren Karlsbrunner Grubengelände.[33]

In der Bundesrepublik betrug der Holzanteil an der gesamten Bioenergie 2014 knapp zwei Drittel.[34] Das Thema »Holz als Biomasse« für Wärme und Stromproduktion entwickelte sich zu einem zentralen Thema, bis zu völlig überzogenen Forderungen, »grünen Stahl« mit Wald-Energie zu erzeugen.

Windkraft im Wald: Wenn man den Anteil an erneuerbaren Energien am deutschen Bruttostromverbrauch betrachtet (31,7 Prozent im Jahr 2016), so hat die Windenergie den größten Anteil.[35] Im Saarland mit einem Waldanteil von 36 Prozent der Landesflächen (93.000 Hektar Wald) wurde Windenergie im Wald seit 2013 realisiert. Die Nutzung der Windkraft war zuvor 2011 im Landesentwicklungsplan ermöglicht worden. Ein »Masterplan für eine nachhaltige Energieversorgung im Saarland« der Jamaika-Koalition sah die Errichtung von Windenergieanlagen auf Staatsforstflächen vor, worauf SaarForst windhöffige, d.h. windertragreiche Flächen im Rahmen von Interessensbekundungsverfahren ausschrieb.[36] Die Ausweisung von Staatswaldflächen war für SaarForst deshalb lukrativ, weil der Landesbetrieb von den Pachteinnahmen des Landes von ca. 50.000 Euro pro Standort/ Jahr profitierte. Es entstand ein neues Geschäftsfeld in Zeiten insgesamt defizitärer Jahresabschlüsse.[37] Vom Ministerium für Umwelt und Verbraucherschutz wurde 2015 – nach

Information vor Ort zu geplanten Windkraftstandorten im Wadgasser Wald

Protest gegen Windkraft im Wald im Primsbogen bei Schmelz-Hüttersdorf

einer Veröffentlichung von Anne Kress
– eine Windkraftnutzung von 75-150
MW erwartet. Bis Ende 2016 waren 30
Windenergieanlagen (WEA) im Wald
in Betrieb genommen worden, das war
jede fünfte WEA im Saarland, was 28
Prozent der installierten Leistung entsprach.[38]

Bei Bürgern stieß der WEA-Bau im
Wald auf heftige Kritik und Wider-
stand. Sehr viele Menschen demonstrierten; allein bei einem geführten
Waldspaziergang gegen geplante Wind-
kraftstandorte im Wadgasser Wald am
5. Februar 2017 beispielsweise nahmen
500 Personen jeden Alters teil.

Banner gegen den Windpark Saarbrücken-Pfaffenkopf

Versammlungen und Kundgebungen auf Marktplätzen, Plakate gegen Windkraft befürwortende Parteien, Banner an Waldeingängen, wortstarke Kontroversen in Ratssälen, Demonstrationen vor dem Landtag, Unterschriftenaktionen zu Händen von Gemeinderäten, Akteneinsichtnahme im Landesamt für Umwelt und Arbeitsschutz erhitzten die Gemüter.

Die amtierende Ministerpräsidentin Annegret Kramp-Karrenbauer befürchtete, dass die Stimmen der Windkraftgegner und neuen »Waldstreiter«[39] bei der Landtagswahl im März 2017 zum Zünglein an der Waage werden könnten. Zwei Tage vor der Wahl lud sie alle windkraftkritischen Bürgerinitiativen ins Hotel am Triller in der Nähe der Staatskanzlei ein und kündigte dort ein »Moratorium für Windkraft im Staatswald« an.

Der Koalitionsvertrag[40] der im Mai 2017 wiedergewählten Landesregierung von CDU und SPD sah deutliche Einschränkungen im Staatswald vor: über die bereits vertraglich gebundenen Flächen hinaus sollten künftig keine weiteren Flächen »auf historisch alten Waldstandorten« im Staatswald mehr zugelassen werden, mit der Ausnahme, wenn es sich um besonders windhöffige Standorte handelt, die insbesondere gut erschlossen oder bereits vorbelastet sind. Am 5. Oktober 2017 trat ein hierzu geändertes Waldgesetz in Kraft.

Photovoltaikflächen im Wald:

Photovoltaik-Anlagen für die Produktion erneuerbarer Energien betrafen nur mittelbar die Waldlandschaft. Einige verlandete Absinkweiher für Grubenschlämme, die auf früheren Forstflächen errichtet worden waren und eigentlich nach Gebrauch aufgeforstet an die Forstverwaltung zurückgegeben werden sollten, wurden stattdessen zu Ausbauflächen für Solaranlagen. Diese Areale gingen als Waldflächen verloren. Beispiele sind die bei Erstellung weltweit größte Solaranlage auf einem ehemaligen Schlammweiher an der Bergehalde in Göttelborn und die Solaranlage Brönnchesthal am Fuße der Halde Reden, beide im Saarkohlenwald.

Solaranlage auf den ehemaligen Schlammweiherflächen bei der Grube Göttelborn, die eigentlich wieder zu Wald werden sollten.
© IMAGO / Becker&Bredel

Zufluchtsort vor der Haustür – Der Wald in Zeiten von Corona

Am 31. Dezember 2019 wurde der Ausbruch einer Lungenkrankheit in China bestätigt und am 11. März 2020 von der WHO mit dem Namen Covid-19 als weltweite Pandemie erklärt. Im Saarland gab es um des Infektionsschutzes willen seit März 2020 massive Einschnitte in das öffentliche und private Leben der Bürger. Abstandsregeln waren zeitweise auch für den Aufenthalt im Freien, auf Straßen und Plätzen und selbst in Parks und in Wäldern einzuhalten. Starre Gruppenregeln, selbst für Wandergruppen im Wald, führten mit der Zeit zu heftiger Kritik an den Corona-Einschränkungen. Bei der größten Wandervereinigung im Saarland, dem Saarwald-Verein e.V., lagen etwa viele der geplanten und geführten Wandertouren mehrere Wochen lang auf Eis.

Die 10.000 Hektar umfassende Waldachse, die der Warndt mit dem Saarkohlenwald im Siedlungsband im Süden des Landes bildet, aber auch alle anderen Waldgebiete waren seit den Corona-Beschränkungen zur rettenden grünen Insel und zum Zufluchtsort »vor der Haustür« geworden. Gerade dort, in freier Natur, konnten in wenigen (Anfahr-)Minuten die geltenden Hygiene- und Abstandsregeln problemlos eingehalten werden. »Das fördert nicht nur die dringend benötigte Bewegung aller Altersklassen in unserer schönen Heimat«, schrieb der Saarwaldverein in einem Brief an den Ministerpräsidenten Tobias Hans, »sondern auch das soziale Netzwerk, das empfindlich gestört wurde.«

In Zeiten von Corona rückte der Wald mit seinem freien Betretungsrecht (§25 (1) LWaldG) und seinen weitreichenden Spazier- und Wanderwegen, ca. 500 Kilometern Reit- und Radwegen und vielen naturbelassenen Pfaden an vorderste Stelle als Ort naturnaher Erholung.

»Der Wald war als Erholungsraum so wichtig geworden wie noch nie. Die Stadtparks waren rasch zu voll, sie sind es immer noch. Es fällt schwer, darin die gebotenen Abstände zu halten. In den Wäldern geht dies. Die Menschen können sich zu Tausenden darin verlaufen, ohne einander zu nahe zu kommen. Sie können frische Luft atmen als beste Vorsorge gegen simple Infektionen, die wie Husten oder Verschleimung im Rachenraum ideale Bedingungen für die Corona-Viren schaffen. Man kann spazieren gehen, walken, joggen oder Rad fahren – und zumeist auch leicht ausweichen, wenn dies geboten ist. Noch nie waren die Wälder so voll wie in den Monaten der Corona-Beschränkungen. Kein Polizeieinsatz war wie in manchen Stadtparks nötig, um Zusammenballungen von Menschen zu zerstreuen. Kinder konnten im Wald frei spielen, was sie auf Spielplätzen nicht durften. Waldspaziergänge ließen sich bei jedem Wetter machen.«[41]

Die Tourismuszentrale des Saarlandes startete deshalb spontan im Corona-Sommer 2020 die Aktion »Urlaub dahemm« und wiederholte sie im Folgejahr:

»Einfach Urlaub dahemm machen. Auslandsurlaub verworfen und nichts mehr vor? Perfekt! Einfach ›Urlaub Dahemm‹ machen und sich nochmal neu in die Heimat verlieben!«[42]

Aktion KurzNAHtrip während des Corona-Sommers 2020

© Tourismus Zentrale Saarland, Foto: Marcus Gloger – agentur-statement.de

Wald 100 + 1

Nach der Zeitreise durch das vergangene »SaarHundert der Waldkultur« sollen nun einige Zukunftsbilder skizziert werden - wobei nach alter Zahlensymbolik die **1** auch für die weiter entfernte Zukunft steht. Bei allen Problemen, die den Wald derzeit belasten wie Waldsterben, Biodiversitätsverluste und Klimastress, sind seine Grundbedingungen hierzulande besser als anderswo: hoher Laubbaumanteil, Baumartenvielfalt und Mehrstufigkeit seiner Bestände lassen höhere Anpassungsfähigkeit im Klimawandel erwarten. Seine Ausdehnung nimmt auf landwirtschaftlichen Grenzertragsflächen zu, auch auf ehemaligen Arealen des Bergbaus, teilweise bis in die Städte hinein; er wird zur Arche Noah in der artenverarmenden Landschaft, und sein Holz ist als regionaler kohlenstoffbindender Baustoff wichtig wie nie zuvor.

Mit der Saarbahn in den Urwald –
Haltestelle Heinrichshaus am Nordrand von Saarbrücken

11 Wald 100 + 1
Einige Zukunftsbilder 2020 ff

Nach zehn Kapiteln einer »Zeitreise durch das SaarHundert der Waldkultur« soll nun im Jahr 2021, dem Jahr 1 des nächsten WaldHunderts, ein Blick in die Zukunft unseres Waldes folgen. Dabei steht die Ziffer 1 weniger für den dem Jahr 2020 folgenden Jahresabschnitt. Sie steht – gemäß der klassischen Zahlensymbolik – als Metapher für »Ewigkeit«, und letztlich auch für die unmittelbare und weiter entfernte Zukunft des Waldes. Der Begriff »Ewiger Wald« war im 17. Jahrhunderts ein Synonym für Permanenz, d.h. für Beständigkeit, Fortdauer und Dauerhaftigkeit: »Gott hat die Wäldt für die Salzquell erschaffen, daß sie ewig wie er continieren mögen« (1661).[1] Letztlich auch ein Synonym für Nachhaltigkeit des Wachstums von Holz »biß an das Ende der Welt« (1693).[2] Und damit für die Zukunft des Waldes per se. Diese versuchen wir, in Bildern zu skizzieren, acht in Kapitel 11, eines in Kapitel 12.

> »Es gibt historische Momente«, so schrieb der Soziologe Matthias Horx,[3]
> »in denen die Zukunft ihre Richtung ändert. Wir nennen sie Bifurkationen.
> Oder Tiefenkrisen. Diese Zeiten sind jetzt.«

Unsere Gesellschaft steht vor einer epochalen Herausforderung. Die CO_2-intensive Wirtschaft, die seit dem 18. Jahrhundert auf »ewige Nutzbarkeit« der fossilen Ressourcen aus dem »Sylva Subterranea Oder: Vortreffliche Nutzbarkeit Des unterirdischen Waldes Der Stein-Kohlen« (Johann Philipp Bünting, 1693)[4] setzte, und die seit fast zwei Jahrhunderten auch die Landschaft an der Saar prägt[5], hat keine Zukunft mehr. Der lange Abschied vom Montanzeitalter,[6] der Übergang zu erneuerbaren Energien wird eine Epoche der »Großen Transformation« und des gesellschaftlichen Wandels sein.[7] Die Waldwende, die Agrarwende und die Mobilitätswende werden zu wichtigen Aufgaben der nächsten Jahrzehnte; die Energiewende wird zur zentralen Zukunftsaufgabe auf dem Weg ins solare Zeitalter. Sie ist das größte Projekt des 21. Jahrhunderts und darüber hinaus.[8] Wir müssen nachhaltiger leben und wirtschaften und den Strukturwandel, der auch die Waldentwicklung und die Forstwirtschaft umfasst, an ökologischen und sozialen Kriterien ausrichten.

Bei allen Problemen, die den Wald im Saarland auch belasten, Waldsterben, Biodiversitätsverluste und Klimastress, gibt es dennoch positive Grundbotschaften und Trends für seine Zukunft. Die Ausgangsbedingungen unseres Waldes sind unter anderem wegen seines vergleichsweise sehr hohen Laubbaumanteiles, seiner Baumartenvielfalt und der Mehrstufigkeit seiner Bestände gut. Seine Resilienz- und Anpassungsfähigkeit im Klimawandel ist höher als anderswo. Der saarländische Wald nimmt in mehrerlei Hinsicht eine herausragende Stellung in Deutschland ein.

Das Saarland ist ein »Wald-Land« – schon Goethe war überrascht

Vielen Bürgerinnen und Bürgern ist nicht bekannt, dass weit mehr als ein Drittel unserer Landesfläche mit Wald bedeckt ist[9]; das Saarland liegt deutlich über dem Bundesdurchschnitt von gut 32 Prozent und gehört zu den waldreichsten Bundesländern.

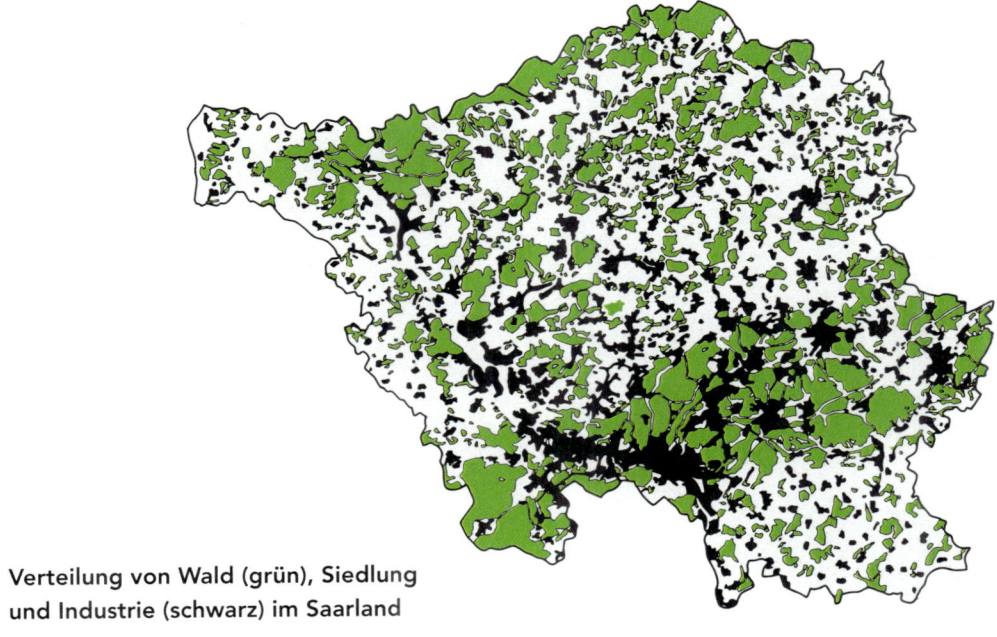

Verteilung von Wald (grün), Siedlung und Industrie (schwarz) im Saarland

Vor rund 250 Jahren, im Sommer 1770, stand der 20-jährige Goethe bei seinem zweiwöchigen Ausflug von Straßburg in die Region an der Saar ganz unter dem Eindruck des Waldreichtums dieser Landschaft. So beschreibt er in »Dichtung und

Wahrheit« die Residenzstadt Saarbrücken als »ein lichter Punkt in einem so felsig waldigen Lande«.[10] Und wohl unter dem Eindruck von qualmenden Holzkohlenmeilern, Teeröfen, Aschegruben und Schmelzöfen mitten im Wald merkte er auf dem Weg zum Brennenden Berg nach Dudweiler an: »Nun zogen wir durch waldige Gebirge, die demjenigen, der aus einem herrlichen fruchtbaren Land kommt, wüst und traurig erscheinen müssen ...«[11]

Die historisch gewachsene Waldflächenverteilung ergab sich aus der Geologie und der für die Landwirtschaft relevanten Bodengüte. Auf diese Art und Weise blieben nach der mittelalterlichen Rodungsperiode zwei Waldachsen erhalten: eine im Süden, vom Warndt (auf unfruchtbarem Buntsandstein) über den Saarkohlenwald (auf schweren Kohlelehmen) bis zum Raum St. Ingbert-Homburg (Buntsandstein), die andere auf Taunusquarzit im Hochwald. Im mittleren Saarland und im Westen und Süden im Saar- und Bliesgau liegt der Wald in Streulage in der Kulturlandschaft.

Diese historische Waldverteilung hat viele positive Effekte. Insbesondere die Siedlungsräume entlang des Saartales von Saarbrücken bis Völklingen, um Sulzbach, Dudweiler, St. Ingbert oder Neunkirchen und Homburg sind reich mit Wald ausgestattet. Hier wohnen und arbeiten 400.000 Menschen.[12] Die kühlende Wirkung

Das Saarland ist ein Waldland. Die Aufnahme zeigt Lautzkirchen im Saarpfalz-Kreis.
© Bernd Ostertag

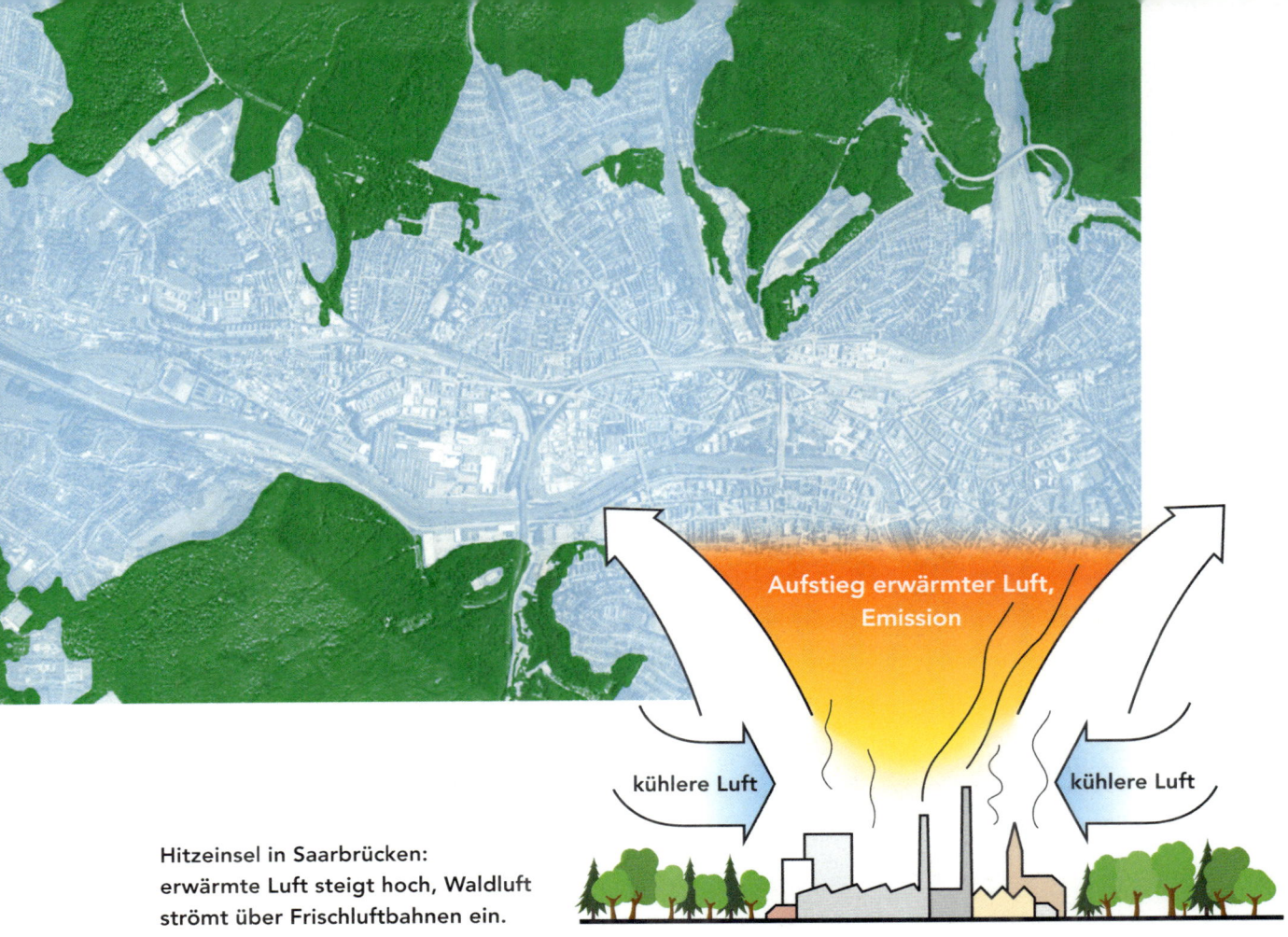

Aufstieg erwärmter Luft, Emission

kühlere Luft

kühlere Luft

Hitzeinsel in Saarbrücken: erwärmte Luft steigt hoch, Waldluft strömt über Frischluftbahnen ein.

dieser Wälder wirkt sich gerade in den immer wärmeren und trockeneren Sommermonaten ausgleichend auf deren Lebensbedingungen aus.

So weisen die Industriestädte Neunkirchen mit 44 Prozent, Sulzbach mit 54 Prozent, St. Ingbert mit 53 Prozent oder Völklingen mit gar 56 Prozent die höchsten Waldanteile an der Bodennutzung auf. Selbst die Landeshauptstadt Saarbrücken kann auf ihrer Gemarkungsfläche 45 Prozent Wald verzeichnen.[13]

Die Waldflächenstruktur im Saarland ist nicht statisch; sie wird sich auch künftig dynamisch zum Positiven verändern. An vielen Orten kehrt der Wald zurück. Er wird weiter an Fläche zunehmen und strukturreicher werden. In Zukunft wird der Wald auf Grenzertragsstandorten der Landwirtschaft zurückkehren. Auf ihnen hat die Waldfläche von 2008 bis 2017 bereits um 500 Hektar zugenommen, das sind in knapp einem Jahrzehnt mehr als 700 Fußballfelder.[14]

Eine klassische Spitzkegelhalde: Viktoria in Püttlingen mit dem alten Schlammweiher Ende der 1950er Jahre © Ulf Rieger

Dieselbe Halde heute, von Förstern und Waldarbeitern der Saarbergwerke aufgeforstet.
© Robby Lorenz

»Dich sah ich wachsen, Holz« – 100 + 1 Jahre Saar-Wald-Kultur

»Auf den fruchtbaren Böden dominiert seit jeher die Landwirtschaft. Der Wald ist beschränkt auf die Lagen, die für die landwirtschaftliche Nutzung weniger bis nicht geeignet sind und auf die unumgänglich notwendige Fläche, die zur Produktion von Bauholz und Brennholz in früheren Zeiten benötigt wurde. Aber so wie die landwirtschaftliche Nutzung seit Jahrzehnten rückläufig ist, so erobert sich der Wald zumeist über das Zwischenstadium der Hecken Fläche zurück.«[15]

Der Wald wird auch langsam und sukzessive die vielen Halden und Schlammweiher zurückerobern, die der Bergbau zurückgelassen hat. Kleine Allmenden für jedermann/-frau entstehen als postmontane halboffene Naturlandschaften oder außerstädtische Wildnisflächen, zu erleben auf der Halde Viktoria in Püttlingen oder der Halde Heinitz bei Neunkirchen.

Im Saarkohlenwald ist beides, die Rückeroberung der Natur von ehemaligen Halden und Schlammweihern des Bergbaus und von aufgegebenen Hüttenarealen, an vielen Stellen jetzt schon zu sehen, insbesondere in der Landschaft der Industriekultur Nord zwischen Göttelborn und Neunkirchen.

Der Wald kehrt zurück: Halde Göttelborn
© Detlef Reinhard

»Dich sah ich wachsen, Holz« – 100 + 1 Jahre Saar-Wald-Kultur

Der Wald ist das ökologische Rückgrat der Landschaft

Im Saarland liegt eine günstige Ausgangssituation hinsichtlich der Biodiversität im Wald vor. Als grünes Rückgrat in einer immer monotoneren Kulturlandschaft gleicht der Wald eine sich rapide ausweitende Artenarmut aus. Dabei trägt das Saarland besondere Verantwortung für die subatlantischen Rotbuchenwälder. Auf drei Vierteln der Waldfläche kämen sie von Natur aus vor. Der derzeitige von Laubbäumen dominierte Lebensraum Wald (75 Prozent der Gesamtwaldfläche bestehen aus verschiedenen Laubbaumarten) entspricht im Vergleich zu landwirtschaftlichen Flächen und vor allem zu den überbauten Bereichen noch am ehesten der potenziellen natürlichen Vegetation.

Entstanden ist der heute deutschlandweit einmalig hohe Laubwaldanteil aufgrund des hohen Eichen- und Buchenholzbedarfes der Kohlegruben (Grubenholz) und der Eisenbahnen (Schwellenholz). Die diverse Eigentümerstruktur (Staatswald, Gemeindewald, Privatwald) im Verbund mit der vielfältigen Geologie führen zu einer großen Varianz der Waldbilder. Nicht mehr forstlich genutzte urwaldähnliche Wälder – das sind unter anderem Naturwaldzellen und aus der Bewirtschaftung genommene Gebiete wie Nationalparkflächen, der Urwald vor den Toren der Stadt, Kernzonen der Biosphäre Bliesgau u.a. – nehmen fünf Prozent der Waldfläche ein. Trotzdem haben unsere Wirtschaftswälder noch ein markantes Defizit hinsichtlich der natürlichen Biodiversität, da sie die überkommene Struktur der Altersklassenwirtschaft in Reinbeständen nur allmählich verändern können. Hinzu kommt die fehlende Kontinuität der Habitate als Folge der devastierten Wälder im 18. Jahrhundert. Dies gilt insbesondere bei den holzbewohnenden Insekten, den sogenannten Urwaldreliktarten. Nach Vorstellung der Forstleute sowie des NABU und BUND sind sie nach dem Konzept des Dauerwaldes zu bewirtschaften. In ihm sind alle Waldentwicklungsphasen von jungen bis alten Bäumen in einem Sukzessionsmosaik angelegt. Die Waldbestände sollen insgesamt älter werden, sollen viele heimische Mischbaumarten und Alt- und Biotopbäume sowie absterbendes und totes Holz enthalten. Der Waldboden als wichtigster Teil des Ökosystems Wald ist besonders bei der Holzernte und mittels Kompensationskalkung zu schützen.[16]

Chancen für einen klimaflexiblen Wald

Durch Hitze und Dürre befindet sich unser Wald seit 20 Jahren im Klimastress[17], auch wenn er im Saarland im bundesweiten Vergleich wegen seines überdurchschnittlich großen Laubwaldanteils ökologisch gut dasteht.

Die drei aufeinander folgenden Dürrejahre 2018 bis 2020 und extreme Wetterereignisse haben dem Wald massiv zugesetzt. Niederschlagsmangel, Stürme, zum Teil in Orkanstärke, Schäden in Fichtenbeständen (Borkenkäfer-Kalamität), absterbende (Alt-)Buchen (Trockenheit): diese Liste der Waldschäden könnte beliebig noch weiter verlängert werden. Der Klimawandel ist unübersehbar im Wald angekommen.[18]

Dieses Phänomen wird künftig das Baumartenspektrum des heimischen Waldes verschieben. Viele Baumarten kommen mit den Veränderungen der Waldstandorte und ihrer Wasserversorgung nicht zurecht. Gewinner könnte vor allem die Eiche sein.[19]

Mit der Bewältigung katastrophaler natürlicher und anthropogener Ereignisse in Geschichte und Gegenwart sind die Forstleute vertraut. Nach den enormen Waldzerstörungen durch Übernutzung im 17. und 18. Jahrhundert ist ihr Berufsstand entstanden. Damit fand zugleich die Idee der forstlichen Nachhaltigkeit, ein von Hans Carl von Carlowitz 1713 formulierter Begriff, sukzessive Anwendung.

>*»Das letzte wirklich katastrophale Ereignis waren die Windwürfe des Jahres 1990 und Folgekalamitäten* (wie z.B. Borkenkäferbefall, Anmerkung des Verfassers)*, denen allein im Staatswald rd. 5.000 ha Wald zum Opfer fielen. Es wurden damals erhebliche Anstrengungen unternommen, diese Flächen wieder zu bewalden. Mit verschiedenen Methoden und auch unterschiedlichem Erfolg, wenn wir uns diese Flächen nach 30 Jahren betrachten. Dagegen nehmen die in jüngster Zeit entstandenen Kahlflächen eine wesentlich geringere Fläche ein: nach jetziger Einschätzung ist im Staatswald mit ca. 300 Hektar* (SFL 2021: 650 Hektar, Anmerkung des Verfassers) *wieder zu bewaldender Fläche nach Borkenkäferbefall zu rechnen. Allerdings sollen die anstehenden Wiederbewaldungsmaßnahmen eine weitere Zielsetzung erfüllen, die man 1990 noch nicht in dieser Form sah, nämlich den künftigen Wald klimaflexibler zu machen. Gemeint ist, Baumarten zu fördern oder zu pflanzen, von denen man aufgrund aktueller Forschungsergebnisse erwarten kann, dass sie künftige Klimaveränderungen mit häufigeren und extremeren Hitze- und Trockenperioden besser ertragen.«*[20]

Da die im Saarland seit 30 Jahren praktizierte naturnahe Waldwirtschaft flexibel auf Katastrophen reagieren kann, hat auch in Zukunft die Auswahl der Baumarten für klimaresistente Wälder in eben dieser Wirtschaftsweise zu erfolgen: behutsam, planmäßig, ohne Aktionismus, ohne schnelle Experimente mit exotischen Baumarten.

> *»Ein möglichst breites Baumartenspektrum erhöht die Chance, dass sich die Waldvegetation durch Differenzierung an sich verändernde Klimabedingungen anpassen wird. Dabei hat natürliche Verjüngung unserer heimischen Baumarten absoluten Vorrang vor Anpflanzungen. Angestrebt werden möglichst hohe Anteile von Schlussbaumarten in Gemeinschaft mit Pionierbaumarten wie Birke, Espe oder Vogelbeere. Erst wenn eine ausreichende natürliche Ansamung von Schlusswaldbaumarten nicht erwartet werden kann, wird aktiv nachgeholfen. Favorisierte Baumarten für einen klimaflexiblen Wald sind dabei Eiche und Esskastanie im Verbund mit anderen Baumarten wie Weißtanne, Bergahorn, Hainbuche, Erle. Ein angemessener Nadelbaumanteil soll zukünftig in Mischbeständen erhalten werden, vor allem Weißtanne und andere heimische Nadelbaumarten an geeigneten Standorten.«*[21]

Der Waldertrag von morgen: CO_2-Speicherung gegen den Klimawandel

Eine zentrale Aufgabe des Waldes wird sein, einen Beitrag zur »Entkarbonisierung« der Gesellschaft zu leisten:

- Die Bäume dürfen älter und die Wälder vorratsreicher werden, das heißt, es wird weniger Holz genutzt, als zuwächst, und damit mehr CO_2 aus der Atmosphäre entzogen und im Holz gespeichert.
- Geerntetes Holz wird zu dauerhaften Produkten wie zum Beispiel Bau- und Möbelholz verarbeitet; dadurch wird CO_2 langfristig gebunden.
- Das Holz wird nach der Nutzung als Bau- und Möbelholz fossile Brennstoffe, zum Beispiel Kohle, Gas und Öl, ersetzen (Kaskadennutzung).

Seit Einführung der naturnahen Waldwirtschaft 1988 hat sich der Holzvorrat im Wald binnen 30 Jahren von rund 200 Kubikmetern/ Hektar auf fast 360 Kubikmeter/ Hektar erhöht. Bis 2030 soll er auf 400 Kubikmeter/ Hektar angehoben werden.

»Unser Wald wird älter, die Bäume stärker, es entstehen wertvolle Lebensräume mit Bäumen, die irgendwann in die Zerfallsphase eintreten und sich schließlich zu Totholz, in allen Zersetzungsstufen bis hin zur Mineralisierung, entwickeln. Je weiter sich unser Wirtschaftswald einem vorratsreichen Dauerwald annähert, je höher ist die zu erwartende Biodiversität, und desto höher ist die Resilienz- und Anpassungsfähigkeit des Waldökosystems zu bewerten. Eine möglichst hohe Fähigkeit des Systems, sich aus sich selbst heraus zu erneuern oder zu stabilisieren, gewinnt besondere Bedeutung für die Walderhaltung bei sich ändernden Klimaverhältnissen.«[22]

Vorratsreicher Dauerwald im Modellrevier von Martin Haupenthal und Roland Wirtz: Alte Wälder werden zu wertvollen Lebensräumen.

Die Zukunft des Bauwesens liegt im Holz – und das wird knapp

Der schon sehr früh in der Menschheitsgeschichte genutzte Baustoff Holz ist mittlerweile eine Art High-Tech-Material mit Zukunftspotenzial. Die Holzverwertung eines Baumstamms ist in den vergangenen 15 Jahren von 50 Prozent auf bis zu 70 Prozent gestiegen. Holz als Baustoff erlebt zurzeit eine Renaissance. Die Holzbauweise boomt im Saarland wie überall in Deutschland wegen des wachsenden Umweltbewusstseins der Bevölkerung und der Wirtschaft.

Der positive Beitrag, den Holz vor allem im Bereich des nachhaltigen Bauens zur Reduzierung des CO_2-Fußabdruckes leistet, ist enorm. Holz ist ein flexibler Baustoff, leicht zu bearbeiten, fast überall vorhanden, nachwachsend und klimafreundlich.

> *»Die Erde heizt sich auf, die Luft wird schlechter. Immer mehr Menschen zieht es in die starren, stickigen, Abgase speienden Betonlandschaften. Es wächst das Bewusstsein, dass man etwas ändern muss … Mehr Natur ist gefragt. Die Stadt von morgen soll atmen können. Holz hilft.«* [23]

Derzeit wird weltweit mit dem Rohstoff der Forstwirtschaft experimentiert. Einige Beispiele:

In **Hamburg** soll Deutschlands höchstes Holzhaus 65 Meter in die Höhe ragen. Außer dem Untergeschoss und dem zentralen Treppenhaus ist alles – Fassade, Decken, Wände – aus Nadelholz gezimmert.[24]

In **Stuttgart** soll das erste ganzheitlich-nachhaltige Wohngebäude Deutschlands entstehen, zu 80 Prozent aus nachwachsenden Baustoffen wie Hanf, Lehm, Kork und vor allem Holz. In Form eines Quaders werden Holzbausteine über Steckverbindungen auf- und wieder abbaubar gemacht und können anderswo weiterverwendet werden. [25]

In **München** entsteht die größte zusammenhängende Holzbausiedlung Deutschlands für eine Genossenschaft. Bei einem Vergleich dreier baugleicher Testbauten aus Holz, Beton und Ziegeln ist das Holzhaus hinsichtlich seines ökologischen Fußabdrucks der Favorit.

In **Wien** entsteht mit 84 Metern und 24 Stockwerken »das höchste Holzhaus der Welt«. Das HoHo Wien wird eine Mischung aus Wohn-, Büro- und Hotelgebäude werden.[26]

In **Zug** in der Schweiz will die Fa. Duplex mit nachwachsenden Rohstoffen bauen und dort das »Pi«, auch einer der »höchsten Holzhochbauten der Welt«, erstellen. »Man muss sich auch diesen Turm wie ein breites Ausrufezeichen für das vorstellen, was in Zukunft technologisch und sozial möglich werden könnte.«[27]

Auch in **Tokio** sind Architekten und Stadtplaner »auf dem Holzweg«.[28] Die Stadt von morgen soll atmen können, deswegen planen sie einen Wolkenkratzer, 350 Meter hoch, fast nur aus Holz. »Wir verwandeln die Stadt in Wald. Das ist das Konzept.« Das Gebäude soll ein weltweites Symbol für naturbewusstes Bauen werden. Es besteht zu 90 Prozent aus Holz, nur zu zehn Prozent aus Stahl.

Forsthaus Neuhaus, Waldinformationszentrum bei Saarbrücken. Bionische Architektur aus Holz in der Struktur eines Buchenblattes. Architekt Prof. Göran Pohl

© Göran Pohl

Ein Reihenhaus aus Holz als Typus verdichteten Bauens am Franzenbrunnen in Saarbrücken. © bullahuth.de

Baumwipfelpfad aus Holz von Buchen, Eichen und Douglasien an der Saarschleife bei
Orscholz, der Aussichtsturm ist 42 m hoch

Stadtverwaldung statt Stadtverwaltung: »Bäume auf die Dächer – Wälder in die Stadt!«[29]

Dem Slogan »Stadtverwaldung anstatt Stadtverwaltung« hatte sich schon Joseph Beuys 1982 auf der Dokumenta 7 in Kassel verschrieben mit dem Pflanzen von 7000 Eichen längs von Straßen und auf Plätzen. Ihm verdankt die Stadt ein einmaliges organisches Kunstwerk, das sich über die ganze Stadt ausdehnt. Kassel ist überall. Die Botschaft der »7000 Eichen« ist in Zeiten des Klimawandels aktueller denn je.

Der Bevölkerungsrückgang und die Lebensstile im Ballungsraum an der Saarschiene und die Stärkung der Mittelstädte im ländlichen Raum wie vor allem Merzig, St. Wendel, Ottweiler lassen den Gegensatz zwischen Stadt und Land zu einem Stadt-Land-Kontinuum werden. Generell werden unsere (Groß-)Städte in Zukunft »dörflicher« und weniger verdichtet, weil die Innenstädte von Leerständen einzelner Großgeschäfte betroffen sind und sich punktuell »auflösen«. In unseren saarländischen Städten und Gemeinden werden zwar keine ›7000 Eichen‹ gepflanzt, stattdessen werden aber grüne baumbewachsene Oasen und kleine Wäldchen entstehen.[30] Vertikale Gärten und baumbewachsene Dächer kommen bislang nur ganz vereinzelt vor, sie sind in den Metropolen Europas und weltweit aber wachsende Realität.

Die Wald zieht in die Stadt – Eine Landschaft des Malers Helmut Collmann aus Rehlingen

Das Saarland hat seine urbanen Schwerpunkte an der Saarschiene. Es gehört zu den am dichtest besiedelten Flächenbundesländern.[31] Nahezu 20 Prozent der Landesfläche sind mit Siedlungen, Industrie, Gewerbe und Verkehrswegen versiegelt. Auf den innerstädtischen Freiflächen hat sich eine Vielzahl von wertvollen Tier- und Pflanzenarten angesiedelt. Die Landeshauptstadt Saarbrücken schrieb 2021 ihr Freiraumentwicklungsprogramm von 2008 fort[32], und Stadt-Grün und Stadt-Wald bilden das Grundgerüst an Freiräumen, in das die Bebauung der Gesamtstadt eingebettet ist. Mit der Renaturierung von Flächen,

Vertikale Gärten in einer Baulücke am Peter-Lamar-Platz in Dillingen, Bauherrenpreis 2014
© HDK Dutt & Kist GmbH Saarbrücken

insbesondere von Talzügen, lassen sich naturnahe – das heißt auch bewaldete – Freiräume herstellen: Aus den St. Arnualer Wiesen entwickelt sich zurzeit ein neues »St. Arnualer Wäldchen« durch natürliche Sukzession; schon jetzt ist es eine vielbesuchte Wildnis.

Ähnlich wird sich in dem langen grünen Band von Köllerbach abwärts bis in die ehemalige Industriestadt Püttlingen aus der Wiesenaue im Köllertal wieder ein Auenwald entwickeln. Mit dem Zukunftsprojekt »Klimagarten im Köllertal« möchte die Stadt Püttlingen einen zusammenhängenden städtischen

»Bäume auf die Dächer!« eines Neubaues in der Dudweilerstraße in Saarbrücken, 2021
© HDK Dutt & Kist GmbH Saarbrücken

Bosco Verticale / Wald am Bau / Zwei Waldtürme zum Wohnen in Mailand

Naturraum klimagerecht und nachhaltig aufwerten. Damit entsteht ein Ort des Lernens über den Klimawandel.[33] Im südlich daran anschließenden Völklinger Stadtwald ist die Rückentwicklung einer Wiesenaue zu einem Auwald fast abgeschlossen.

In der Völklinger Innenstadt inmitten des Weltkulturerbes Völklinger Hütte soll

Waldwildnis und »Großherbivoren« mit Wasserbüffeln auf den St. Arnualer Wiesen, ehem. Vorranggebiet für Gewerbe in Saarbrücken

die Halle des Kraftwerkes 1 mit der durch Teileinsturz des Daches entstandenen »Naturbühne« erhalten und als Ort für Kultur genutzt werden. Das Wäldchen im Gebäudeinnern wird weltweit zum Symbol der Rückkehr der Natur in eine ehemalige ›Industrie-Kathedrale‹ und damit zum Alleinstellungsmerkmal werden.[34]

rechte Seite: **Hüttenverwaldung im Weltkulturerbe Völklinger Hütte** © Kunkel

»Naturbühne« – ein Urwald als Symbol der Rückkehr der Natur in die Industriekathedrale der
Völklinger Hütte © Axel Böcker / Weltkulturerbe Völklinger Hütte

»Dich sah ich wachsen, Holz« – 100 + 1 Jahre Saar-Wald-Kultur

Wald -»Verstädterung«: Urbane Forstwirtschaft

In Zukunft wird die Nivellierung des historischen Stadt-Land-Gegensatzes fort-schreiten – corona- und hitzebedingt hat die Suche nach alternativen Wohnorten außerhalb des Verdichtungsraumes zugenommen. »Die Städter zieht's aufs Land.« Das Land wird dabei städtischer, weil urbane Menschen ihre Ansprüche an Natur mitnehmen. Fachleute nennen das »Rurbanisierung« – »rural plus urban«.

Die relativ neue Disziplin der »urbanen Forstwirtschaft« hat sich des Wunsches nach parkartigen Waldstrukturen angenommen: Erhalt alter Baumsolitäre, ganz-jährig gepflegte Wege, Waldästhetik verbunden mit reduzierter Holzproduktion. Die saarländische Stadt Homburg kam diesen »urbanen« Walderlebnisansprüchen schon in den 1990er Jahren mit dem WaldPark Schloss Karlsberg entgegen. Im Forstrevier Karlsberg reinszenierte die Landesforstverwaltung zusammen mit der Stadt Homburg, dem Saarpfalz-Kreis und dem Landesdenkmalamt einen histori-schen Waldlandschaftsgarten. Das Original hatten die Gartenkünstler Johann Lud-wig Petri und der europaweit tätige Friedrich Ludwig von Sckell entworfen. Er wurde 1793 bei der Rückkehr französischer Revolutionstruppen aus Mannheim zerstört.[35] Ähnliche Neuinszenierungen von Wäldern zeigen sich in einem kleinen Waldland-schaftspark bei Fraulautern, in Mettlach, an der Saarschleife, am Losheimer Stausee, und in Nonnweiler am Keltischen Ringwall bei Otzenhausen.

Waldpark Schloss Karlsberg bei Homburg © Wolfgang Henn / Saarpfalz Touristik

Vier befreundete Familien bauten Holz-Häuser in der Reihe am Franzenbrunnen in Saarbrücken: sozial, klimafreundlich, flächensparend. Bauherrenpreis 2018 der Architektenkammer des Saarlandes. © bullahuth.de

Mehr Wald in der Großregion: Zentralressource in Grand Est im neuen hölzernen Zeitalter

Vor der Zeit der Steinkohleförderung, vor mehr als 200 Jahren, war der Wald in Deutschland die zentrale Ressource der Gesellschaft. Das »Hölzerne Zeitalter« – so benannt von dem Nationalökonomen Werner Sombart – umfasste die vorindustrielle Wirtschaftsepoche (bis etwa zum 19. Jahrhundert), in dem fast alle Alltagsgegenstände aus Holz gefertigt wurden. Heute und in Zukunft soll der Wald in der überregionalen Planung der Großregion wieder eine sehr wichtige Rolle spielen und umfassende Holzverwendung eine Renaissance erfahren. Das Saarland übernahm 2019 bis 2020 die Präsidentschaft im Gipfel der Großregion. Die

Gipfelpräsidentschaft verlangte nach einer spannenden Projektidee: 2032 soll eine Internationale Bauausstellung in der Großregion stattfinden – zentrale Aufgabenstellung ist die Lösung der Klimafrage:

>*Der einzige echte CO_2-Vernichter ist der Wald, aber weltweit wird Wald verbrannt. Das Ziel der ›IBA GR 32‹ kann die Entwicklung der klimafreundlichsten Region in Europa, vielleicht sogar in der Welt, werden.*«[36]

>*Das Thema: Klimaschutz, das man als den offensichtlichen Beweis des Versagens der globalpolitischen Werkzeuge sehen kann, wäre daher das perfekte IBA-Dach.*«[37]

Unter »Notwendige Maßnahmen« für die Großregion ist provozierend und bewusst überzeichnend als Punkt 1 (!) aufgeführt: »**Mehr Wald. Forst. Urwald, also CO_2-Killer und davon tausende von Quadratkilometer.**«[38] Und als weitere diesbezügliche Maßnahme: »... eine Architektur und Stadtplanung, die ... neue Bautypen entwickelt und eine lokale Materialität und Konstruktion nachhaltig fördert.«[39] Im Waldland Saarland wäre die lokale Materialität in Zukunft vor allem das Holz.

Die IBA-GR ist in der Prä-IBA-Phase zunächst nur ein theoretisches Konstrukt, um im regionalen wie internationalen Kontext über Landschaft und Klima, über Stadt und Land, Bauen, Grenze und Versorgung nachzudenken.[40]

Resümee

In den 1920er Jahren waren Forstwirtschaft und Waldnutzung noch eng verflochten mit dem wirtschaftlichen Aufschwung des Bergbaus und der Nachfrage nach Holz für die Siedlungserweiterungen der Industriegesellschaft. Der Struktur nach war er ein nach Altersklassen gegliederter »Zehntausend-Klafter-Holz-Wald«, den die Forstleute mit der Zeit zu einer »grünen Menschenfreude« umgewandelt haben: heute ist er eine Quelle der Erholung, eine Gegenwelt zum Lebensalltag der Menschen, eine Ressource der Holzgewinnung auch zur Speicherung von CO_2, ein natürlicher Lebensraum für Wildtiere und für geschützte Pflanzen, ein Wasserwerk für Trinkwasser, ein geschützter Raum für Zeugnisse der Industrie- und Kulturgeschichte, eine Kaltluftquelle für die sich immer mehr erwärmenden Städte, und wie ein Schwamm, der starke Niederschläge aufnimmt. Die gemeinsame Idee aller Waldbesitzenden im Saarland sollte sein: ihn als immerwährende Ressource der Natur für die kommenden Generationen zu begleiten, zu pflegen und zu erhalten.

Wir haben den Wald nur von unseren Kindern geborgt.
© Frederik Kunkel

12 Zusammenfassung und Resümee
Blick zurück nach vorn – Der Wald als ewige Ressource der Natur

Rückblick auf das vergangene WaldHundert

Die vorliegende Zeitreise seit den 1920er Jahren durch das SaarHundert der Waldkultur zeigt, wie eng verflochten Forstwirtschaft und Waldnutzung mit dem wirtschaftlichen Aufschwung von Bergbau und Montanindustrie im Saargebiet bzw. Saarland waren. Diese Verflechtung setzte schon Mitte des 19. Jahrhunderts mit der Anweisung der Forstinspektion Saarbrücken ein, »dass das dringende Nutzholzbedürfnis der Königlichen Gruben soweit als irgend möglich mit den Erträgen der Königlichen Forsten gedeckt werden muss (…)«.[1] Auch benötigten der Ausbau des Schienennetzes und die neuen ständig modernisierten Eisenbahngruben Bexbach bei Homburg und Von der Heydt bei Saarbrücken mit der Anbindung an die Rheinschiene bzw. ins ostlothringische Industrierevier sowie die prosperierenden Gruben im Sulzbach- und im Fischbachtal Millionen von Gleisschwellen aus Buchen- und Eichenholz. Die Saarwirtschaft hatte auffallend hohen Holzbedarf, der weit über die sonst üblichen Bedarfsmengen in ähnlichen Gebieten des Deutschen Reiches hinausging. Der Wald war vornehmlich Holzressource für den Grubenausbau des Bergwesens in den preußischen und bayerischen Landesteilen und ab 1920 während der Zeit des Völkerbundes der Mines Domaniales Françaises de la Sarre. Auch die an der Saarachse sich ausweitenden Industriegemeinden hatten auf ihrem Weg in die Moderne einen hohen Bauholzbedarf. Die Staatliche Forstverwaltung hatte ein Jahrhundert lang rational geplante, aus nur wenigen Baumarten gleichen Alters bestehende Altersklassenwälder aufgebaut, um dem Nutzholzhunger der Industrialisierungsepoche gerecht zu werden. Der Wald war zur Stätte einer planmäßigen, systematischen Holzproduktion geworden, die nur noch möglichst viel und möglichst wertvolles Holz liefern sollte. Die Forstwirtschaft brauchte solche gut berechenbaren, homogenen, nach Baumarten und Altersklassen gegliederten Wälder, um die Nachhaltigkeit der Holzerträge für die industrielle Entfaltung des Landes zu gewährleisten. Eine ökologische Nachhaltigkeit, wie sie in Süddeutschland an den Forstlehranstalten in Aschaffenburg und später in München schon in der zweiten Hälfte des 19. Jahrhunderts von Carl Gayer und Heinrich Mayr gefordert worden war und wie wir sie heute als unabdingbar erachten, war im Saargebiet der 1920er Jahre und ab 1945 im Saarland zunächst nicht in das Konzept der Forstwirtschaft eingegangen, obwohl ein Teil des höheren Forstpersonals aus diesen Ausbildungsstätten hervorgegangen war. Wissen muss man aber auch, dass nach den Reparationshieben Frankreichs nach dem 2. Weltkrieg zur Wiederaufforstung nur wenige Baumarten verfügbar waren. Diese Forstwissenschaftler und einige Wegbereiter des Naturschutzes hatten bereits die Nachteile der Altersklassen-Wirtschaft erkannt und forderten alternative Waldkonzepte wie den »Gemischten Wald« und den »Naturgemäßen Waldbau«.[2] Ihre Ideen gingen in den 1920er Jahren in Norddeutschland in das Konzept des Dauerwaldes ein. Sie wurden aber 1933/34 mit dem Erlass über »naturgemäßen Wirtschaftswald im Rahmen der Bedarfsdeckung« missbraucht, um den Staatswald übernutzen zu können. Den übermäßigen Holzeinschlag wollten die Nationalsozialisten bei späteren Osteroberungen ausgleichen.

Erst als in der Mitte des »SaarHunderts«, also zu Ende der 1960er Jahre, die rein auf Holz-Erträge ausgerichtete saarländische Forstwirtschaft wegen des zunehmend globalisierten Holzmarktes in die roten Zahlen geriet, setzte ein Paradigmenwechsel ein. Die Forstleute erweiterten in der Regierungszeit von Ministerpräsident Dr. Franz Josef Röder die Rohstofffunktion der Wälder um die Sozialfunktion für die Erholung suchende Industriebevölkerung und um die Schutzfunktion für den Naturhaushalt. Es bedurfte also erst einer ökonomischen Krise der saarländischen, primär auf Holzproduktion ausgerichteten Forstwirtschaft, um den Blick zu weiten für die vielfältigen, immer mehr anwachsenden Leistungen und sogenannten Wohlfahrtswirkungen des Waldes für die Industriegesellschaft: für die ortsnahe Erholung der Menschen im Ballungsraum, für die Luftreinhaltung im Umfeld der Schwerindustrie im Südsaarland, für den Klimahaushalt der Industriegemeinden, als Rückzugsraum für Wildtiere und geschützte Pflanzenarten, als Grundwasserschützer und -erzeuger und als gliedernde Grünflächen im Agglomerationsraum, in dem damals schon auf dem Höhepunkt der Schwerindustrie fast eine halbe Million Menschen lebten. Es ist der waldreichste Verdichtungsraum in Deutschland, ein kleines Ruhrgebiet; aber im Gegensatz zur Ruhr ist er mit einer grünen Waldachse, dem Warndt und dem langgestreckten Saarkohlenwald, durchzogen. Die nach Baumarten und Baumalter getrennte Holzproduktion mit für den Naturhaushalt sehr problematischen, zum Teil großflächigen Kahlschlägen behielten die Förster bei. Einen umfassenden Paradigmenwechsel, nämlich eine ökologisch ausgerichtete Waldwende, blieb der Einführung der naturnahen Forstwirtschaft ab 1988 vorbehalten. Sie entwickelte sich ohne Chemieeinsatz und nur noch einzelstammweise das Holz erntend, d.h. das Ökosystem Wald stetig als Dauerwald aufrechterhaltend, weiter bis in die 2020er Jahre.

Der SaarWald heute – ein (über-)lebenswichtiger NaturRaum

Im Anfangskapitel der Zeitreise durch das SaarHundert des Waldes stand Bertolt Brechts Frage: »Weißt du, was ein Wald ist? Ist ein Wald etwa nur zehntausend Klafter Holz? Oder ist er eine grüne Menschenfreude?« Der von den Forstleuten während der Industrialisierungsepoche aufgebaute »Zehntausend-Klafter-Holz-Wald« entwickelte sich im Saargebiet beziehungsweise im Saarland im Laufe der Zeit in der Tat zu einer grünen Menschenfreude. Er wurde immer mehr eine Quelle der Erholung, eine kostenlos benutzbare grüne Gegenwelt zum Lebensalltag der Menschen, eine nachhaltige Ressource der Holzgewinnung, ein natürlicher Lebensraum für Wildtiere und geschützte Pflanzen, ein Wasserwerk für sauberes Trinkwasser, ein Friedwald für Relikte der Kulturgeschichte vom Mittelalter bis zur Industrieepoche und heutzutage eine Kaltluftquelle für die zunehmend aufgeheizten Städte, denn:

Als **Ressource der Erholung** liegt der Wald im Saarland ideal verteilt, nah bei den Menschen. Im industriell geprägten Verdichtungsraum zieht er sich als breite Waldachse wie ein grünes Band vom Warndt über den Saarkohlenwald, dem St. Ingbert-Kirkeler Waldgebiet bis in den Raum Homburg/Ottweiler quer durch einen auch in Zukunft industriell geprägten Lebens- und Arbeitsraum, in den täglich eine große Zahl weiterer Arbeitskräfte aus Rheinland-Pfalz und dem französischen Lothringen einpendelt. Im mittleren und nördlichen Saarland liegt er in Streulage in der Landschaft und häufig nur »einen Steinwurf« entfernt von den auch für Touristen immer attraktiveren Dörfern und Städten. Jetzt aktuell in Zeiten der Corona-Pandemie wird er zum ortsnahen Ausgleichsraum »vor der Haustüre« und für Familien mit Kindern ein Fluchtraum aus der Enge ihrer Wohnung. Der Wald ist Areal für immer vielfältigere Freizeit- und Sportarten: Spazieren und Wandern, Joggen, Mountainbiking, Reiten, Fahrradtouren, Hund ausführen, Natur beobachten, Pilze sammeln, Picknick machen, Geocaching, Partys feiern, im Weiher baden …

Als **soziale Ressource** und als Bürgerwald steht er allen Menschen kostenlos zur Verfügung. Dauerhaft kann er aber nur intakt bleiben, wenn die Erholungssuchenden einen achtsamen Abstand zu Rückzugsräumen von Wildtieren und zu Flächen geschützter Pflanzen einhalten, denn auch diese sind ein Teil des Ökosystems und Teil unserer Mitwelt. Intakt kann der Wald auch nur bleiben, wenn er nicht zugemüllt wird, wie das zurzeit in steigendem Maße geschieht. Ein Verhaltens-Check für Waldfreunde und Waldbesucher, herausgegeben von SaarForst und Umweltministerium, versucht, dem wachsenden Entfremdungseffekt vieler Menschen gegenüber der Natur entgegenzuwirken. Auch im Wald gelten Gesetze.

Das Waldgesetz garantiert seit einem halben Jahrhundert das freie, zunehmend konfliktbeladene Betretungsrecht des Waldes. Es fordert in Art. 28 (1) LWaldG vom Staatswald, im besonderen Maße dem Allgemeinwohl zu dienen. Die »Wiederkehr der Allmende« ist seit der Zuerkennung des Nobelpreises für Wirtschaftswissenschaft im Jahr 2009 an die US-amerikanische Umweltökonomin Elinor Ostrom ein Zukunftsentwurf, der der Frage nachgeht, wie Menschen in und mit gemeinschaftlich genutzten Ressourcen und Ökosystemen wie dem Wald nachhaltig interagieren können. Der zunehmende »Streit im Wald« zwischen Bürgern und Förstern könnte mit diesem Denkmodell einer Lösung zugeführt werden.

Als **materielle Ressource** der Holzgewinnung wird der Staatswald im Saarland seit drei Jahrzehnten immer vorratsreicher. Seit der Einführung naturnaher Forstwirtschaft erhöhte sich der durchschnittliche Holzvorrat eines Hektars von etwa 200 m3 auf 360 m3. Alte, über hundertjährige Wälder erhöhten ihren Holzvorrat sogar deutlich auf mehr als das Doppelte (440 m3) und erreichten damit den empfohlenen Status naturnaher Dauerwälder. Sie liefern den stetig nachwachsenden Rohstoff Holz, den wir alle brauchen und der in Zukunft als Kohlenstoff speicherndes Bau- und Konstruktionsmaterial eine immer bedeutendere Rolle spielen wird. Im Herbst 2021 richtete das Ressourcenzentrum für nachhaltiges Bauen in der Region Grand Est den 9. Internationalen Kongress nachhaltiges Bauen in Straßburg, Namur und Saarbrücken aus, bei dem der saarländische Wald als stetige Ressource für Holz eine Rolle spielte. Auch die immer problematischere Nicht-Verfügbarkeit von Holz bzw. das Verschwinden dieses grünen Baustoffes im globalen Holzmarkt, insbesondere der Export nach China und USA, war ein wichtiges Thema. In seinem Bestseller »Deutsche Eiche. Made in China« beschreibt der gebürtige Saarländer Klaus Brill, Journalist unter anderem bei der Süddeutschen Zeitung, die Globalisierung am Beispiel eines deutschen Dorfes, seines Heimatdorfes Alsweiler im St. Wendeler Land.

Als **ökologische Ressource** ist der Wald die Arche Noah in der vom Artensterben bedrohten immer monotoner werdenden Agrarlandschaft. Viele Bauern im Saarland geben ihre Betriebe auf, zwischen 2010 und 2020 war es jeder fünfte. In den letzten Jahren sind immer mehr Landwirte aus der konventionellen Landwirtschaft ausgestiegen und setzen auf Ökolandbau. Das Saarland steht mit etwa 20 Prozent Ökolandbau am Anteil der landwirtschaftlichen Fläche bundesweit an der Spitze. Im Vergleich zu Agrarflächen und zu überbauten Bereichen entspricht der Wald am ehesten der potenziell natürlichen Vegetation. Dies wird sich entsprechend einer neuen Richtlinie für den »Wald der Zukunft« noch wesentlich verbessern. Er entwickelt sich in eine Richtung, die von Natur aus im Saarland zu finden wäre: zu einem von der Rotbuche geprägten Laubmischwald. Oberstes Ziel ist, ein resilienteres, d.h. widerstandsfähigeres Laubwaldökosystem zu erhalten bzw. zu entwickeln.[3]

Als **Trinkwasser-Ressource** ist das »Wasserwerk Wald« prädestiniert. Im Saarbrücken-Kirkeler-Wald beispielsweise »wird nicht nur der Rohstoff Holz gewonnen, vielmehr spielt auch Wasser eine bedeutende Rolle. Durch die Sandsteinschichten gefiltertes Grundwasser wird an vielen Stellen entlang der (Wald-)Achse Rentrisch – St. Ingbert – Rohrbach – Kirkel – Homburg gefördert. Es wird ohne aufwändige Aufbereitung in bester Qualität in die Verbundnetze eingespeist … Aus Grundwasserbohrungen … wird Rohwasser gewonnen, das Trinkwasserqualität hat. Das Abfiltern von Schwebstoffen und der Zusatz geringer Mengen natürlicher Mineralien zur Regulation des pH-Wertes machen es zu einem hochwertigen Lebensmittel, das viele Handelsprodukte in Plastikflaschen qualitativ übertrifft« – so pries der regional zuständige Förster Walter Matheis dieses Wasser vor Jahren schon an.[4] Dies gilt auch in ähnlicher Form für alle anderen Trinkwassergebiete unter Wald im Saarland. In Zeiten des Klimawandels mit Wetterextremen wie Starkregenereignissen, die sich mit extremer Trockenheit abwechseln, hat der Wald eine enorme Bedeutung. Er saugt das Regenwasser auf wie ein Schwamm, trägt damit zur Grundwasserneubildung bei und stabilisiert ein kühl-feuchtes Lokalklima. Im Saarland haben die heißen Sommer bislang keinen signifikanten Einfluss auf die Grundwasservorräte gehabt. In vielen Regionen Deutschlands sind die Grundwasserspiegel gesunken und wurden auch durch die winterlichen Regenphasen nicht wieder ganz aufgefüllt. Das Saarland steht aber im Vergleich dazu auch aufgrund seiner hohen Bewaldung mit verschiedenen Laubbaumarten – das sind drei Viertel der Waldfläche – noch relativ gut da, da die für die Neubildung des Grundwassers wichtigen Winterniederschläge in Laubbeständen dem Waldboden in deutlich höheren Raten zugeführt werden. In wintergrünen Nadelbaumbeständen hingegen, die bei uns in Zukunft nur noch mit maximal 20 Prozent in kleinflächiger Mischung vertreten sein werden, bleibt ein größerer Teil des Regens an den Nadeln hängen und verdunstet.

Als **Quelle der Erinnerung** taugt insbesondere historisch alter Wald mehr als jede andere Landnutzungsart. Mit »historisch alter Wald« werden solche Flächen bezeichnet, auf denen seit Menschengedenken nie etwas anderes stand als Wald, »ewiger Wald«. Das ist im Saarland bei vielen Waldflächen gegeben, ablesbar auf Reprints alter Karten des 18. und Anfang des 19. Jahrhunderts. Sie sind gefertigt von den napoleonischen Landvermessern Cassini und Tranchot. Der preußische Freiherr von Müffling führte sie zu Ende.

Der Wald sichert unter seinem schützenden Blattwerk und Waldboden eine Vielzahl von kulturhistorischen Relikten aus allen Epochen der Geschichte. Waldabteilungsnamen wie »Hermesbrunnen« und »Camphügel« südlich von Riegelsberg oder »Varuswald« bei Tholey zeugen von Resten römischer Siedlungen und Handelsstraßen; der »Heidhübel«, nördlich von Saarbrücken-Burbach beim Forsthaus Pfaffenkopf, erinnert an eine keltische Kultstätte. Ruinen historischer Burgen wie am Stiefel bei St. Ingbert oder Schlossanlagen wie auf dem Karlsberg bei Homburg, alte Grenzsteine, Wegekreuze, Brunnen, Reste von Steinkohlengruben bei Saarbrücken-Von der Heydt und sehr viele andere Relikte konnten sich nur im schützenden Wald erhalten. Er ist ein Geschichtslesebuch für alle, wenn wir seine »Buchstaben« entziffern.

Als **Ressource des Klimaschutzes** wird dem Wald von Fachleuten allerhöchste Bedeutung zugemessen. Wir erleben gerade eine tiefgreifende Zäsur in der gesellschaftlichen Entwicklung, verursacht durch den Klimawandel. Die Folge ist eine von dem Klimatologen Mojib Latif[5] erwartete, nie da gewesene lebensfeindliche »Heißzeit«, sollte es uns nicht gelingen, den Ausstoß von CO_2 drastisch zu reduzieren oder aus der Atmosphäre zu binden. Der in einer Kampagne des saarländischen Umweltministeriums zum Thema Wasser eingebundene Meteorologe und ARD-Wetterexperte Sven Plöger[6] warnt in diesem Falle vor einer 3,5-Grad-Erwärmung zum Ende des Jahrhunderts: »Das bedeutet, dass wir dann zehnjährige Dürren als normal ansehen müssen.« Kein Geringerer als der ehemalige Leiter des Potsdamer Instituts für Klimaforschung, Prof. Hans Joachim Schellnhuber, suchte nach einem »Königsweg zum Klimaschutz«. Er entdeckte den klimagerecht ausgerichteten Wald, in dem der Baustoff Holz heranwächst und dabei den der Atmosphäre entzogenen Kohlenstoff dauerhaft bindet. Ihm schwebt vor, dass die globale, klimagerecht umgebaute, das heißt naturnahe Forstwirtschaft in sogenannten Speicherwäldern möglichst viel Nutzholz für Siedlungen und Infrastrukturen auf nachhaltige Weise erzeugt.

»Dieses Holz und andere kohlenstoffspeichernde Naturmaterialien ersetzen Stahlbeton und Ziegel. Dadurch erzielt man einen doppelten Klimagewinn, denn positive CO_2-Emissionen (durch Eisenverhüttung, Kalkbrennen) werden vermieden, negative CO_2-Emissionen (durch atmosphärische Extraktion und langfristige Einlagerung) werden erzeugt! Beide Effekte kombinieren sich zu einer mächtigen Waffe gegen die Erderwärmung.«[7] Dieser positiven Sicht lag eine Studie der ETH Zürich zugrunde.

Die Zukunft: »Ewiger Wald« als immerwährende Ressource der Natur – Goethes Traum?

Die **Wälder als immerwährende Ressourcen der Natur** zu entwickeln, d.h. aus unseren Wirtschaftswäldern der Vergangenheit vielfältige »Naturwälder« der Zukunft zu machen und diese für alle möglichen Optionen unserer Nachkommen stetig nutzbar zu halten, ist die Erkenntnis nach unserer historischen Zeitreise. Den aus dem 17. Jahrhundert stammenden Begriff »Ewiger Wald« als Synonym für eine »immerwährende Natur-Ressource« haben wir schon im vorhergehenden Kapitel erwähnt. Die Idee hat eine lange Entstehungsgeschichte.

Im späten Mittelalter war zunächst nur die stetige Verfügbarkeit von Holz das primäre Ziel:

> »Item hait der scheffen gewieset, das der meyger schuldig si den forst zu
> huden« heißt es im Jahrgeding des Köllertales in der Grafschaft Saarbrücken
> aus dem 15. Jahrhundert, das der eingesetzte Schöffe bei den jährlichen
> Gerichtsterminen den Markgenossen gewiesen hatte. Den Forst zu hüten
> und zu schützen, und »nichts darinnen soll hauen ohne Erlaubnis …«, war
> das strenge strafbewehrte Gebot der Markgenossenschaft gegenüber dem
> Einzelnen: »… und führe ein armer Mann dadurch und breche ihm ein
> Splintnagel am Wagenrad, so soll er einen Finger in das Loch stoßen und
> kein Holz darinnen weder hauen noch schneiden in dem Forste …«[8]

In der **frühen Neuzeit,** in der »Waldt Ordnung der Herrschafften Ottweiller und Sarbrücken, Auch Vogteyen Herbißheim, Anno 1603«[9] ist die Sorge nicht nur um die stetigen Holzerträge, sondern, wie wir es heute fordern, auch schon um die ganze Nutzungsvielfalt der Waldlebensräume angelegt:

»Deßgleichen sollen alle Förster neben den Wäldern uff die Fisch und Krebsbäch achtung geben, ob darinnen gefischt oder die bäch uf die Wiesen abgeschlagen (d.h. bewässert) oder auch Weiden, Erlen und andere Gehöltz mit den Wurtzeln außgehauen werden, daß die Thätter darumb der gebühr bestraft werden ... Unß 20 fl (= Gulden) straff verfallen sind.«

In diesem einzigartigen Beispiel legten schon vor 400 Jahren die »Herrschaften« den Fokus auf den ökologischen Zusammenhang von uferbegleitendem Gehölz, Beschattung der Gewässer und nachhaltig nutzbarem Ertrag mit Fischen sowie Flusskrebsen. Der Förster wird zum »Hüter des Waldes« und der Natur in der halboffenen Gehölz-Landschaft, oder, wie wir heute »neudeutsch« sagen würden, zum »caretaker of nature« verpflichtet.

Die Vorstellung, den Wald als Ressource der Natur nach deren eigenen Gesetzen zu nutzen, geht schon einen Schritt weiter, indem sie die ökologische Nachhaltigkeit in den Blick nimmt. Sie entsteht – worauf Ulrich Grober, H.C.v. Carlowitz-Nachhaltigkeitspreisträger 2014, u.a. in »Die Grüne Seele der **Weimarer Klassik**« hinweist – beim Wechsel vom 18. zum 19. Jahrhundert.[10] Diese heute so hochmoderne Grundidee naturgemäßer Forstwirtschaft hat kein geringerer

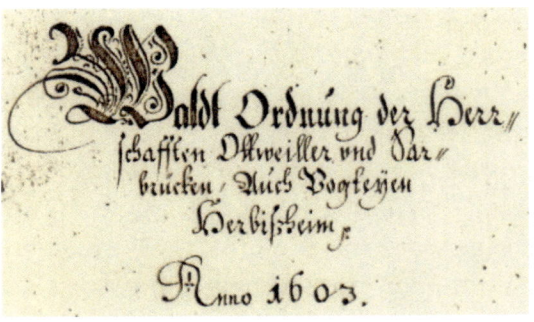

Nassauische Waldordnung von 1603: Der Förster als Hüter des gesamten Waldlebensraumes

als Johann Wolfgang von Goethe im Austausch mit befreundeten Forstleuten angestoßen: »Unsere ganze Aufmerksamkeit muss aber darauf gerichtet sein, der Natur ihr Verfahren abzulauschen ...«,[11] forderte er 1823, also vor nunmehr zwei Jahrhunderten. Da war er schon viele Jahre lang Präsident der für Bergbau, Straßenwesen, Land- und Forstwirtschaft zuständigen herzoglichen Cammer und hatte profunde Kenntnisse als wirtschafts- und finanzpolitischer Fachmann am Weimarer

Hof.[12] [13] »Das Verfahren der Natur« zu ergründen und »die wahren Kräfte der Forste«, das heißt die Regenerationskraft der nachwachsenden Rohstoffe und deren Zeitzyklen, zum Maßstab zu machen, war neben der literarischen Beschäftigung das Interesse des mit ökonomischem Wissen, Sachverstand und Rationalität ausgestatteten Ministers. Denn mit der neuen weimarischen »Forst-Ordnung« hatte sich Goethe bei seinem Eintreffen im Herzogtum Sachsen-Weimar 1775 vertraut gemacht. Als am Forstwesen sehr interessierter umfassend gebildeter Cammerherr war er ständiger Gesprächspartner und Freund hervorragender Forstleute wie Carl Christoph Oettelt und Heinrich Cotta.[14] Die von ihnen konzipierte, auf Nachhaltigkeit der Holzerträge bauende Forst-Ordnung von 1775 regelte die »Conservation« von Wald und Holz und die kontinuierliche »Beybehaltung der aus der ForstNutzung sich herleitenden … Cammer Revenües«, um für »die Nachkommenschaft … die gehörige Sorge zu tragen«.[15] Modern ausgedrückt, die weimarische Forstpolitik machte sich zur Aufgabe, den für den unersättlichen Holzbedarf von Bergbau und Glasmanufakturen und für die verschwenderische Hofhaltung Ernst Augusts ausgeplünderten Wald als stetig nachwachsende Natur-Ressource wieder herzustellen.

Für uns von Interesse ist, was die Verbindung dieses auf wirtschaftliches Erblühen ausgerichteten neuen merkantilen Denkens am Weimarer Hof mit unserer Region an der Saar zu tun hat. Denn 1770, nur fünf Jahre vor seiner Einstellung in Weimar, hatte der noch völlig unbekannte 20-jährige Johann Wolfgang Goethe während seiner Straßburger Studentenzeit eine mehrtägige Tour nach Saarbrücken gemacht:

> »Wir gelangten über Saargemünd nach Saarbrück, und diese kleine
> Residenz war ein lichter Punkt in einem so felsig waldigen Lande. Die
> Stadt, klein und hügelig, aber durch den letzten Fürsten wohl ausgeziert,
> macht sogleich einen angenehmen Eindruck, weil die Häuser alle
> grauweiß angestrichen sind und die verschiedenen Höhen derselben einen
> mannigfaltigen Anblick gewährt.«[16]

Im Sommer 1770 bereiste er für rund zwei Wochen (22. Juni – 6. Juli) mit seinen Studienfreunden Engelbach und Weyland auf einem Ausflug zu Pferde Richtung Sesenheim das Gebiet zwischen Saarbrücken, Neunkirchen und Zweibrücken.[17] Dabei lernte er die Wälder im Süden unseres Landes kennen. Goethe war Gast des nassau-saarbrückischen Regierungspräsidenten von Günderode, der ihn und seine Studienkameraden während dreier Tage am Saarbrücker Hof beherbergte. »Ich benutzte die mancherlei Bekanntschaften, zu denen wir gelangten, um mich vielseitig zu unterrichten.« Möglicherweise kam er also auch mit dem für das Bau- und Forstwesen

Blick auf (Alt-)Saarbrücken um 1740. Im Eckgebäude
vor der Schlosskirche, dem vom Barockbaumeister und
Forstkammerpräsidenten Friedrich Stengel erbauten
Palais Günderode, war der junge Goethe mit seinen
Studienfreunden 1770 drei Tage lang zu Gast. Hier stu-
dierte er die nachhaltige Nutzung der Naturressourcen
in der Grafschaft Saarbrücken.

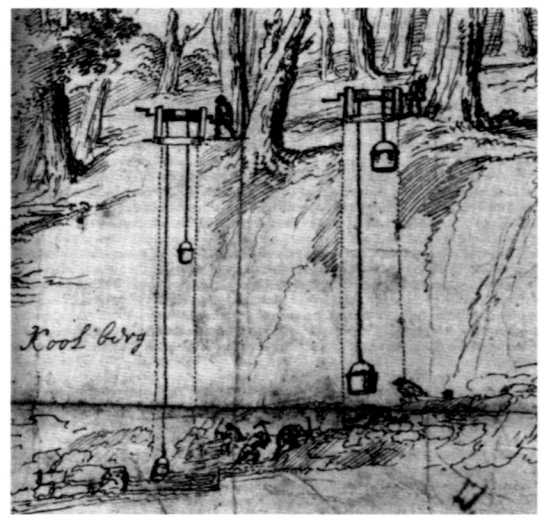

Übernutzter »Oberirdischer Wald« und Nutzbarmachung des 200 Mio Jahre alten »Unterirdischen Waldes« aus der Karbonzeit (Koolberg)

verantwortlichen Generalbaudirektor und Forstkammerpräsidenten Friedrich Joachim Stengel in Kontakt und lernte dessen allumfassenden Wirkungsbereich, den er selber nicht viel später in Weimar ausfüllte, kennen. Fürst Ludwig war zu dieser Zeit damit beschäftigt, die zur Grafschaft Saarbrücken gehörenden und durch unsachgemäßen und nicht nachhaltigen Forstbetrieb seines Vaters stark ausgehauenen Wälder »zu Nutz zu bringen« und ließ sie wenig später einer gründlichen Inventur unterziehen: »Wir machen (…) nunmehr den Anfang der Beschreibung des Pfaffenkopfer Forstes … der schon etwas durchhauen … und sich hoffentlich noch besser darstellen, und noch im ersten decenio vollends abgeholzet und pro Morgen annoch erhalten werden 17 Clafter«,[18] notierten die Gutachter der kaiserlichen Schuldentilgungskommission am Ende ihrer Inspektion. Man kann annehmen, dass bei diesem Ausflug Goethes und seiner Studienfreunde von Straßburg an den Saarbrücker Hof die neue merkantilistische Forst- und Bergbaupolitik und die Nutzbarmachung der nassau-saarbrückischen Lande, insbesondere der oberirdischen und der unterirdischen (Steinkohlen-)Wälder (»Silva Subterranea«), mit seinem Gastgeber von Günderode und den neu gewonnenen Bekanntschaften lebhaft diskutiert wurden.

> »Hier wurde ich nun eigentlich in das Interesse der Berggegenden eingeweiht, und die Lust zu ökonomischen und technischen Betrachtungen, welche mich einen großen Teil meines Lebens beschäftigt haben, zuerst erregt.«

So erinnert sich Goethe in »Dichtung und Wahrheit« viele Jahrzehnte später. Das Problem der völligen Erschöpfung des Landes durch einen verschwenderischen Fürsten und die Notwendigkeit, einen Paradigmenwechsel im Denken der »Cammer« einzuleiten, war bei beiden Fürstenhäusern gleich.

> »Das genussreiche Leben des vorigen Fürsten (Wilhelm Heinrich, J.W.) gab Stoff genug zur Unterhaltung, nicht weniger die mannigfaltigen Anstalten,

die er getroffen, um Vorteile, die ihm die Natur seines Landes darbot, zu benutzen.«

Die nachhaltige Nutzung der Naturressourcen in der Grafschaft Saarbrücken wurde später zum Konzept für ihr wirtschaftliches Handeln. Und am aufgeklärten Hofe von Anna Amalia und ihrem Sohn Carl August sollte es gar zur Grundlage eines neuen zivilisatorischen Entwurfes für die Entwicklung des Weimarer Landes werden.

Zu Anfang des 19. Jahrhunderts schreibt der Direktor der Forstakademie Tharandt, Heinrich Cotta,[19] der mit Goethe zeitlebens eine besondere Beziehung pflegte, in seiner 1816 erschienenen »Anweisung zum Waldbau«: »Bei dem Waldbau läßt sich die Ernte gewöhnlich so betreiben, dass der Nachwuchs des Holzes eine natürliche Folge davon sein wird, indem man … die … Naturkräfte nach seinen Zwecken so leitet, dass der Holzzuwachs von selbst erfolgt. Diese Art der Holzerziehung nennt man: die natürliche Holzzucht.« Hier ist ein zunächst unbeachtet gebliebener Grundgedanke ausgesprochen, der später wegweisend wurde: die »Natur als Helferin im naturgemäßen Waldbau«.[20]

Mitte des 19. Jahrhunderts, in der Ära der sich ausweitenden Industrialisierung und der rationellen Forstwirtschaft mit ihren meilenweiten Monokulturen, erscheint als Gegenentwurf zu diesem Waldkonzept das vielgelesene Lehrbuch »Die Waldpflege, aus der Natur und Erfahrung aufgefasst« des von Goethe geschätzten Gottlob König, Gründer einer forstlichen Meisterschule in Eisenach. Drei Jahrzehnte später fordert Johann Carl Gayer, Forstprofessor an der Zentralen Forstlehranstalt in München, eine Umkehr. Ganz entgegen dem Konzept »der nur rechnenden Forstleute« aus der neuen Ära der rationellen, den Bedürfnissen der Industrialisierung zugewandten Forstwirtschaft, solle man sich vom zerstörerischen »Zinswald«, einem plantagenartigen Waldbau nach naturfremden kapitalistischen Zielsetzungen, abwenden; daraus folge also, beim Waldbau eine »Umkehr und Rückkehr zu den Gesetzen der Natur« zu vollziehen, den »Fingerzeigen der Natur gerecht zu werden« und »mit der Natur und ihren Produktionsgesetzen Fühlung zu bekommen«. »Hier, im engen Bunde mit der Natur, liegt unser Arbeitsfeld … Erkennen wir an, dass die Natur doch unsere beste Lehrmeisterin ist und dass wir uns nicht allzuweit von ihren Bahnen bewegen dürfen.« Gayers berühmtes letztes Werk »Der gemischte Wald« von 1886 wurde zu einem ergreifenden Plädoyer für naturgemäßen Waldbau, der bei uns im Saarland erst ein Jahrhundert später in Form der »Dauerwald-Wirtschaft« umgesetzt werden sollte.

In den 1920er Jahren taucht das Konzept des Dauerwaldes zunächst in Norddeutschland an der Forstakademie in Eberswalde auf. Die 1922 von Alfred Möller veröffentlichte Schrift »Der Dauerwaldgedanke« folgt den Ideen der naturgemäßen

Waldbewirtschaftung von Carl Gayer.[21] Mit dem Wort »Dauerwald« entstand ein sehr prägnanter Dachbegriff für alle damals in Diskussion stehenden Modelle für Waldbau ohne Kahlschlag, für die Stetigkeit des Waldbestandes und die Kontinuität des Waldorganismus. Die Forstwirtschaft im Saargebiet der 1920er Jahre und der folgenden Jahrzehnte griff diese Idee der kahlschlagfreien Waldwirtschaft aber nicht auf. Sie blieb auch im Saarland der Nachkriegszeit dem Konzept der sicher berechenbaren Altersklassenforstwirtschaft mit Kahlschlägen bis ins Jahr 1988 verhaftet. Dies war wohl lange der Montanindustrie mit ihrem ungeheuren stetig wachsenden Holzbedarf der Steinkohlengruben und dem großen Bauholzbedarf der neu entstehenden Industriegemeinden und der regionalen Holzindustrie geschuldet.

Die **heutige Bewirtschaftung der Wälder im Saarland** hat die 1886 in dem »Gemischten Wald« niedergelegten Ideen des naturgemäßen Waldbaues von Carl Gayer aufgenommen und weiterentwickelt; dies aber erst ein ganzes Jahrhundert später, im Jahr 1988, mit der landesweiten Einführung der naturnahen kahlschlag- und chemiefreien Waldwirtschaft im Staatswald. Das Saarland war damals, nach den Berliner Forsten zwei Jahre zuvor, das erste Bundesland, das diese Wirtschaftsweise nicht nur punktuell wie anderswo, sondern flächendeckend einführte. Es entsprach der Aufforderung Goethes und seiner Adepten, »die Natur nach deren eigenen Verfahren« zu nutzen. Mittlerweile ruht auf zehn Prozent des Staatswaldes die Holznutzung; das »his-

Ulrich Grober, im Sommer 2013 bei einer Lesung über »Goethes Wälder« im oberen Steinbachtal im »Urwald vor den Toren der Stadt«.

torische Zehnt« bisheriger Wirtschaftsfläche wurde der Natur zurückgegeben. Sie bleibt künftig ihrer freien Entfaltung und natürlichen Entwicklung überlassen. Diese entstehenden kleinen Naturwälder dienen als waldbauliche Orientierungsflächen dazu – um in der Sprache Goethes und seiner Zeit zu bleiben –, »den Fingerzeigen der Natur zu folgen«, »die Natur nach deren eigenen Gesetzen zu nutzen«, das heißt »die wahren Kräfte des Waldes« und deren Zeitzyklen zum Maßstab zu machen.[22]

In der heutigen Sprache saarländischer Waldökologen formuliert, »dienen diese Flächen der permanenten Rückkoppelung und Anpassung der bewirtschafteten Wälder an Entwicklungen des Naturwaldes«, eines von Rotbuchen geprägten Laubmischwaldes.

Im **Wald der Zukunft** stehen sich entsprechend einer neuen, im Sommer 2021 in Kraft getretenen »Biodiversitätsstrategie für den Staatswald des Saarlandes« nicht mehr ökonomische, ökologische und soziale Funktionen konkurrierend gegenüber, sondern Nutz- und Schutzfunktionen sind auf gleicher Fläche zu kombinieren, so der Leiter des SaarForst Landesbetriebes, Thomas Steinmetz.[23] Naturschutz und der Erhalt der Biodiversität geben den Rahmen für die Bewirtschaftung der Wälder. Die Forstpraxis orientiert sich an klaren Vorgaben und Handlungsleitfäden zum Erhalt der Biodiversität im Staatswald. Im Betriebsziel für den Staatswald des Saarlandes ist darüber hinaus auch definiert, dass »die ökologischen Ziele den Vorrang« haben. Die Ökologie gibt also den Rahmen für die Nutzung des Waldes vor.«[24]

Jetzt und in Zukunft wird es also darum gehen, bei der Bewirtschaftung des Waldes nicht nur ökologische Elemente zu integrieren; vielmehr soll die Ökologie die Bandbreite definieren, innerhalb der die Bewirtschaftung stattfindet: »Dies ist nach 1988 der zweite grundlegende Paradigmenwechsel: zum ersten Mal in der jahrhundertelangen Geschichte der Waldnutzung wird aus Sicht der Waldökologie der Rahmen definiert, in dem sich zukünftig alle Formen der Waldnutzung – von der Holzproduktion bis hin zur Erfüllung der Erholungsfunktion – bewegen dürfen«, auch von der Grundwassergewinnung bis zur Frischluftbereitstellung, vom Artenschutz bis zur Gestaltung des Landschaftsbildes. In der Weimarer Forst-Ordnung von 1775, mit der Goethe von Anfang an und auch später als zuständiger Wirtschafts- und Finanzminister ja vertraut war, wird die forstliche Nachhaltigkeit zu einem Bestandteil der Staatsräson. Sie regelte die »Conservation von Wald und Holz«, also die – wie man damals sagte – »Haushaltung der Natur« beziehungsweise »Oecologie« (wie es der Goethe-Anhänger Ernst Haeckel später ausdrückte) und die »continuierliche Beybehaltung der aus der Forstnutzung sich herleitenden … Cammer Revenües«.[25] Im aktuellen von Vertretern aller Waldbesitzarten im Saarland und von den Naturschutzverbänden gemeinsam erarbeiteten »Handlungsleitfaden Biodiversität im Wirtschaftswald« sind die »Cammer Revenües« der Zukunft die für unser Überleben wichtigen stetig anwachsenden, auch CO_2-bindenden Holzvorräte und die vielfältigen Ökosystemleistungen unserer Wälder. »Wälder für alle Fälle«, für alle Optionen der Zukunft – und alle Funktionen. »Forests for all. Forever«. Wälder also, die als immerwährend nutzbare Ressourcen die vielfältigen »Gaben der Natur« zur Verfügung stellen. Und dies, ganz im Geiste der Verbindung von »Haushaltung der Natur«/»Oecologie« und Humanismus im 18. und 19. Jahrhundert: zum Nutzen auch der »lieben posteriori«, der »Nachkommenschaft«, der künftigen Generationen. Goethes Traum?

Die Autoren

Uwe Eduard Schmidt, 1960 in Göttelborn/Saar geboren, ist Professor für Wald- und Forstgeschichte im Institut für Forstwissenschaften an der Fakultät für Umwelt und Natürliche Ressourcen der Albert-Ludwigs-Universität in Freiburg i. Br. Nach dem Studium der Forstwissenschaften und Promotion in Freiburg (Dr. rer. nat.) absolvierte er die Vorbereitungszeit für den höheren Forstdienst in Rheinland-Pfalz und war anschließend im Ministerium für Ernährung, Landwirtschaft und Forsten in Bonn Referent für neuartige Waldschäden.

1998 habilitierte sich Schmidt an der Ludwig-Maximilians-Universität in München mit dem Thema »Das Problem der Ressourcenknappheit, dargestellt am Beispiel der Holznot in Deutschland im 18. und 19. Jahrhundert« (Dr. rer. silv. habil.). Ein besonderes Augenmerk spielten dabei die vielfältigen Lösungsansätze der ehemaligen Fürsten von Nassau-Saarbrücken, um eine nachhaltige Waldbewirtschaftung für zukünftige Generationen zu etablieren.

In den folgenden Jahren lehrte Schmidt als Hochschuldozent das Fach Forstgeschichte an der Universität Freiburg. Nach einem halbjährigen Aufenthalt als Guest Lecturer an der North Carolina State University in Raleigh/USA übernahm er 2005 den Lehrstuhl für Wald- und Forstgeschichte an der Universität Freiburg und ist dort seither lehrend und forschend tätig.

Forschungsschwerpunkte sind die sich verändernden gesellschaftlichen Ansprüche an natürlich vorhandene und bewirtschaftete Ressourcen. In diesem Kontext sind wirtschaftliche, soziale und politische Kontinuitäten und Umbrüche (z. B. Ressourcenengpässe, Revolutionen, Kriege) und deren Auswirkungen von hoher Bedeutung. Der räumliche Fokus liegt in Südwestdeutschland, in den USA und Kanada.

Jörn Wallacher, 1946 in Sønderborg/Dänemark geboren, ist seit 2011 im Un-Ruhe-stand und lebt im Alten Forsthaus Pfaffenkopf bei Saarbrücken, einem Waldgehöft aus der Barockzeit, das er vor dem Abriss bewahrte und mit seiner Familie denkmal-gerecht restaurierte. Nach dem Studium der Forstwissenschaften und Geografie in Freiburg i. Br., Paris und München (Diplom-Forstwirt) und forstlichen Aufent-halten in den USA und in Indonesien verbrachte er die Referendarzeit im Saarland. Danach absolvierte er ein Zweitstudium der Landschaftsarchitektur und -planung an der Universität Kassel (Dipl.-Ing./Landschaftsarchitekt AKS) und betrieb zeit-gleich mit Dr. Gerda Schneider und Carmen Dams das Planungsbüro »Landschaft und Stadt« in Saarbrücken. Später wechselte er in das Wirtschafts- bzw. Umwelt-ministerium des Saarlandes. Er leitete dort die Referate »Planerische Koordination und infrastrukturelle Leistungen des Waldes«, »Forstpolitik« und zuletzt »Wald und Landschaft«. Arbeitsschwerpunkte waren Beiträge zur Neuorientierung der Wald-wirtschaft, zur Gestaltung des WaldParks Schloss Karlsberg bei Homburg und des Forsthauses Neuhaus – Zentrum für Wildnis und Waldkultur bei Saarbrücken und zur Restaurierung kulturhistorischer Relikte im Wald, so der Forstgarten Karls-brunn. Er arbeitete mit bei der Etablierung des Regionalparks Saar im Bereich des Saarkohlenwaldes und entwickelte eine moderne forstliche Öffentlichkeitsarbeit (Expo 2000) u.a. mit der Hochschule der Bildenden Künste Saar. Selber aktiv in di-versen Bürgerinitiativen waren ihm die Zusammenarbeit mit NGOs, Vereinen und Verbänden wichtig bei der Umsetzung des § 28 des Waldgesetzes für das Saarland: »Der Staatswald dient in besonderem Maße dem Allgemeinwohl«.

ANHANG

Anmerkungen

Vorbemerkung

1 Brecht, Bertolt (1945/1946): Herr Puntila und sein Knecht Matti. Theaterstück, uraufgeführt 1948, Zürich.
2 römische Fußbodenheizung
3 Vgl. Wagner, A., 1997.
4 Vgl. Schmidt, U. E., 2004.
5 Vgl. Wallacher, J., 2008, S. 72.
6 Vgl. Schmidt, U. E., 2012.

Kapitel 1
Geburtsstunde des Saargebietes 1920 und des Saarlandes 1945

1 Vgl. Kuhn, B., Schorr, A., 2020, S. 22.
2 Vgl. Wagner, A., 1997, S. 65f.
3 Vgl. Wagner, A., 1997, S. 72.
4 Vgl. Wagner, A., 1997, S. 81 – 85.
5 Vgl. Wagner, A., 1997, S. 117.
6 Vgl. Wagner, A., 1997, S. 6 – 7.
7 Vgl. Sombart, W., 1916, S. 1138: »Das Holz griff in alle Gebiete des Kulturdaseins hinein, war für alle Zweige des Wirtschaftslebens die Vorbedingung ihrer Blüte und bildete so sehr den allgemeinen Stoff aller Sachdinge, daß die Kultur vor dem 19. Jahrhundert ein ausgesprochenes hölzernes Gepräge trägt«.
8 Vgl. Thiel, NN, 1957, S. 27; vgl. Wagner, A., 1997, S. 71.
9 Homepage des Ministeriums für Umwelt und Verbraucherschutz des Saarlandes, abgerufen am 7.12.2021

Kapitel 2
Das Saargebiet und sein Wald in der Völkerbundzeit 1920 – 1935

1 Vgl. Letter, H.-A., 2008., S. 77.
2 Vgl. Wallacher, J., 2008., S. 72.

3 Vgl. Kloevekorn, F., 1929, S. 24.
4 Vgl. Schorr, A., Jochum, C., 2008, S. 27: hier wird irrtümlich Fritz Hellwig als erster Autor des Begriffs »Saarkohlenwald« genannt.
5 Vgl. Lauffer, W., 1981.
6 Vgl. Lauffer, W., 1981, S. 151.
7 Kloevekorn, F., 1929, S. 29.
8 Kiefernholz »warnt«, d. h. bevor Kiefernholz bricht, sind knackende Geräusche zu hören.
9 Vgl. Ministerium Umwelt, o. J., S. 76.
10 Die Rinde der Eiche, auch Lohe genannt, ist sehr reich an Gerbstoffe und wurde zum Herstellen von Leder verwendet.
11 Vgl. Ministerium Umwelt, 2008, S. 77.
12 Vgl. Fox, N.,1927, S. 389 – 393.
13 Vgl. Fox, N., 1927, S. 325.
14 vgl. Mann, H., 1959, S. 41.
15 Vgl. Bungert, G.; Mallmann, K.-M., 1981.
16 Vgl. Wagner, A., 1997, S. 69
17 Vgl. Wagner, A., 1997, S. 68
18 Vgl. Wittrock, J., 1922, S. 114: Bezugsregionen des Grubenholzes: bis zum 200 km – Rheinprovinz 22 %, Hessen-Nassau 7 %, Bayerische Pfalz 20 %, Großherzogtum Hessen 4 %, Lothringen 10 %, Elsass 5 %; zwischen 200 und 300 km – Bayern 29 %; vgl. auch: Lincke, M., 1921, S. 109.
19 Montanus, 1928, S. 149, Fußnote 1.
20 Vgl. Michels, G., 1963, S. 40; vgl. Michels, 1964, S. 23.
21 Vgl. Mallmann, M., 1989, S. 108; vgl. Fläschner, Th., 2008, S. 40.
22 Vgl. Die Belegschaft des Saarbrücker Bergwerksdirektionsbezirks, 1911, Tabelle VIII, S. 138; Legendenschlüssel S. 9.
23 Vgl. Fläschner, Th., 2008; Originalakte in: LAS, Bestand LRA, IGB 4348.
24 Vgl. Fläschner, Th., 2008.
25 Vg. Presser, I., 2000, S. 12 ff.

26 Vgl. Schwarz, A., 2018, S. 83

27 Vgl. Selter, B., Tesch, D., 2004, S. 357.

28 Vgl. Jung, R., Siebeneich, J., 2020, S. 131.

29 Vgl. Wallacher, J., 1994, S. 31.

30 Vgl. Wagner, A., 1997, S. 69.

31 Vgl. Wallacher, J., 1994, S. 32: Hans Eisvogel war Revierleiter des Pfaffenkopfs von 1932 – 1937; danach übernahm Richard Wagner die Revierförsterei auf dem Pfaffenkopf.

32 Vgl. Wallacher, J., 1994, S. 31 f.

33 Vgl. Der Saarwald, 2007, S. 12, 15.

34 Vgl. Saarwaldverein, 1928.

35 abgedruckt in: Jung, R.; Siebeneich, J., 2020, S. 130.

36 Vgl. Jung, R., Siebeneich, J., 2020, S. 131.

37 Vgl. Jung, R., Siebeneich, J., 2020, S. 131.

38 abgedruckt in: Heinen, A., 1996, S. 243.

39 Vgl. Heinen, A., 1996, S. 232; Endergebnis: Saarland – Schweiz 5 : 3.

40 Vgl. Fox, N., 1927; vgl. Hild, H., 1957.

41 Vgl. Kugler, L., 1998, S. 357 – 358.

Kapitel 3
Anschluss des Saargebietes an das Deutsche Reich 1935 – 1939

1 Vgl. Schwarz, A., 2018, S. 83.

2 Vgl. Michels, G., 1963, S. 40.

3 Vgl. Massentafeln für Grubenholz, 26. 8. 1936 III 4378 (Allg. Verfügung 64/1936).

4 Vgl. Ruth, K. H., Slotta, D., 2002, S. 8 – 11; Vgl. Brust, R., 1987, S. 30.

5 Vgl. Rauber, F., 2007, Teil 2, S. 113.

6 Vgl. Wagner, A., 1997, S. 73 – 74.

7 Dauerwaldbewirtschaftung zielt auf eine dauerhafte Bestockung von Waldbeständen mit Bäumen aller Altersklassen ab (ungleichaltrige Rein- und Mischbestände). Dies wird gewährleistet durch einzelstammweise Nutzung und das Vermeiden von Kahlschlägen.

8 Vgl. Schmidt, U. E., 2009, S. 146: Diese Verordnung wurde 1937 zum Teil aufgehoben.

9 Vgl. Presser, I., 2000, S. 26.

10 Vgl. Wagner, A., 1997, S. 72.

11 Vgl. Wagner, A., 1997, S. 73.

12 Vgl. Schmidt, U. E., 2012, S. 41.

13 http://www.memotransfront.uni-saarland.de/pdf/dorfimwarndt.pdf; abgerufen am 25.11.2020

14 Vgl. Schmidt, U. E., 2012, S. 41.

15 Vgl. Krebs, Gerhild (2002): Die Befestigungsanlagen des Westwalls im Saarland; in: http://www.memotransfront.uni-saarland.de/pdf/westwall.pdf; abgerufen am 23. 7. 2020.

16 abgedruckt in: Wallacher, 1991.

17 Heinz, K., 1944, S. 133 – 134; wörtlich zitiert aus: Fläschner, 2008.

18 Vgl. Heske, 1933.

19 Vgl. Verse-Hermann, A., 1997, S. 168, 181.

20 Vgl. Verse-Hermann, A., 1997, S. 200.

21 Vgl. Verse-Hermann, A., 1997, S. 87.

22 Vgl. Verse-Hermann, A., 1997, S. 90.

Kapitel 4
Zweiter Weltkrieg an der Saar 1939 – 1945

1 Vgl. Wagner, A., 1997, S. 77.

2 Vgl. Uhl, H., 1980, S. 156 – 157.

3 Vgl. Wagner, A., 1997, S. 79.

4 Uhl, H., 1980, S. 147 f.

5 Vgl. Wagner, A., 1997, S. 78 – 79.

6 Vgl. Seck, D., 1980.

7 Ochs, R., 1957, S. 34.

8 Erlebnisschilderung des Konrad Mollet aus Ludweiler/Warndt; abgedruckt in: Uhl, H., 1980, S. 65

9 Erlebnisbericht des Nikolaus Poth aus Ludweiler/Warndt: abgedruckt in: Uhl, H., 1980, S. 71.

10 Erlebnisbericht des Nikolaus Buß aus Lauterbach/Warndt; abgedruckt in: Uhl, H., 1980, S. 129 – 131.

11 Uhl, H., 1980, S. 152.

12 Uhl, H., 1980, S. 151 – 152.

13 Uhl, H., 1980, S. 149.

14 Vgl. Wagner, A., 1997, S. 82.

15 Anmerkung: Originalbrief befindet sich in Privatbesitz der derzeitigen Eigentümer

des Forsthaus Pfaffenkopf (Familie Wallacher-Lorenz)

16   Zum Teil abgedruckt in: Wallacher, J.,
      1994, S. 33.

Kapitel 5
Das Saarland in der »französischen Zeit« 1945 – 1957

1   Vgl. Wagner, A., 1997, S. 81.
2   Vgl. Wagner, A., 1997, S. 85/86.
3   Vgl. Heinen, A., 1996, S. 141.
4   Vgl. Heinen, A., 1996, S. 242.
5   Vgl. Heinen, A., S. 242 – 243.
6   Vgl. Schwarz, A., 2018, S. 83.
7   Vgl. Wagner, A., 1997, S. 82.
8   Vgl. Schwarz, A., 2015, S. 53
9   Vgl. Wagner, A., 1997, S. 87.
10   Vgl. Schwarz, A., 2015, S. 54, 55: Der
      »Vereinigung der Jäger des Saarlandes«
      wurde Rechtspersönlichkeit verliehen,
      ohne den genauen rechtlichen Stauts zu
      definieren (juristische Person des privaten
      Rechts oder Körperschaft des öffentlichen
      Rechts). Dieser Mangel führte bei der
      späteren Rückgliederung des Saarlandes
      zur Bundesrepublik Deutschland zu lang-
      wierigen juristischen Verhandlungen.
11   Vgl. Wagner, A., 1997, S. 88/89.
12   Vgl. Wagner, A., 1997, S. 103, 91.
13   Vgl. Wagner, A., 1997, S. 91.
14   Vgl. Wallacher, J., 2008, S. 73.
15   Vgl. Wagner, A., S. 88.; Wallacher, J., 2008,
      S. 73.
16   Vgl. Statistisches Amt des Saarlandes,
      1950, S. 90 – 91.
17   Vgl. Latz, NN, 1957, S. 40.
18   Selbstwerber ist ein Begriff aus der
      Forstwirtschaft und bezeichnet Privat-
      personen, die in eigener Regie Brennholz
      für den Eigenbedarf im Wald aufarbeiten.
19   Vgl. Wagner, A., 1997, S. 82.
20   Vgl. Wagner, A., 1997, S. 85.
21   Vgl. Latz, NN, 1957, S. 40.
22   Vgl. Statistisches Amt des Saarlandes,
      1954, S. 3 – 7.
23   Vgl. Thiel, W., 1957, S. 26 – 27.

24   Vgl. Hild, NN, 1957, S. 31 – 34.
25   Vgl. Ministerium Umwelt, 2008., S. 65.
26   Vgl. Presser, I., 2000, S. 26.
27   Vgl. Presser, 2000, S. 22.
28   Vgl. Kremp, W., 1951, 1953, 1958, 1960.
29   Vgl. Burgard, P., Linsmayer, L., 2005,
      S. 247.
30   Staatsarchiv Freiburg, Bestand C 43/1 Nr.
      161: Statistik der Produktion und Ver-
      wertung von Faser- und Grubenholz;
      Staatsarchiv Freiburg, Bestand C 43/1 Nr.
      167: Statistik der Grubenholz-Verkäufe an
      die Saarbergwerke.
31   Vgl. Michels, G., 1963, S. 37.
32   Vgl. Albrecht, W., 1955, S. 75 – 76.
33   Vgl. Michels, G., 1963, S. 37 – 40.
34   Vgl. 489-51:Régie des Mines de la Sarre;
      Rapport présenté par Monsieur Couture,
      Directeur Général sur les résultats de l'ex-
      ploitation pendant l'exercice 1950.
35   Vgl. SBW Saarbergwerke, Unternehmen
      des öffentl. Rechts, Saarbrücken, Ge-
      schäftsbericht (1954), S. 18.
36   Vgl. Schacht und Heim, Ausgabe Juli
      1961, S. 10 f.
37   Vgl. Heinrichs, NN, 1967, S. 10.
38   Vgl. Lohmeyer, K., 1951; z.B.: Nr. 23: Der
      Druttwald bei Ottweiler; Nr. 27: Der Tief-
      fenbacher Wald; Nr. 245: Das Teufelsloch
      auf dem Litermont.
39   Presser, I., 2000, S. 14.
40   Kremp, W., 1950, S. 118.
41   Altenkirch, G., 2019, S. 32.
42   Statistisches Amt des Saarlandes, 1954,
      S. 5.
43   abgedruckt in: Teske, 2007, S. 29.
44   Interview mit Armin Hary, Adlhau-
      sen, geführt von Uwe Eduard Schmidt,
      29.6.2020.
45   Teske, K., 2007, S. 31.

Kapitel 6
Saarländisches Wirtschaftswunder 1957 – 1970

1   Vgl. Schacht und Heim, Juli 1961, Heft 7.
2   Vgl. Kremp, W., 1969, S. 103.

3 Vgl. Kremp, W., 1969, S. 103.
4 Vgl. Wagner, A., 1997, S. 98.
5 Vgl. Rolshoven, H., 1961, S. 4.
6 Vgl. Anonymus, 1964.
7 Vgl. Allgemeine Forstzeitschrift, Nr. 3, 1957.
8 Vgl. Saam, R., 1964, S. 140.
9 Vgl. Meiser, J., 1911, in: Kipper-Jüngst, Jüngst, 2005, S. 134.
10 Schlagwetterexplosion bezeichnet im Bergbau die Explosion von mit Grubengas (Methan)angereicherter Luft unter Tage.
11 Vgl. Schacht und Heim, 1962, Ausgabe März.
12 Vgl. Allgemeine Forstzeitschrift, Nr. 3, 1957.
13 Vgl. Mann, W., 1957, S. 26.
14 Niederwald: Laubwald (meist Eiche), den man in einem jungen Alter (7 – 40 Jahre) zur Brennholzgewinnung auf den Stock schlägt. Die Baumstöcke treiben wieder von selbst aus (vegetative Vermehrung) und können dann erneut genutzt werden.
15 Vgl. Hild, NN, 1957, S. 31 – 34.
16 Vgl. Wagner, A., 1997, S. 116.
17 Vgl. Kalbhenn, K., 1957, S. 36 – 37.
18 Vgl. Kalbhenn, K., 1967, S. 372 – 374.
19 Sinsenpflanzen (auch: Stinzenpflanzen) sind Kulturzeiger aufgelassener Siedlungsplätze.
20 Vgl. Janson, K. H., 2012, S. 13.
21 Vgl. Saarbrücker Zeitung, Stadtverband Saarbrücken, Samstag/Sonntag, 29./30. September 1979: Wenn alle Häuser geräumt sind, wächst Gras, über Von der Heydt – Idyllische Enklave beherbergt nur noch 27 Familien.
22 Vgl. Lichthardt, NN, 1967, S. 374 – 375.
23 Vgl. Mann, H., Heisel, A., 1959, S. 20.
24 Vgl. Schmidt, U. E., 2010, S. 16.
25 Vgl. Selter, B., Tesch, D., 2004, S. 357.
26 Vgl. Rolshoven, H., 1961, S. 3.
27 Vgl. Rolshoven, H., 1961, S. 6.
28 Vgl. Simmet, H., 1998, S. 198; STEAG Saar Energie, 2007, S. 15.
29 Wagner, A., 1967, S. 371.
30 Vgl. Münker, W., 1958.

31 Vgl. Wagner, A., 1997, S. 144 f.
32 Vgl. Allgemeine Forstzeitschrift, Nr. 21, 1967.
33 Vgl. Wagner, A., 1967, S. 365 – 371.
34 Vgl. Woerner, E., 1967, S. 357 – 359.
35 Vgl. Krajewski, H., 1967, S. 360 – 362.
36 Vgl. Zimmer, O., 1967, S. 343 – 355.
37 Vgl. Suda, M., 2001, S. 249.
38 Vgl. Mann, H., Heisel, A., 1959, S. 20, 24, 41 und 50.
39 Vgl. Mann, H., Heisel, A., 1959, S. 67.
40 Vgl. Presser, I., 2000, S. 27 – 29.
41 Freundliche Mitteilung bzw. Recherche von Gabriela Bosen, Schutzgemeinschaft Deutscher Wald, Bundesverband, Bonn-Berlin vom 17. 6. 2020.
42 Schacht und Heim, Werkzeitung der Saarbergwerke AG, 5. Jahrgang, Heft 6, Juni 1959, Wald und Bergbau, S. 3.
43 Vgl. Kremp, W., 1969, S. 102.
44 Vgl. Brust, R., 1987, S. 51.
45 Vgl. Mitarbeitermagazin »Saarberg« (1992), Ausgabe 2/3.
46 Vgl. Kremp, W., 1969, S. 102.
47 Vgl. Köhler, W., 1961, S. 6 – 7.
48 Vgl. Kremp, W., 1969, S. 103.
49 Vgl. Anonymus, 1970, Ausgabe August, S. 9.
50 Die vorbildliche Grüngestaltung der Grube Warndt und der Werkssiedlung wird im Bundeswettbewerb »Industrie und Landschaft« mit einer Bronzeplakette ausgezeichnet; in: Anonymus, 1970, Ausgabe Juli 1970, S. 26.
51 https://www.filmothek.bundesarchiv.de/video/586283?set_lang=de; abgerufen am 9. 3. 2020.
52 https://de.wikipedia.org/wiki/Alexandra_(S%C3%A4ngerin); abgerufen am 10. 7. 2020.
53 Vgl. Anonymus, 1970, Ausgabe Juli, S. 26.
54 Vgl. Anonymus, 1970, Ausgabe August: Kahle Halden bekommen ein grünes Kleid; in: Schacht und Heim, Werkzeitung der Saarbergwerke AG.
55 Vgl. Kremp, W., 1969, S. 102.
56 Vgl. Wallacher, J., 2007, S. 192 ff.

57 Wallacher, J., 2007, S. 194.
58 Vgl. Wagner, A., 1997, S. 144.

Kapitel 7
Montan- und Erdölkrise an der Saar
1970 – 1980

1 Vgl. Saarland, Abteilung Forsten; Mitteilungen der Saarländischen Landesforstverwaltung und des Hauptpersonalrates Forsten, 5/73, 4/74, 4/79, 4/80.
2 Vgl. Presser, I., 2000, S. 31.
3 Vgl. Naturlandstiftung Saar, 2001.
4 Vgl. Presser, I., 2000, S. 28 f.
5 Vgl. Haffner, S., 2020; in: Frankfurter Allgemeine Zeitung; 2.4.2020, Nr. 80, S. 11.
6 Vgl. Der Minister für Finanzen und Forsten, 1972, S. 76 und 79; abgedruckt in: Wallacher, J., 2007, S. 195.
7 Vgl. Wallacher, J., 2007, S. 195.
8 Der Minister für Finanzen und Forsten, 1972, S. 76 ff.; abgedruckt in: Wallacher, 2007. S. 195 f.

Kapitel 8
Waldsterben – Hochphase
1980 – 1988

1 Kirst, 1983, S. 41 f.
2 Vgl. Köhler, W., 1986, S. 147 – 158.
3 Allgemeine Forstzeitschrift, Nr. 3, 1983.
4 Vgl. Klein, M., 1983, S. 44 – 48.
5 Vgl. Kirst, G., 1983, S. 41 43.
6 Vgl. Brust, R., 1987, S. 83.
7 Vgl. Köhler, W., 1986, S. 154.
8 Vgl. Presser, I., 2000, S. 30 – 32.
9 Vgl. Wagner, W., 1997, S. 348.
10 Vgl. Der Saarwald, 2007, S. 16 ff.
11 Vgl. Simmet, H., 1998, S. 175.
12 https://de.wikipedia.org/wiki/G%C3%A4nsehaut_(Band); abgerufen am 10.7.2020

Kapitel 9
Aufbruch zur Waldwende
Der Neue Forst 1988 – 2005

1 Meadows, Donella und Denis, 1972.
2 Mülder, Dieterich, 1982; Professor für Forstliche Betriebswissenschaft 1966 bis 1974 an der Universität Göttingen.
3 Vgl. Barthelmeß, A., 1972. S. 175 ff; insbesondere von Johann Carl Gayer (1822-1907)
4 Naturschutzbund Deutschland Landesverband Saarland e.V.
5 Bund für Umwelt und Naturschutz Deutschland Landesverband Saarland e.V.
6 Junck, Robert (1913-1994), alternativer Nobelpreisträger, Werkstatt in drei Phasen: Kritik-Vision-Praxis. s.a.
7 Junck, R., 1989: »Zukunftswerkstätten« Mit Phantasie gegen Routine und Resignation.
8 Wobst, H., 2020, S. 7.
9 Münker, W., 1958, S. 1.
10 Wobst, H., 2020, S. 18, Satzung erstellt von Dr. Hubertus Lehnhausen
11 Der Minister für Wirtschaft des Saarlandes, 03.06.1988.
12 Vgl. Ministerium für Umwelt und Verbraucherschutz, 2018, S. 8.
13 Ministerium für Umwelt und Verbraucherschutz, SaarForst Landesbetrieb (SFL), 2018, S. 9.
14 Leibundgut, Hans, 1973, S. 365 ff
15 Minister für Wirtschaft des Saarlandes: Erlass über Chemieeinsatz im Forst, 1988.
16 SFL, 2018, S. 13.
17 MUEV, 8/1999, S. 9 f.
18 MUEV, 8/1999, S. 10.
19 ebenda, S. 9.
20 MUEV, 8/1999, S. 9.
21 Vgl. MUEV, 8/1999, S. 20.
22 MUEV, 8/1999, S. 20 f
23 Beschluss des Ausschusses für Umweltschutz und Landschaftspflege vom 01.07.1987.
24 Vgl. Klein, A. (1983), S. 51 f.
25 MUEV, 7/1999, S. 18 f.

26 Siehe hierzu insbes. Klein, A., 1983, S. 52.
27 Vgl. MUEV, 7/1999, S. 18 f.
28 Wagner, Arnold, 1997, S. 359.
29 Wagner, A. N., S. 445.
30 Sperber, 1988, S. 679 f
31 Vgl. MUEV, 1999, S. 26.
32 Verband naturnahe Jagd im Saarland VnJS – Satzung – vom 7. März 1987, S. 3.
33 Wagner, A. N., 1997, S. 379.
34 Ministerium für Wirtschaft, 1991,
35 MUEV, 8/1999, S. 27.
36 Vgl. MUEV, 8/1999, S. 27.
37 Vgl. MUEV, 8/1999, S. 8.
38 Vgl. MUEV, 7/1999, S. 15 f
39 ebenda
40 s.a. MUEV, 8/1999, S. 22 f
41 Vgl. Wallacher, 2007, S. 198.
42 MUEV, 7/1999, S. 16.
43 vgl. MUEV, 8/1999, S. 25; vgl. Wallacher, 2007, S. 198.
44 ebenda
45 vgl. Kafka, S., 1975, S. 858; vgl. Griesinger, FG., 1976, S. 37 ff, zit. nach Wallacher, Jörn, 2007, S. 198, Anm. 4
46 Erlass des Ministeriums für Wirtschaft über »Einführung einer weitgehend kahlschlagsfreien Waldwirtschaft im öffentlichen Waldbesitz des Saarlandes« vom 3. Juni 1988.
47 Stinglwagner, G; Haseder, I.; Erlbeck, R., 2021, S. 526 f
48 ebenda, S. 295.
49 Kultusministerium Rheinland-Pfalz,1990, S. 98.
50 Fenkner-Gies, U., 2018.
51 Schmidt, U., 2012, S.12.
52 s. Saarbrücker Zeitung vom 13.05.2019, S. C3
53 S. Saarbrücker Zeitung vom 31.05.2018; 03.08.2020; 08.05.2021
54 Wallacher, Jörn, 2007, S. 198 f
55 World Wildlife Fund For Future
56 Vgl. MUEV, 8/1999, S. 24.
57 Vgl. SaarForst LB 2005, s.a. Wallacher, Jörn, 2007, S. 199.
58 Vgl. Wallacher (2007), S. 199.
59 MUEV 1998, »Atlas zur Forstlichen Rahmenplanung Teil Waldkultur Stadtverband Saarbrücken, Warndt und Saarkohlenwald«, erstellt von Geograf – Gutachter- und Planungsbüro Gert Körner.
60 Vgl. Mitscherlich, Alexander, 1965 »Die Unwirtlichkeit der Städte – Anstiftung zum Unfrieden«.
61 Thiel, Bodo und Klein, Martin, 1983, S. 53.
62 Loidl, Hans, u. a., in: Kraus, M. et. al., 1991.
63 Schelsky, Helmut, 1970, zit. nach Wallacher, Jörn, 1990, S. 4.
64 Klein, M., 1983, S. 54.
65 MUEV, 8/1999, S. 15
66 Heuwagen, H., 2012, pers. Erinnerungen
67 Wallacher, J.,2019, S. 446 ff
68 Vgl. MUEV, 1997, Erklärung zur Unterschutzstellung am 07.10.1997 und MUEV, 3/98. Vorbilder waren der Sihl-Wald vor den Toren der Schweizer Stadt Zürich und die Wiener Auen in der Nähe der Hauptstadt Österreichs.
69 Caspari, Anne, Konzept zur Planung großflächiger Wald-Reservate, diskutiert am Beispiel des Saarlandes, Diplomarbeit 1995, vgl. Rösler, Markus und Schneider, Peter, 2007, S. 16.
70 Vgl. Wallacher, J. und Hullmann, H., 2004, S. 8-12.
71 Vgl. Feldkamp, Werner, 2008, S. 61 ff
72 Vgl. Palla, Rudi, 1995.

Kapitel 10
Neue Herausforderungen
Auf dem Weg ins postfossile Zeitalter
2005 – 2020

1 Vgl. Aust, Bruno, Bülte, Dieter, 2005, S. 39 ff; Vgl. Slotta, Delf, 2011, S. 28; Ministerium für Umwelt, 7/2006, S.16.
2 Ministerium für Umwelt des Saarlandes, 3/2009.
3 Der Minister für Wirtschaft des Saarlandes, 1988, S. 3 ff
4 Borger, K., 1987; Feuerstein, G., 1987.

5   Minister für Wirtschaft des Saarlandes, 1988, S. 10 f

6   Wild, V.; Wirtz, R., 2011, S. 32-36.

7   vgl. Meyer, Lukas, 2007, S.1-5.

8   SaarForst Landesbetrieb, 2009 a, S. 3 ff

9   SaarForst Landesbetrieb, 2009, b S. 9 f

10 MUV, 2015

11 Dr. emer. H. Schlumprecht, M. Sc. Susanne Pätz, M. Sc. Samuel Rauhut, Büro für ökologische Studien, Bayreuth

12 MUV, 2015, S. 29 f

13 MUV, 2015, S. 31.

14 MUV, 2017.

15 MUV et al., 4/ 2018 und MUV o. J. (2019 ?), S. 57 ; s.a. MUV (6/2021), S. 5 und Steinmetz, T. et. al., 1/2021, S. 28 f.

16 Vgl. MUV, 7/ 2020, S. 46.

17 MUV, 7/ 2020, S. 47.

18 NABU LV Saarland, 12/2018, und 5/2017.

19 Der Minister für Wirtschaft des Saarlandes, 1988, S. 4.

20 Wagner, Arnold, 1997, S. 377.

21 Wagner, Arnold, 1997, S. 363 f

22 Wagner, Arnold, 1997, S. 369.

23 SaarForst Landesbetrieb, 6/2009, S.7.

24 ebenda

25 SaarForst Landesbetrieb, 6/2009, S. 7.

26 Saarbrücker Zeitung vom 21./22. September 2019, S. B1

27 ebenda

28 Ambroser Liederbuch, Text 1582; Melodie nach Werlins Liederhandschrift 1610

29 Koch, S., 2021, S. 4.

30 Vgl. Kress, Anne, 2018, S. 715.

31 Vgl. Kühne, Olaf und Weber, Florian, 2018, S. 3 f

32 Ökoinstitut e.V., 1980, Energie-Wende. Wachstum und Wohlstand ohne Erdöl und Uran, vgl. Kühne et. al., S. 4.

33 Vgl. Saarbrücker Zeitung vom 20.03.2012: Bleibt SaarForst im Warndt?

34 Ewald et. al. 2017, zit. nach Kress, Anne, 2018, S. 716.

35 Vgl. Kress, Anne, 2018, S. 716.

36 SaarForst, 2017, zit nach Kress, Anne, 2018, S. 729.

37 IG Bau, 2/2017, S. 22.

38 Vgl. Kress, Anne, 2018, S. 728 f, in Kühne, Olaf et. al., 2018.

39 Der Begriff »Waldstreiter« hat historische Wurzeln im Streit der »Von der Leyenschen Forstverwaltung« mit der Stadt St. Ingbert 1780.

40 CDU LV Saarland und SPD LV Saarland: Koalitionsvertrag für die 16. Legislaturperiode des Landtags des Saarlandes (2017-2022).

41 Reichholf, Josef H., 10/2020, S. 46

42 www.urlaub.saarland.de , abgerufen am 27.09.2020

Kapitel 11
Wald 100 + 1 –
Einige Zukunftsbilder 2020 ff

1   Bülow, G. v., 1962, S. 159 f

2   Bünting, J.P, 1693, zit. nach Sieferle, R.P., 1982, S. 11.

3   Horx, Matthias, 2020, S. 2.

4   Büning, J.P. 1693, zit. nach Sieferle, R.P., S. 270.

5   Vgl. Herrmann, H.C., Hrsg., 2020, S. 15 ff

6   ebenda, S. 127 f

7   Vgl. Schneidewind, U., 2018.

8   Ekardt, F., 2014, S. 11.

9   Statistisches Landesamt, 2017.

10 Goethe, J., 1770, Dichtung und Wahrheit, Zweiter Teil, Zehntes Buch, S. 448 f

11 ebenda, S. 449.

12 Vgl. Bettinger, A., Mörsdorf, S. und Ulrich, R., 1989, S. 3.

13 ebenda, S. 3.

14 Statistisches Landesamt des Saarlandes, 2017

15 Letter, H.A., 2008, S. 56.

16 Vgl. MUV, 2019.

17 MUV 11/2020, S. 4.

18 Vgl. MUV/ Saarforst Landesbetrieb 2019, S. 1 ff

19 Vgl. Ammer, Ch., FAZ vom 25.09.2019, S. G

20 MUV/Saarforst Landesbetrieb, 2019, S. 2.

21 ebenda, S. 3.

22 MUV/ Saarforst LB, 2019.

23 »Auf dem Holzweg«, Süddeutsche Zeitung vom 07.01.2021, S. 3.

24 »Hamburgs neues Gesicht«, FAZ vom 09.04.2021, S.13.

25 »Vision ohne Zement«, FAS vom 17.01.2021, S. 51.

26 Fischer, F. und Oberhansberg, H., 2020, S. 112.

27 FAZ vom 21.06.2021, S. 15.

28 »Dreifach einfach«, FAS vom 29.11.2020, S.?

29 Amber, C., 2017.

30 Thielecke, K. und Kirchner, J. 2020, S. 6; s. auch Strobel, H. u.a. 2021, Amber, C., 2017, Rohrwick, A. 2021; Ries, I., 2021.

31 Vgl. MUV, 9/2019, S. 14.

32 Landeshauptstadt Saarbrücken, 2008, S. 52.

33 Ortleb, J., 27.11.2020, Rundmail in Ihrem Wahlkreis Saarbrücken

34 Gündüz, B., 2021, S. 79.

35 Schneider, R. in Junker-Mielke, S., 2008, S. 128 f.

36 htw saar, Pre a-IBA-Werkstattlabor 2020, Cahier II, S. 34 f.

37 ebenda, S. 35.

38 ebenda, S. 35.

39 ebenda, S. 36.

40 Dittmann, M., 2021, S. 132.

Kapitel 12
Zusammenfassung und Resümee
Blick zurück nach vorn – Der Wald als ewige Ressource der Natur

1 Zit. nach Schmidt, U. E., 2012, S. 12.

2 Barthelmeß, A., 1972, S. 197 ff und S. 207.

3 Steinmetz, T.; Wirtz, R.; Jost, R., 2021, S. 28 f

4 Matheis, Walter (2008): Der Saarbrücker-Kirkeler-Wald, S. 254, in: Ministerium für Umwelt (2008): Wald. Mensch. Heimat im Saarland.

5 Latif, M., 2020, Rückentext.

6 Plöger, S., 2020, in: SZ v. 18.05.2021, S. B1.

7 Schellnhuber, H. J., 2021, FAZ v.

22.04.2021, S. 9; s. auch 5. Trierer Wald-forum am 10.09.2021, s.a. youtube

8 Ruppersberg, A., 1908, I. Teil, S. 311.

9 Schmidt, U. E., 2012, S. 8 f; ders., 2021, pers. Hinweis

10 Vgl. im Folgenden: Grober, U., 2007, S. 112 ff. und ders., 2010, S. 123 f.

11 Zit. nach Barthelmeß, Alfred (1972), S. 175.

12 Garner, G., 2012, S. 180 f.

13 Wagenknecht, S., 2013, S. 46.

14 Wagner, M., 2007, S. 34 und S. 47

15 Vgl. Grober, U., 2007, S. 120 ff.

16 Goethe, J. W. (1811), in: Hettche, W. (1991), S. 448.

17 Goethe, J. W., 1811, Dichtung und Wahrheit, Zweiter Teil, Zehntes Buch, herausg. von Hettche, W., 1991, S. 449, siehe auch: Safranski, R., 2019, S. 91.

18 Waldbesichtigungsprotokoll, 1774.

19 Wagner, M., 2007, S. 34 und S. 47.

20 Cotta, H. v., 1816, S. 3, zit. nach Barthelmeß, A., 1972, S. 70.

21 Vgl. Barthelmeß, A., 1972, S. 208.

22 Grober, U., 2007, S. 120 ff

23 MUV 6/2021, S. 5.

24 Steinmetz, T., Wirtz, R., Jost, R., 2021, S. 29; s. auch MUV, 6/2019, S. 7.

25 Grober, U., 2010, S. 148 ff.

Literatur

1920 – 1988 (Schmidt, federführend)

Adamo, Nora; Riede, Peter, Hrsg. (1993): Richard Eberle. Ein Maler und sein Werk, Saarbrücken.

Albrecht, Walther (1955): Von der Kiefer zum Grubenstempel; in: Saarbrücker Bergmannskalender, Dillingen, Krüger Druck+Verlag, S. 74 – 76.

Allgemeine Forstzeitschrift (1957): Forstwirtschaft im Saarland 1945 – 1956; Nr. 3, 12. Jahrgang, München.

Allgemeine Forstzeitschrift (1967): Wald und Forstwirtschaft im Saarland 1967, Nr. 21, 22. Jahrgang, München.

Allgemeine Forstzeitschrift (1983): Wald und Forstwirtschaft im Saarland, Nr. 338. Jahrgang, München.

Altenkirch, Gunter (2919): Saarländische Volkskunde, Teil 11; Frauenkultur, Geistkirch Verlag, Saarbrücken.

Anonymus (1963): Junge Bäume im Warndt. Zentrale Landesfeier zum Tag des Baumes auf Grube Warndt – Eingrünung der neuen Anlagen von Grube und Bundesbahn; in: Schacht und Heim; Werkzeitung der Saarbergwerke AG, 9. Jahrgang, Ausgabe Juni 1963, S. 6 – 7.

Anonymus (1964): Schacht im Wald; in: Schacht und Heim; Werkzeitung der Saarbergwerke AG, 9. Jahrgang, Ausgabe Juli 1964.

Anonymus (H. B.) (1970): Kahle Halden bekommen ein grünes Kleid; in: Schacht und Heim; Werkzeitung der Saarbergwerke AG, 16. Jahrgang, Ausgabe August 1970, S. 6 – 9.

Anonymus (1970): Wanderausstellung; in: Schacht und Heim; Werkzeitung der Saarbergwerke AG, 16. Jahrgang, Ausgabe Juli 1970, S. 26.

Anonymus (1992): Vom Industriegelände zum Naherholungsgebiet. Am Ende verhilft der Bergbau der Natur wieder zum Durchbruch; in: Mitarbeitermagazin »Saarberg«, Ausgabe 2/3.

Aust, Bruno, Herrmann, Hans-Walter, Quasten, Heinz (2008): Das Werden des Saarlandes – 500 jahre in karten, Veröffentlichungen des Instituts für Landeskunde im Saarland, Saarbrücken.

Bungert, G; Mallmann, K.-M.: Kaffeekisch unn Kohleklau: weitere Bergmanns-geschichten von der Saar, Saarbrücken; Buchverlag Saarbrücker Zeitung.

Brust, R. (1987): 30 Jahre Fortschritt im Abbau. Eine Betrachtung über die Entwicklung und den Stand der Abbautechnik im Steinkohlebergbau der Bundesrepublik Deutschland; in: Saarbrücker Bergmannskalender, Dillingen, Krüger Druck+Verlag, S. 7 – 33.

Burgard, Paul, Linsmayer, Ludwig (2005). Der Saarstaat. L'Etat Sarrois; in: Historische Beiträge des Landesarchivs Saarbrücken, Band 2, Saarbrücken.

Der Minister für Finanzen und Forsten, Abteilung Forsten (1972): Landschaftsplan für den Waldbereich Großraum Saarbrücken, Waldfunktionsplan, Saarbrücken.

Feldkamp, Werner (2008): Der Hochwald; in: Ministerium für Umwelt (2008): Wald. Mensch. Heimat im Saarland, Saarbrücken.

Fläschner, Thomas (2008): Hartfüßer und Ranzenmänner auf schwarzen Wegen; in: Eckstein, Journal für Geschichte Nr. 12; hrsg. Geschichtswerkstatt Saarbrücken.

Fox, Nikolaus (1927): Saarländische Volkskunde; in: Volkskunde Rheinischer Landschaften, hrsg. v. Dr. Adam Wrede; Saarbrücken, Saarbrücker Druckerei und Verlag, GmbH, 498 S.

Haffner, Steffen (2020): »Trimmy« macht Beine; vor 50 Jahren startet die Trimm-dich-Bewegung des deutschen Sports; in: Frankfurter Allgemeine Zeitung vom 3. 4. 2020; Nr. 80, S. 11,

Heimat- und Verkehrsverein Friedrichsthal-Bildstock e.V. (1975) (Hrsg.): Friedrichsthal Bildstock Maybach – Bilder und Dokumente zur Geschichte der Stadt, Ottweiler; Ottweiler Druckerei und Verlag GmbH, 223 S.

Heimatkundlicher Verein Warndt e.V. (2006): Der Warndt – eine saarländisch-lothringische Waldlandschaft, Hamburg.

Heinen, Armin (1996): Saarjahre. Politik und Wirtschaft im Saarland 1945-1955; in: Historische Mitteilungen im Auftrage der Ranke-Gesellschaft, Vereinigung für Geschichte im öffentlichen Leben e.V., herausgegeben von Michael Salewski und Jürgen Elvert, Beiheft 19. Franz Steiner Verlag, Stuttgart

Heinrichs, N. (1967): Grubenholz im Rückzug; in: Schacht und Heim; Werkzeitung der Saarbergwerke AG, 13.

Heiß, Friedrich (1934): Das Saarbuch. Das Schicksal einer deutschen Landschaft, Berlin.

Herrmann, Hans-Christian (2020): Saarbrücken auf dem Weg in die Moderne. Stadtplanung, Wohnen und Mobilität in den 1920ern; in: in: Die 20er Jahre. Leben zwischen Tradition und Moderne im internationalen Saargebiet (1920 – 1935), Michael Imhof Verlag, Petersberg.

Heske, Franz (1933): Nationalsozialismus und Forstwirtschaft; Vortrag am »Deutschen Tag« der Tharandter Studentenschaft, Tharandt bei Dresden, 12. 7. 1933.

Heinz, Karl (1944): Auf dem Bergmannspfad; in: Saarbrücker Bergmannskalender, 72, S. 133 – 134.

Hild, Hermann (1957): Die saarländischen Sagen vom wilden Jäger; in: Schriftenreihe des Saarländischen Heimat- und Kulturbundes, Nr. 1; Verlag »Die Mitte«, Saarbrücken.

Hild, N. (1957): Standort, Bestandesverhältnisse und waldbauliche Zielsetzung im Saarland; in: Allgemeine Forstzeitschrift (1957): Forstwirtschaft im Saarland 1945 – 1956; Nr. 3, 12. Jahrgang, München, S. 31 – 34.

Janson, Karl Heinz (2012) Riegelsberg und seine alten Ortsteile; in: Verein für Industriekultur und Geschichte; Beiträge zur Regionalgeschichte, Band 19, Sutton Verlag, Erfurt.

Jung, Reiner; Siebeneich, Jessica (2020): »Wer kommt, kann Charleston tanzen«; in: Die 20er Jahre. Leben zwischen Tradition und Moderne im internationalen Saargebiet (1920 – 1935), Michael Imhof Verlag, Petersberg.

Kalbhenn, Konard (1957): Der Pappelanbau im Saarland; in: Allgemeine Forstzeitschrift (1957): Forstwirtschaft im Saarland 1945 – 1956; Nr. 3, 12. Jahrgang, München, S. 36 – 37.

Kalbhenn, Konrad (1967): Pappel- und Flurholzanbau im Saarland; in: Allgemeine Forstzeitschrift, Wald und Forstwirtschaft im Saarland 1967, Nr. 21, 22. Jahrgang, München, S. 372 – 374.

Kirst, Gert (1983): Die Forstwirtschaft im Saarland nach 25jährigem Aufbau; in: Allgemeine Forstzeitschrift, Heft 3, München, S. 41 – 43.

Klein, Martin (1983): Sicherung und Entwicklung der Waldfläche im Saarland; in: Allgemeine Forstzeitschrift, Heft 3, München, S. 44 – 48.

Kloevekorn, Fritz (1929): Das Saargebiet – seine Struktur, seine Probleme / hrsg. unter Mitwirkung von Saar-Politikern und Vertretern der Wissenschaft von Fritz Klövekorn; Hofer Verlag, Saarbrücken.

Köhler, W. (1961): Halden werden grün; in: Schacht und Heim; Werkzeitung der Saarbergwerke AG, 7. Jahrgang, Heft 4, Ausgabe Juli 1961, S. 6 – 9.

Köhler, Walter (1986): Wie auf Bergehalden und Absinkweihern neue Lebensräume entstehen. 25 Jahre Landespflege im Saarbergbau; in: Saarbrücker Bergmannskalender, Dillingen, Krüger Druck+Verlag, S. 147 – 158.

Krajewski, Hans (1967): Die Bedeutung des Waldes in der Planung der Landeshauptstadt Saarbrücken; in: Allgemeine Forstzeitschrift, Wald und Forstwirtschaft im Saarland 1967, Nr. 21, 22. Jahrgang, München, S. 360 – 362.

Kremp, Walter (1950): Das Saarland ist ein schönes Land; in: Saarbrücker Bergmannskalender, Dillingen, Krüger Druck+Verlag, S. 116 – 121.

Kremp, Walter (1951): Naturdenkmäler und Landschaftsschutzgebiete im Saarland; in: Veröffentlichungen der Landesstelle für Naturschutz und Landschaftpflege, Saarbrücken.

Kremp, Walter (1953): Naturdenkmäler und Landschaftsschutzgebiete im Saarland; Band 1; mit 10 Übersichtskarten und 45 Abbildungen; in: Veröffentlichungen der Landesstelle für Naturschutz und Landschaftspflege, Saarbrücken.

Kremp, Walter (1958): Naturdenkmäler und Landschaftsschutzgebiete im Saarland; Nachtrag: Stand 31.12.1958; in: Veröffentlichungen der Landesstelle für Naturschutz und Landschaftspflege, Saarbrücken.

Kremp, Walter (1960): Naturdenkmäler und Landschaftsschutzgebiete im Saarland; Band 2; in: Veröffentlichungen der Landesstelle für Naturschutz und Landschaftspflege, Saarbrücken.

Kremp, Walter (1969): Begrünte Bergehalden im Kreis Ottweiler; in: Saarbrücker Bergmannskalender, Dillingen, Krüger Druck+Verlag, S. 100 – 103.

Kugler, Liselotte (Hrsg.) (1998): Grenzenlos. Lebenswelten in der deutsch-französischen Region an Saar und Mosel seit 1840. Katalog zur Ausstellung, Krüger Druck+Verlag, Dillingen.

Kuhn, Bärbel, Schorr. Andreas (2020): Eine frühe Karte des Saargebiets; in: Saargeschichten 58/59, Heft1/2, 2020; Magazin zur regionalen Kultur und Geschichte, Marpingen, S. 11 – 13.

Latz, NN, (1957): Die Holzwirtschaft des Saarlandes; in: Forstwirtschaft im Saarland 1945 – 1956; in: Allgemeine Forstzeitschrift; 12. Jahrgang, Nr. 3, München, 1957.

Lauffer, W. (1981): Bevölkerungs- und siedlungsgeschichtliche Aspekte der Industrialisierung an der Saar; in: Zeitschrift für die Geschichte der Saargegend; hrsg. von dem Historischen Vereins für die Saargegend e.V., 29. Jahrgang, Saarbrücken, 2008, Selbstverlag des Vereins, S. 122 – 164.

Letter, Hans-Albert (2008): Waldbau im Wandel; in: Ministerium für Umwelt (2008): Wald. Mensch. Heimat im Saarland, Saarbrücken.

Lichthardt, NN (1957): Die Fischzucht der Saarländischen Forstverwaltung; in: Allgemeine Forstzeitschrift, Wald und Forstwirtschaft im Saarland 1967, Nr. 21, 22. Jahrgang, München, S. 374 – 375.

Lincke, Max (1921): Das Grubenholz von der Erziehung bis zum Verbrauch: Ein Handbuch für Forstwirte, Waldbesitzer, Bergbeamte und Holzhändler, Berlin, Paul Parey Verlag.

Lohmeyer, Karl (1951): Die Sagen der Saar von ihren Quellen bis zur Mündung, Saarbrücken.

Mallmann, Michael (1989): Verfleißigung und Eigensinn. Bergmännische Lebenswelten; in: Dülmen, Richard van (Hrsg.), Industriekultur an der Saar, München.

Mann, Walter (1957): Zur Heimkehr des Saarlandes am 1. Januar 1957. Eine forst- du forstwirtschaftliche Studie; in: Allgemeine Forstzeitschrift (1957): Forstwirtschaft im Saarland 1945 – 1956; Nr. 3, 12. Jahrgang, München, S. 26 – 31.

Mann, Hans; Heisel, Adolf (1959): Heimat an der Saar. Eine kleine Heimatkunde des Saarlandes; 1. Auflage; Dümmel-Verlag, Bonn, 1959.

Matzerath, Simon; Siebeneich, Jessica (2020): Die 20er Jahre. Leben zwischen Tradition und Moderne im internationalen Saargebiet (1920 – 1935); Begleitband zur Ausstellung im Historischen Museum Saar, 18. Oktober 2019 – 20. August 2020, Michael Imhof Verlag.

Meiser, Johann(es) (1911): Auch dafür danke ich dem lieben Gott. Erlebnisse und Erinnerungen eines alten Bergmanns; herausgegeben und bearbeitet von Heidelinde Jüngst-Kipper und Karl Ludwig Jüngst, Saarbrücken, Conte Verlag, 2005.

Michels, Günther (1963): Das Holz im Saarbergbau. Geschichtliche Entwicklung 1754 – 1962: in: Saarbrücker Bergmannskalender, Dillingen, Krüger Druck+Verlag, S. 37 – 40.

Michels, Günther (1964): Sägewerk Heiligenwald jetzt vollmechanisiert; in: Schacht und Heim; Werkzeitung der Saarbergwerke AG, 12. Jahrgang, S. 23 – 25.

Montanus (1928): Die Konzentration in der Grubenholzwirtschaft, in: Weltwirtschaftliches Archiv, 28. Band, Berlin, Springer Verlag.

Müller, R. W., Staerk, D. (1998) Hrsg.: Quierschied die Gemeinde im Saarkohlenwald, Quierschied, Repa Druck GmbH, 1158 S.

Münker, Wilhelm (1958): Dem Mischwald gehört die Zukunft. Über 200 fachmännische Stimmen für den Umschwung vom Nadelreinbestand zum naturgemäßen Wirtschaftswald; 3. (nach Umfang vervielfachte) Auflage; herausgegeben vom Ausschuß zur Rettung des Laubwaldes im Deutschen Heimatbund; Deutscher Heimat Verlag, Bielefeld.

Naturlandstiftung Saar (2001): Die Naturlandstiftung Saar. 25 Jahre angewandter Naturschutz – eine Bilanz, Eigenverlag, Epelborn.

Ochs, Reinhold (1957): Die Forsteinrichtung im Saarland; in: Allgemeine Forstzeitschrift (1957): Forstwirtschaft im Saarland 1945 – 1956; Nr. 3, 12. Jahrgang, München, S. 34 – 36.

Presser, Ingeborg, Hrsg. (2000): 75 Jahre Naturschutz im Saarland – In memoriam Walter Kremp, Ottweiler.

Rauber, Franz (2007): 250 Jahre staatlicher Bergbau an der Saar; 1. Teil: Von den Anfängen bis zum Versailler Vertrag; Saarbrücken – Dudweiler, Pirrot.

Rauber, Franz (2007): 250 Jahre staatlicher Bergbau an der Saar; 2. Teil: Von den Mines Domaniales Francaises de la Sarre bis zur Deutschen Steinkohle AG; Saarbrücken-Dudweiler, Pirrot.

Rehanek, R. Rudolf (1929): Wochenende und Sommerfrische an der Saar. Ein Nachweis landschaftlich reizvoller und lohnender Ausflugs- und Erholungsziele an der Saar und den Saargrenzgebieten. Bearbeitet von R. R. Rehanek. Photographien von Max Wentz. Herausgegeben von dem Reisebüro der Saarbrücker Zeitung, Saarbrücken – Völklingen, Verlag Gebr. Hofer.

Rolshoven, H. (1961): Der Bergbau in der saarländischen Landschaft; in: Schacht und Heim; Werkzeitung der Saarbergwerke AG, 7. Jahrgang, Heft 4, Ausgabe Juli 1961, S. 3 – 6.

Ruth, Karl Heinz; Slotta, Delf (2002): Vom Holzstempel zum Schildausbau; in: »Stollen und Schächte im Steinkohlenbergbau an der Saar«, Ausgabe 26, 48 Seiten, Deutsche Steinkohle AG (Hg.), Herne.

Runderlaß des Reichsforstmeisters und Preußischen Landesforstmeisters (1936): Massentafeln für Grubenholz, 26. 8. 1936 III 4378 (Allg. Verfügung 64/1936), Neudam und Berlin, Verlag J. Neumann.

Saarbrücker Zeitung, Stadtverband Saarbrücken, Samstag/Sonntag, 29./30. September 1979: Wenn alle Häuser geräumt sind, wächst Gras, über Von der Heydt – Idyllische Enklave beherbergt nur noch 27 Familien.

Saarland, Abteilung Forsten; Mitteilungen der Saarländischen Landesforstverwaltung und des Hauptpersonalrates Forsten, 5/73, 4/74, 4/79, 4/80

Saarwald-Verein e.V. (Hrsg.) (2007): Der Saarwald. Jubiläumsausgabe, Bexbach, Verlag Hügel GmbH.

Saam, R. (1964): Von der Bedeutung des Waldes für unsere Heimat; in: Saarbrücker Bergmannskalender, Dillingen, Krüger Druck+Verlag, S. 139 – 140.

Schmidt, Uwe Eduard (2004): Der Deutsche Wald im 18. und 19. Jahrhundert; Das Problem der Ressourcenknappheit dargestellt am Beispiel der Waldressourcenknappheit in Deutschland im 18. und 19. Jahrhundert – eine historisch-politische Analyse, Conte Verlag, Saarbrücken, 434 S.

Schmidt, Uwe Eduard (2009): Wie erfolgreich war das Dauerwaldkonzept bislang: eine historische Analyse; in: Schweizerische Zeitschrift für Forstwesen; Volume 160, 6/2009, Frenckendorf/Schweiz, S. 144 – 151.

Schmidt, U. E. (2010): Die Nachhaltigkeit, ein universales Prinzip – gestern und heute; hrsg. von der Administration de la nature et des forêts, Luxembourg, Luxembourg, 19 S.

Schmidt, Uwe Eduard (2012): Steinkohlenbergbau und Forstwirtschaft – eine Schicksalsgemeinschaft im Saarkohlenrevier, Dillingen (Saar).

Schacht und Heim (1959), Werkzeitung der Saarbergwerke AG, 5. Jahrgang, Heft 6, Juni 1959.

Schacht und Heim (1961), Werkzeitung der Saarbergwerke AG, 7. Jahrgang, Heft 7, Ausgabe Juli; hrsg. v. Saarbergwerke Aktiengesellschaft; Chefredakteur: Dr. Werner Spilker. Druck: Saarbrücker Zeitung Verlag u. Druckerei GmbH, Saarbrücken.

Schacht und Heim (1962), Werkzeitung der Saarbergwerke AG, 8. Jahrgang, Heft 3, Ausgabe März; hrsg. v. Saarbergwerke Aktiengesellschaft; Chefredakteur: Dr. Werner Spilker. Druck: Saarbrücker Zeitung Verlag u. Druckerei GmbH, Saarbrücken.

Schorr, A.; Jochum, C. (2007): Waldnamen – Namen im Wald. Zur Namenslandschaft des Saarkohlenwaldes; in: Zeitschrift für die Geschichte der Saargegend; hrsg. v. Johannes Naumann im Auftrag des Historischen Vereins für die Saargegend e.V., 55. Jahrgang, Saarbrücken, 2008, Selbstverlag des Vereins, S. 17 – 43.

Schuster, G. (1980): Grubennamen an der Saar. Wirtschaftshistorische Betrachtungen; in: Saarbrücker Bergmannskalender, Dillingen, Krüger Druck+Verlag, S. 6-24.

Schwarz, Alfred (2015): Saarländische Jagdchronik, 2. Auflage, Saarbrücken.

Schwarz, Alfred (2018): Historische Entwicklung der Jagd und der VJS ab 1945; in: 70 Jahre Vereinigung der Jäger des Saarlandes. 70 Jahre im Auftrag von Natur und Wild.

Seck, Doris (1980): Unternehmen Westwall. Saarländische Kriegsjahre II., Verlag Saarbrücker Zeitung.

Selter, B., Tesch, D. (2004): Neues Wald-Zentrum in Münster. Historischer Wandel der Waldnutzung im Ruhrgebiet; in: Schweizerische Zeitschrift für Forstwesen, 155. Jahrgang, 8/04, S. 353 – 357.

Simmet, H. (1998): Göttelborn. Vom Werden und Wachsen eines vom Bergbau geprägten Ortes, Dudweiler, Kopier- und Druckcenter Pirrot GmbH, 297 S.

Slotta, Delf (1979): Förderturm und Bergmannhaus; Vom Bergbau an der Saar, Saarbrücker Verlag.

Slotta, Delf (2011): Das Steinkohlerevier an der Saar, Saarbrücken, 35 S.

Sombart, Werner (1916): Der moderne Kapitalismus; Band II, 2. Das europäische Wirtschaftsleben im Zeitalter des Frühkapitalismus; München: Duncker & Humblot.

Statistisches Amt des Saarlandes (Hrsg.) (1950): Statistisches Jahrbuch, Saarbrücken.

Statistisches Amt des Saarlandes (1954): Kurzbericht Nr. III/1, Jahrgang 4, Saarbrücken, Januar 1954.

STEAG Saar Energie (Hrsg.) (2007): 30 Jahre Kraftwerk Weiher III; Saarbrücken, 60 S.

Suda, Michael, Schmidt, Uwe Eduard (2001): Der Förster zwischen Fremd- und Selbstbild; in: Deutscher Forstverein e.V. 60. Jg., Ein Wald für alle … Nachhaltige Forstwirtschaft zukunftsweisend und umweltbewusst (20.9. – 23.9.2001 Dresden, Kongressbericht, S. 244 – 258.

Teske, Knut (2007): Läufer des Jahrhunderts: Die atemberaubende Karriere des Armin Hary; Verlag die Werkstatt, Göttingen

Thiel, NN (1957): Stand und Entwicklung der Forstwirtschaft des Saarlandes; in: Forstwirtschaft im Saarland 1945 – 1956; in: Allgemeine Forstzeitschrift; 12. Jahrgang, Nr. 3, München, 1957.

Uhl, Helmut (1980): Der Warndt im 2. Weltkrieg. Ein saarländisches Grenzlandschicksal; Queißer Verlag, Dillingen/Saar.

Verse-Herrmann, Angela (1997): Die »Arisierungen« in der Land- und Forstwirtschaft; in: Vierteljahresschrift für Sozial- und Wirtschaftsgeschichte; Beihefte; hrs. V. Hans Pohl, Rainer Gömmel, Friedrich-Wilhelm Henning, Karl Heinrich Kaufhold, Frauke Schönert-Röhl, Günther Schulz, Nr. 131, Franz Steiner Verlag, Stuttgart.

Wagner, Arnold Nikolaus (1967): Die standörtlichen Grundlagen der Forstwirtschaft im Saarland; in: Allgemeine Forstzeitschrift, Heft 21, S. 365-371.

Wagner, Arnold Nikolaus (1997): Chronik zur Waldgeschichte des saarländischen Raumes von der Eiszeit bis heute; hrsg. von BDF-Bund Deutscher Forstleute, Landesverband Saar, Schwalbach-Elm, Mühlenthal-Druck GmbH.

Wallacher, Jörn (1991): Wald-Freizeit-Erholung; in: Naturschutz im Saarland, Saarbrücken.

Wallacher, Jörn (1994): Der Königliche Wald und das Forsthaus Pfaffenkopf; in: Ortschronik Altenkessel, hrsg. v. Bauer, Arnold, Bläs Hans, Gillet Josef, Meyer, Gertrud, Schwalbach-Elm, 1994.

Wallacher, Jörn (2007): Die Entwicklung der Forstwirtschaft im Saarland. Der Wald kommt – der Förster geht; in: 50 Jahre Saarland im Wandel; Veröffentlichungen des Instituts für Landeskunde im Saarland; Band 4; hrsg. V. H. Peter Dörrenbächer, Olaf Kühne, Juan Manuel Wagner, Saarbrücken, 359 S.

Wallacher, Jörn (2008): Organisationsgeschichte der saarländischen Forstverwaltung; in: Ministerium für Umwelt (2008): Wald. Mensch. Heimat im Saarland, Saarbrücken.

Wallacher, Jörn (2008): Der Warndt; in: Ministerium für Umwelt (2008): Wald. Mensch. Heimat im Saarland, Saarbrücken.

Wallacher, Jörn (2008): Der Saarkohlenwald; in: Ministerium für Umwelt (2008): Wald. Mensch. Heimat im Saarland, Saarbrücken.

Wittrock, Johann (1922): Das Grubenholz; Dissertation; Mannheim-Heidelberg.

Woerner Eberhard (1967): Wald und Naturschutz im Saarland; in: Allgemeine Forstzeitschrift, Wald und Forstwirtschaft im Saarland 1967, Nr. 21, 22. Jahrgang, München, S. 357 – 359.

Zimmer, Otto (1967): Forstverwaltung und Forstwirtschaft des Saarlandes; in: Allgemeine Forstzeitschrift, Wald und Forstwirtschaft im Saarland 1967, Nr. 21, 22. Jahrgang, München, S. 343 – 355.

Internetquellen:

http://www.kohlenstatistik.de; abgerufen am 18.7.2011.

http://www.saar-nostalgie.de/Saargruben.htm; abgerufen am 15.7.2011.

https://a3wsaar.de/fileadmin/user_upload/Dateien-2020/2019_02_13_Gegen_das_vergessen_saarpfalzkreis/2020_Feb_Broschuere_Gegen_Das_Vergessen_Saarpfalz-Kreis_Web.pdf; abgerufen am 9.3.2020

https://www.seelbach-wied.de/ortsportrait/unser-wald/die-ersten-nachkriegsjahre/; abgerufen am 20.7.2020.

Krebs, Gerhild (2002): Die Befestigungsanlagen des Westwalls im Saarland; in: http://www.memotransfront.uni-saarland.de/pdf/westwall.pdf; abgerufen am 23.7.2020.

https://www.saarbruecker-zeitung.de/saarland/merzig-wadern/mettlach/schiffstouren-auf-der-saar-von-mettlach-nach-saarburg-und-um-die-saarschleife_aid-51624163; abgerufen am 29.3.2021.

https://www.saar-nostalgie.de/OE-Kennzeichen.htm; abgerufen am 29.3.2021.

https://upload.wikimedia.org/wikipedia/commons/a/a2/Ehemaliges_
    Fischbachbad.jpg; abgerufen am 29. 3. 2021.

Staatsarchiv Freiburg

Bestand C 43/1 Nr. 161: Statistik der Produktion und Verwertung von Faser- und
    Grubenholz.
Bestand C 43/1 Nr. 167: Statistik der Grubenholz-Verkäufe an die Saarbergwerke.

Statistisches Amt Saarland, Saarbrücken

Die Belegschaft des Saarbrücker Bergwerksdirektionsbezirks nach dem Ergebnisse
    der statistischen Erhebungen vom 1. Dezember 1910 (zu 8 Tabellen),
    Neunkirchen (Saar), Buchdruckerei Otto H. Bauer, 1911.

489-51:Régie des Mines de la Sarre; Rapport présenté par Monsieur Couture,
    Directeur Général sur les résultats de l'exploitation pendant l'exercice 1950.
453-52:Régie des Mines de la Sarre; Rapport présenté par Monsieur Couture,
    Directeur Général sur les résultats de l'exploitation pendant l'exercice 1951.
319-53:Régie des Mines de la Sarre; Rapport présenté par Monsieur Couture,
    Directeur Général sur les résultats de l'exploitation pendant l'exercice 1952.
527-54:Régie des Mines de la Sarre; Rapport présenté par Monsieur Couture,
    Directeur Général sur les résultats de l'exploitation pendant l'exercice 1953.
SBW Saarbergwerke, Unternehmen des öffentlichen Rechts, Saarbrücken,
    Geschäftsbericht (1954).
SBW Saarbergwerke, Unternehmen des öffentlichen Rechts, Saarbrücken,
    Geschäftsbericht (1955).
SBW Saarbergwerke, Unternehmen des öffentlichen Rechts, Saarbrücken,
    Geschäftsbericht (1956).
Jahresbericht des Oberbergamts Saarbrücken für das Jahr 1962, S. 51, 52, 145 und
    Anlage 65.
Jahresbericht des Oberbergamts Saarbrücken für das Jahr 1963, S. 43, 44, 114, 115
    und Anlage 65.

Jahresbericht des Oberbergamts Saarbrücken für das Jahr 1964, S. 47, 48, 119 und
    Anlage 65.
Jahresbericht des Oberbergamts Saarbrücken für das Jahr 1965, S. 47, 117 und
    Anlage 65.
Jahresbericht des Oberbergamts Saarbrücken für das Jahr 1966, S. 44, 45, 119 und
    Anlage 65.
Jahresbericht des Oberbergamts für das Saarland und das Land Rheinland-Pfalz,
    Saarbrücken, über das Bergwesen im Saarland für das Jahr 1967, S. 51, 52, 129
    und Anlage 65.
Jahresbericht des Oberbergamts für das Saarland und das Land Rheinland-Pfalz,
Saarbrücken, für das Jahr 1968, S. 64, 65, 66, 146 und Anlage 65.
Jahresbericht des Oberbergamts für das Saarland und das Land Rheinland-Pfalz,
Saarbrücken, für das Jahr 1969, S. 62, 63, 64, 151 und Anlage 65.
Jahresbericht des Oberbergamts für das Saarland und das Land Rheinland-Pfalz,
Saarbrücken, für das Jahr 1970, S. 155 und Anlage 65.
Jahresbericht des Oberbergamts für das Saarland und das Land Rheinland-Pfalz,
Saarbrücken, für das Jahr 1971, S. 152, 153 und Anlage 65.
Jahresbericht des Oberbergamts für das Saarland und das Land Rheinland-Pfalz,
Saarbrücken, für das Jahr 1972, S. 156 und Anlage 65.
Jahresbericht des Oberbergamts für das Saarland und das Land Rheinland-Pfalz,
für das Jahr 1973, S. 132 und Anlage 65.
Jahresbericht des Oberbergamts für das Saarland und das Land Rheinland-Pfalz,
für das Jahr 1974, S. 126 und Anlage 65.
Jahresbericht des Oberbergamts für das Saarland und das Land Rheinland-Pfalz,
für das Jahr 1975, S. 123 und Anlage 65.

RAG Archiv Saar, Saarbrücken, Hafenstr. 25
Bestand Bergbaubilder.

Landesamt für Vermessung, Geoinformation und Landentwicklung, Saarbrücken,
Von-der-Heydt 22

Bombenkarte, Heusweiler
Statistisches Amt Saarland, Saarbrücken

Die Belegschaft des Saarbrücker Bergwerksdirektionsbezirks nach dem Ergebnisse
der statistischen Erhebungen vom 1. Dezember 1910 (zu 8 Tabellen), Neunkirchen
(Saar), Buchdruckerei Otto H. Bauer, 1911.

Seit 1988 (Wallacher, federführend)

Abkürzungen:
MUEV = Ministerium für Umwelt, Energie und Verkehr
MU = Ministerium für Umwelt
MUV = Ministerium für Umwelt und Verbraucherschutz
SFL = Saarforst Landesbetrieb

Amber, Conrad (2017): Bäume auf die Dächer, Wälder in die Stadt – Projekte und Visionen eines Naturdenkers, Kosmos Verlag, Stuttgart

Ammer, Christian (2019): Eichen könnten die Gewinner des Klimawandels sein, FAZ v. 25.9.19, S.6

Aust, Bruno; Bülte, Dieter (11/2005): Der Saarkohlenwald. Geschichte und Zukunft, S. 39 ff; Hrg. Stadtverband Saarbrücken

Barthelmeß, Alfred (1972): Wald, Umwelt des Menschen, Verlag Karl Alber Freiburg/München

Bettinger, Andreas; Mörsdorf, Stefan; Ulrich, Rainer (1989): Wälder des Saarlandes, in: Rheinische Landschaften, Schriftenreihe für Naturschutz und Landschaftspflege, Heft 33

Binswanger, Hans Christoph (2014): Geld und Magie. Eine ökonomische Deutung von Goethes Faust, Murmann Verlag, Hamburg

Bode, Wilhel; von Hohnhorst, Martin (1993): Waldwende. Vom Försterwald zum Naturwald C. H. Beck, München

Borger, Klaus (1987) Waldbiotope Steinbachtal: Faunistische Bioinventur, - analyse und Entwicklungsvorschläge, Dipl.Arbeit an der Forstwirtschaftswissenschaftlichen Fakultät Freiburg/Brg.

Bülow, Götz v. (1962): Die Sudwälder von Reichenhall, München S.159 f

Bünting, Johann Philipp (1693): Sylva Subterranea, oder Vortreffliche Nutzbarkeit des Unterirdischen Waldes der Steinkohlen. Halle.

Caspari, Anne (1995): Konzept zur Planung großflächiger Wald-Reservate, diskutiert am Beispiel des Saarlandes, Diplomarbeit 1995, Saarbrücken

Christlich Demokratische Union, LV Saarland und Sozialdemokratische Partei Deutschlands, LV Saarland (2017): Koalitionsvertrag für die 16. Legislaturperiode des Landtages des Saarlandes (2017 - 2022), hier: Waldbewirtschaftung im Saarland, S. 120 f

Cotta, H. (1816): Anweisung zum Waldbau, Dresden 1816 (9.Aufl. 1865), zit. nach Barthelmeß, Alfred, 1972, S. 70.

Der Minister für Wirtschaft des Saarlandes (1988): Erlass über die Einführung einer weitgehend kahlschlagsfreien Waldwirtschaft im öffentlichen Waldbesitz des Saarlandes, am 3.6.1988

Dittmann, Marlen (2021): Die IBA-Plant im Future Lab. Mit IBA-Themen über die Zukunft nachdenken; in: OPUS Das Magazin der Großregion. Heft Mai/Juni 2021, S. 132

Ekardt, Felix (10/2014): Jahrhundertaufgabe Energiewende. Ein Handbuch. Ch.Links Verlag, Berlin

Ewald,J., et. al. (2017): Energiewende und Waldbiodiversität. Bundesamt für Naturschutz, Bonn zit. nach Kress, Anne (2018), S. 716. in : Kühne, Olaf und Weber, Florian Hrsg.(2018): Bausteine der Energiewende, Springer VS Wiesbaden

Feldkamp, Werner (2008): Der Hochwald; in : Ministerium für Umwelt (Hrsg.) (2008): Wald.Mensch.Heimat im Saarland, Saarbrücken, S. 61 ff

Fenkner-Gies, Ute (2018): Forstlich-charakteristische Skizze von 1843 – erste Beschreibung des Biospärenreservates? Einführungsvortrag zur Fachtagung »Der Pfälzerwald in Vergangenheit, Gegenwart und Zukunft« des Instituts für Pfälzische Geschichte und Volkskunde in Kooperation mit dem Biosphärenreservat Pfälzerwald und Landesforsten Rheinland-Pfalz am 8. - 9. Juni 2018 in Trippstadt, Haus der Nachhaltigkeit

Feuerstein, G. (1987): Waldbiotope Steinbachtal: Floristische Bioinventur, -analyse und Entwicklungsvorschläge. Diplomarbeit an der Forstwirtschaftswissenschaftlichen Fakultät in Freiburg/Brg.

Fischer, Frauke und Oberhansberg, Hilke (2020): Was hat die Mücke je für uns getan? Endlich verstehen, was biologische Vielfalt für uns bedeutet; Oekom Verlag München

Garner, Guillaume (2012): »Lebendige Theilnahme«. Goethes Engagement für die Weimarer Wirtschaft, in: Hierholzer, Vera und Richter, Sandra (Hrsg. im Auftrag des Freien Deutschen Hochstifts): Goethe und das Geld. Der Dichter und die moderne Wirtschaft. Frankfurt am Main

Gayer, Johann Carl (1878): Der Waldbau, zit. nach Barthelmeß, Alfred (1972), S. 197 ff

Gayer, Johann Carl (1886): Der gemischte Wald, zit. nach Barthelmeß, Alfred (1972), S. 202

GEOGRAF Gutachter- und Planungsbüro Gert Körner (12/1998): Atlas zur Forstlichen Rahmenplanung Teil Waldkultur Entwurf Stadtverband Saarbrücken, Warndt und Saarkohlenwald

Griesinger, F.E. (1976): Industrieholz zwischen Angebot und Nachfrage; in: Allgemeine Forstzeitschrift, Heft 3, S. 37-40

Goethe, Johann Wolfgang (1811): Dichtung und Wahrheit, Zweiter Teil, Zehntes Buch, herausg. von Hettche, W. (1991), S. 448f, siehe auch: Safranski, Rüdiger (2019), S. 91.

Gündüz, Bülent (2021): Großes Potential für Kultur und Tourismus Weltkulturerbe Völklinger Hütte, in: OPUS Kulturmagazin, Heft März/April 2021

Grober, Ulrich (2007): Die grüne Seele der Weimarer Klassik. Eine Spurensuche auf Goethes Wegen im Thüringer Wald, in: Scheidewege. Jahresschrift für skeptisches Denken. Jg. 37, 2007/2008, S. Hirzel Verlag, Stuttgart, S. 112 - 127

Grober, Ulrich (2010): Die Entdeckung der Nachhaltigkeit. Kulturgeschichte eines Begriffs; Verlag Antje Kunstmann, München 2010, S. 148 ff.

Herrmann, Hans Christian, Hrsg. (2020): Die Strukturkrise an der Saar und ihr langer Schatten, Conte Verlag St. Ingbert

Hofmann, Anke und Koch, Susanne (2020): Warum gehen wir nicht raus und machen eine Ansage? - Engagement bei den »Psychologists for Future«, in: reportpsychologie , Organ des Berufsverbandes Deutscher Psychologinnen und Psychologen e.V., 46. Jg., Heft 01/2021, S.4

Horx, Matthias (2020): Die Welt nach Corona https://www.horx.com/48-die-welt-nach-corona/ abgerufen am 29.07.20, 23:37 S.2

Horx, Matthias (2020): Die Zukunft nach Corona. Wie eine Krise die Gesellschaft, unser Denken und unser Handeln verändert. Econ bei Ullstein Buchverlage, Berlin

IG BAU (2/2017): Sicherung des Landesbetriebes und des Personalbestandes. Personalversammlung SaarForst, S. 22f

Junck, Robert (1989): Zukunftswerkstätten. Mit Phantasie gegen Routine und Resignation. Heyne Verlag München

Kafka, S.(1975): Die Rolle des Waldes bei den Wachstumsschwierigkeiten der Papierindustrie; in: Allgemeine Forstzeitschrift, Heft 41, S. 858

Klein, Axel (1983): Der Privatwald im Saarland; in Allgemeine Forstzeitschrift , Heft 3, S. 51f

Koch, Susanne (2020): s.u. Hofmann, Anke (2020)

Kress, Anne (2018): Wie die Energiewende den Wald entdeckt hat; in: Kühne, Olaf und Weber, Florian, Hrsg.: Bausteine der Energiewende, Springer VS, Wiesbaden, S. 715 f

Kultusministerium Rheinland Pfalz, Hrsg.(1990): Hambacher Fest 1832. Freiheit und Einheit Deutschland und Europa. Katalog zur Dauerausstellung Nr 86, S. 98

Landesforstverwaltung des Saarlandes (1990): Das Grenzsteinarchiv der Landesforstverwaltung, Historische Schriften, Heft 1, o.S.

Landesforstverwaltung des Saarlandes/ Der Forst (1990): 150 Jahre Forstamt Wadern. Das königliche Inventarium - Textauszug, Historische Schriften, Heft 3, 30 S., bearbeitet von Nikolaus Götz

Latif, Mojib (2020): Heisszeit. Mit Vollgas in die Klimakatastrophe - und wie wir auf die Bremse treten, Herder Verlag Freiburg, Basel, Wien

Leibundgut, Hans (1973): Rationalisierung und naturnahe Waldwirtschaft; in: Der Forst- und Holzwirt, Heft 18, S. 365 ff

Letter, Hans Albert (2008): Waldbau im Wandel; in: Ministerium für Umwelt des Saarlandes (Hrsg): Wald.Mensch.Heimat im Saarland, Saarbrücken.

Loidl, Hans (1991) in: Krauss, Manfred; Machatzi, Berndt; Loidl, Hans; Wallacher, Jörn (1991): Vom Kulturwald zum Naturwald - Entwurf eines Landschaftspflegekonzeptes am Beispiel des Berliner Grunewaldes, Hrsg. Senatsverwaltung für Stadtentwicklung und Umweltschutz Berlin, 1991, Kulturbuchverlag GmbH

Matheis, Walter (2008): Der Saarbrücken-Kirkeler-Wald, in: Ministerium für Umwelt (Hrsg.): Wald.Mensch.Heimat im Saarland, S.54

Meadows, Donella und Denis (1972): die Grenzen des Wachstums, Rowohlt-Verlag, Berlin

Meyer, Lukas (2/2007): Konzept zur Pflege der Waldwiesen im Regionalpark Saarkohlenwald, Fachbericht zum zweiten studienbegleitenden Praktikum (vom 14.08.2006 - 13.10.2006) im Ministerium für Umwelt des Saarlandes, Referat B/4 Walderhaltung

Möller, Alfred (1922): Der Dauerwaldgedanke. Sein Sinn und seine Bedeutung. Verlag Julius Springer

MUEV, Hrsg. (1998): Atlas zur Forstlichen Rahmenplanung, Teil Waldkultur im Stadtverband Saarbrücken Warndt und Saarkohlenwald, s.a.unter GEOGRAF Gutachter- und Planungsbüro Gert Körner

MUEV (10/1998): Unsere Umwelt, Wege zur Nachhaltigkeit »Wildnis« , Magazin für Umwelt und Naturschutz im Saarland, Nr. 3/98

MUEV (11/1998): Unsere Umwelt, Wege zur Nachhaltigkeit »Bauen und Wohnen mit Holz« Nr. 4/98

MUEV (08/1999): Unsere Umwelt, Wege zur Nachhaltigkeit »Der Neue Forst. Wald - Wildnis - Wirtschaft« Nr. 3/99

MUEV (7/1999): Die Erfolge naturnaher Waldwirtschaft, in der Reihe »Saarland: Zukunftsprojekt Umwelt« Thema Wald

MU (07/2006): Neue Qualitäten für die Stadtlandschaft im Saarland, Regionalpark Saar (Masterplan)

MU/Regionalverband Saarbrücken (03/2009): Regionalpark Saar. Der Haldenrundweg, mit Wanderkarte, 4.Aufl. 53 S.

MU/SFL (2008): Wald.Mensch.Heimat im Saarland, Saarbrücken, 141 S.

MUV (9/2015): Saarländische Biodiversitätsstrategie, Teil 1: Fachkonzept zur Erhaltung der biologischen Vielfalt im Saarland. Kurzfassung

MUV (10/2017): Saarländische Biodiversitätsstrategie

MUV/SFL (2018): 30 Jahre Naturnahe Waldwirtschaft im Saarland

MUV/SFL (4/2018): Leitfaden Biodiversität

MUV/SFL (2019): Masterplan für den Saarländischen Wald - Entwurf

MUV et al.(2019): Handlungsleitfaden: Biodiversität im Wirtschaftswald

MUV (7/2020): Nationale Naturlandschaften im Saarland, Saarbrücken, 62 S.

MUV/SFL (6/2021): Biodiversitätsstrategie Staatswald

Minister für Wirtschaft des Saarlandes (1988): Erlass über die Einführung einer weitgehend kahlschlagfreien Waldwirtschaft im öffentlichen Waldbesitz des Saarlandes, vom 3.6.1988

Minister für Wirtschaft des Saarlandes (1988): Erlass über Chemieeinsatz im Forst vom 21.11.1988. Vgl. Wagner, Arnold Nikolaus (1997/98), S. 342

Ministerium für Wirtschaft Landesforstverwaltung des Saarlandes (1990): 150 Jahre Forstamt Wadern. Das Königliche Inventarium - Textauszug, s.auch unter Landesforstverwaltung des Saarlandes (1990)

Ministerium für Wirtschaft, Oberste Jagdbehörde (1991): Rehwildjagd, Richtlinie zur Bejagung und Erhaltung des Rehwildes im Saarland

Mitscherlich, Alexander, 1965 »Die Unwirtlichkeit der Städte – Anstiftung zum Unfrieden«, Suhrkamp Verlag, Berlin

Müller-Jung, Joachim (2020): Noch ist nichts verloren - Der Klimaforscher Mojib Latif glaubt an die Wende in der Klimakrise, in: FAZ vom 11.7.2020, S. 10

Münker, Wilhelm (1950): Dem Mischwald gehört die Zukunft, Deutscher Heimat-Verlag, 56 S. Bielefeld

Münker, Wilhelm (1958): Rundbrief an die Oberste Naturschutzbehörde des Saarlandes u.a. am 29.April 1958

Münker, Wilhelm (1958): Dem Mischwald gehört die Zukunft, 3. (nach Umfang vervielfachte) Auflage, 400 S. Deutscher Heimat-Verlag, Bielefeld

Mülder, Dieterich (1982): Helft unsere Buchenwälder retten, Stuttgart

NABU LV Saarland (Hrsg) (5/2017): Wertvoller Wald durch Alt- und Totholz, 2. Auflage, Lebach

NABU LV Saarland (Hrsg) (12/2018): Förderung der Biologischen Vielfalt im Wirtschaftswald - Wertvoller Wald durch Alt- und Totholz, Ergebnisbericht und Handlungsleitfaden, Lebach

Ökoinstitut e.V. (1980): „Energie-Wende. Wachstum und Wohlstand ohne Erdöl und Uran, in: Kühne, Olaf und Weber, Florian (2018): Bausteine der Energiewende, Springer VS, S. 4

Palla, Rudi (1995): Verschwundene Arbeit – Das Buch der untergegangenen Berufe, Eichborn Verlag, Frankfurt Main

Plöger, Sven (2020): Zieht euch warm an, es wird heiß. Westend-Verlag, Frankfurt/M.

Reichholf, Josef H. (10/2020): Corona und die Natur, in: Naturschutzmagazin, Schutz von Landschaften, Wäldern, Wildtieren und Lebensräumen, Ausgabe 03, S. 42 - 47; Hrsg. Naturschutzinitiative e.V., Quirnbach /Westerwald,

Rösler, Markus und Schneider, Peter (2007): Urwald vor den Toren der Stadt. Dokumentation zwei Jahre DBU-Projekt, S. 16

Ruppersberg, Albert (1908):Geschichte der ehemaligen Grafschaft Saarbrücken, Saarbrücken 1899/1901

Saarbrücker Zeitung vom 20.03.2012: Bleibt SaarForst im Warndt?

SaarForst Landesbetrieb (2005): Die historische Entwicklung des SaarForst Landesbetriebes, http://www.saarforst-saarland.de, Nov. 2005

SaarForst Landesbetrieb (2009 a): Kompensationsmaßnahmen und Ökokonto. Naturschutz im Wald, 16 S., Mahren + Reiss, Grafik Design, Druckerei Huwig

SaarForst Landesbetrieb (2009 b): Naturnahe Entwicklung von Waldbächen. Gewässerschutz, 24 S.

Ottweiler Druckerei und Verlag

SaarForst Landesbetrieb (6/2009): Wald.Wirtschaft.Wir. Fortschritt durch Wandel; Saarbrücken, 12 S.

Safranski, Rüdiger (2019): Goethe. Kunstwerk des Lebens, Fischer Verlag, S.91

Schellnhuber, Hans Joachim (2021): Bauhaus für die Erde, F.A.Z v. 22.4.21, S. 9; s. auch 5. Trierer Waldforum am 10.9. 2021, (s. auch b. youtube)

Schelsky, Helmut (1970): Das grüne Defizit. Deutsche Zeitung - Christ und Welt, Nr. 17, 1970

Scherzinger, H. (1976): Wirtschaftswald aus der Vogelperspektive. Nationalpark 1/76, S. 28 - 31

Schmidt, Uwe Eduard (2004): Der Wald in Deutschland im 18. und 19. Jahrhundert, Conte Verlag, Saarbrücken

Schmidt, Uwe Eduard (2012): Steinkohlenbergbau und Forstwirtschaft - eine Schicksalsgemeinschaft im Saarkohlenrevier, Krüger Verlag, Dillingen, S.12

Schneider, Reinhard (2008): WaldPark Schloss Karlsberg bei Homburg, in: Juncker-Mielke, Stella (Hrsg.): Barocke Gartenlust. Auf Spurensuche entlang der Barockstraße Saar-Pfalz, Verlag Schnell und Steiner, Regensburg

Schneidewind, Uwe (2018): Die große Transformation. Eine Einführung in die Kunst des gesellschaftlichen Wandels, Fischer Verlag, Frankfurt/M.

Schuler, Herbert (1978): Fischbach 1728 bis 1978 , S. 297, Fußnote 2, Quierschied

Sieferle, Rolf Peter (1982): Der unterirdische Wald. Energiekrise und Industrielle Revolution, Verlag Beck , München

Slotta, Delf u. Richner, Werner (2021): Industriekultur. Industrienatur; Krüger Verlag, Merzig

Slotta, Delf (2011): Das Steinkohlerevier an der Saar, Hrsg.: RAG AG, Herne, 36 S.

Slotta, Delf (2011): Der Saarländische Steinkohlenbergbau, Hrsg.: RAG AG, Herne und Institut für Landeskunde im Saarland, Krüger Druck und Verlag, Dillingen

Sperber, Georg (1988): Aus Jägertum entstanden ist deutsche Försterei, in: Allgemeine Forstzeitschrift Nr. 24, S. 678f, München

Steinmetz, Thomas; Wirtz, Roland; Jost, Reinhold (2021): 30 Jahre naturnahe Waldwirtschaft im Staatswald des Saarlandes, ein anpassungsfähiges Erfolgsmodell; in: Umweltmagazin Saar, Heft 1/2021, S. 28f

Stinglwagner, Gerald; Haseder, Ilse; Erlbeck, Reinhold (2021): Das Kosmos Wald- und Forstlexikon, 5.Auflage, Franckh-Kosmos Verlags-GmbH, Stuttgart

Strobl, Hilde; Schmal, Peter Cachola; Scheuermann, Rudi (Hrsg.), (2021): Einfach Grün, DAM Frankfurt/M

Thiel, Bodo und Klein, Martin (1983): Erholung in den Wäldern des Saarlandes, Allgemeine Forstzeitschrift, Heft 3, S.53, München

Thielecke, Karin; Kirchner, Lutz (2020): Spaziergangsführer Beuys to go.Unterwegs zu 7000 Eichen, Hrsg. cdw-Stiftung, Euregio Verlag

Trichet, Jean-Claude (2012): Johann Wolfgang Goethe: Die Wirtschaft und das Geld, in: Hierholzer, Vera und Richter, Sandra (Hrsg.): Goethe und das Geld. Der Dichter und die moderne Wirtschaft, im Auftrag des Freien Deutschen Hochstifts, Frankfurt am Main, 2012

Verband naturnahe Jagd im Saarland (Hrsg.)(1987): VnJS – Satzung – vom 7. März 1987, S. 3.

Wagenknecht, Sarah (2013): Goethes Größe, F.A.S. v. 27.10.13, Feuilleton, S.46

Wagner, Arnold Nikolaus (1997): Chronik zur Waldgeschichte des saarländischen Raumes von der Eiszeit bis heute; hrsg. von BDF - Bund deutscher Forstleute Landesverband Saar, Schwalbach-Elm, 470 S.

Wagner, Maria (2007): Goethe und die Forstwirtschaft, Verlag Kessel, Remagen

Waldbesichtigungsprotokoll vom 30. Mertz bis 30. May 1774, LAS des Saarlandes, Abt. 22 Nr. 2314; s.a. StA Koblenz Abt. 22 Nr. 2615; s.a. Schuler, H. (1978), S. 297 Fußnote 2; s.a. Wallacher, J. (1994), S. 26

Wallacher, Jörn (1990): Wald - Freizeit - Erholung, in: Naturschutz im Saarland, Magazin des NABU Saarland e.V. , Lebach, S. 3 - 5

Wallacher, Jörn (1994): Der königliche Wald und das Forsthaus Pfaffenkopf, in: Ortschronik Altenkessel, Schwalbach-Elm, S. 26 - 37

Wallacher, Jörn, und Hullmann, Harald (2004): Neue Impulse braucht der Forst: Das Zentrum für Waldkultur im Saarland, in: Forstliche Mitteilungen 02/2004, S. 8 - 12

Wallacher, Jörn (2007): Die Entwicklung der Forstwirtschaft im Saarland: Der Wald kommt - der Förster geht; in: 50 Jahre Saarland im Wandel. Veröffentlichungen des Instituts für Landeskunde im Saarland, S. 191 - 202

Wallacher, Jörn (2008): Von fürstlicher Jagd um Schloss Philippsborn zum »Urwald vor den Toren der Stadt«, in: Juncker-Mielke, Stella (2008): Barocke Gartenlust - Auf Spurensuche entlang der Barockstraße SaarPfalz, Schnell und Steiner Verlag, Regensburg, S. 89 - 94

Wallacher, Jörn (2019): Burbach und sein Wald. Das grüne Gold der Stadt; in: Herrmann, Hans-Christian und Bauer, Ruth (Hg.): Burbacher Gold. Kohle, Stahl und Eisenbahn. Ein Stück Saarbrücker Stadtgeschichte, Veröffentlichung des Stadtarchivs Saarbrücken, S. 446 - 455

Wirtz, Roland et.al., in: Arbeitskreis Wald des BUND Saar, Hrsg. (2021): Prozessschutzorientierte Waldwirtschaft im Forstrevier Quierschied, 8 S.

Wild, Volker und Wirtz, Roland (3/2011): Die Biodiversitätsstrategie im saarländischen Staatswald, in: Allgemeine Forstzeitschrift - Der Wald, S.32 - 36

Wobst, Herrmann (2020): Aus der Geschichte der ANW (1950 - 2015); in: Der Dauerwald, Sonderheft 2/2020, Lahr.

Abbildungsverzeichnis

Umschlagabbildungen

U1: Wald, Foto: © Thorsten Vernik – stock.adobe.com
U2: Farn, Foto: © Oliver Schweers – stock.adobe.com
U3: Buchenblätter, Foto: © AVTG - stock.adobe.com
U4 (v.o.n.u.): Blick auf die Saar, Foto: © Alexandra Rasokat – stock.adobe.com; Waldarbeiterrotte, 1928, Privatarchiv Wallacher; Bergehalde Lydia, Foto: © thorstenstark - stock.adobe.com; Holzeinschlag, Foto: Archiv Doris Zimmer

Vorwort

Seite 9: Minister Jost und SFL-Leiter Steinmetz. Foto: © Matthias Weber

Kapitel 1: Geburtsstunde des Saargebietes 1920 und des Saarlandes 1945

Seite 16: Grenzziehungen des Saargebietes bzw. Saarlandes (1920 – 1949). Vgl. https://a3wsaar.de/fileadmin/user_upload/Dateien-2020/2019_02_13_Gegen_das_vergessen_saarpfalzkreis/2020_Feb_Broschuere_Gegen_Das_Vergessen_Saarpfalz-Kreis_Web.pdf; abgerufen am 09.03.2020.

Kapitel 2: Das Saargebiet und sein Wald in der Völkerbundzeit 1920 – 1935

Seite 18 und 19: Grube Heinitz-Magazingebäude mit Baubüro am Holzplatz. Foto: © Delf Slotta.
Seite 20: Die Waldbedeckung des Saargebietes 1934. Abgedruckt in: Heis, F., 1934.
Seite 21: Mitten in den Wald gesetzt: Grube »Von der Heydt« (1930er Jahre).

abgedruckt in: Festschrift 160 Jahre Kirschheck, 2017; aus: Archiv Verein für Industriekultur und Geschichte.

Seite 22: Saarschleife 1920er Jahre, Postkarte. Privatbesitz

Seite 23: Saarschleife 2017. Foto: © Michael Schnell – stock.adobe.com

Seite 25: Steinkohlenschürfer im Großwald bei Altenkessel (1920er Jahre). Abgedruckt in: Ortschronik Altenkessel mit Rockershausen im Bild, 2. Band, 2001, S. 183. Freundliche Überlassung von Wolfgang Kiefer, Initiator der »Saarhundert-Ausstellung«, Saarbrücken-Altenkessel.

Seite 26: Bergwerk Velsen. Abgedruckt in: Slotta, D., 1979, S. 63; abgedruckt in: Schmidt, 2012, S. 19.

Seite 27: Ausbau Saarbrückens und Ausbau des Osthafens in Saarbrücken. Abgedruckt in: Herrmann, H.-C., 2020, S. 173, 175.

Seite 29: Buchcover »Streifzüge durch Wald und Flur. Eine Anleitung zur Beobachtung der heimischen Natur in Monatsbildern«, 1921, Günthart, A., 1916.

Seite 29: Buchcover »Unsere Saarheimat. Streifzüge durch die Flora des Saargebietes«, 1925, Kremp, Walter (1925): Unsere Saarheimat. Streifzüge durch die Flora des Saargebietes, Saarbrücken, Gebr. Hofer.

Seite 31: Fischbachbad, Badepilz. Foto: © Sabine Müller.

Seite 32: Forsthaus Pfaffenkopf. Caritas-Frauen mit Arbeiterkindern, 1930. Privatarchiv Wallacher, Forsthaus Pfaffenkopf, Saarbrücken.

Seite 34: Buchcover »Wanderungen im Saarwald«, Saar-Wald-Verein, 2. Auflage 1928.

Seite 35: Buchcover »Wochenende und Sommerfrische an der Saar: Ein Nachweis landschaftlich reizvoller und lohnender Ausflugs- und Erholungsziele in den Gebieten: Saar, Mosel, Eifel, Hunsrück, Hochwald, Westrich, Glan, Nahe und Pfalz«. Saarbrücker Zeitung (Hrsg), Verlag Gebr. Hofer a.g., Saarbrücken, 1930.

Seite 36: Links und Rechts der Saarbahnen. Links und rechts der Saarbahnen. Ein Reisebuch mit Bildern. von Hugo Han. Ausgabe 1932/33.

Seite 37: Mit den Motorrädern in die saarländische Natur. Abgedruckt in: Matzerath, S., Siebeneich, J., 2020, S. 16; https://www.saar-nostalgie.de/OE-Kennzeichen.htm (Foto: Karola Hartkorn, Elversberg)

Seite 38: »Grenzgänger« an der saarländisch-französischen Grenze. Abgedruckt in: Heiß, F., 1934.

Seite 39: Buchcover »Wir von der Saar«, Liesbet Dill, 1934; Das Engtal der Saar bei Mettlach, 1934, abgedruckt in: Kugler, L., 1998, S. 358; Heiß, F., 1934.

Kapitel 3: Anschluss des Saargebietes an das Deutsche Reich 1935 – 1939

Seite 40 und 41: Wald-Werbung Anno 1938. Werbeplakat »Wandern mit Kraft durch Freude«, 1938, Archiv der Professur für Wald- und Forstgeschichte, Freiburg.

Seite 42: Eine »verheißungsvolle« Banderole im Warndtwald (1934). Abgedruckt in: Heiß, F., 1934.

Seite 43 Buchcover »Der Dauerwaldgedanke: Sein Sinn und seine Bedeutung«, Alfred Möller, Berlin, Heidelberg, Springer Berlin Heidelberg, 1922.

Seite 44 und 45: Schwellenhauer im Warndtwald und Briefumschlag des Forstmeisters im Warndt. Abgedruckt in: Der Warndt, 2006, S. 204: Schwellenhauer waren Thomas Werthmann, sein Bruder Franz Werthmann und ihr Schwager Michel Franz; Privatarchiv Wallacher.

Seite 45 unten: »Orscholzriegel« Foto: © CC BY-SA 4.0, Pascal Dihé, https://www.dihe.eu

Seite 47: Buchcover »Försters Pucki«, Madga Trott, 1935. Buchcover. Privatarchiv Schmidt, U. E., Freiburg.

Kapitel 4: Zweiter Weltkrieg an der Saar 1939 – 1945

Seite 48 und 49: Bunkerkarte Niederwürzbach. Freundliche Abdruckgenehmigung durch: Landesamt für Vermessung, Geoinformation und Landentwicklung, Saarbrücken, Von-der-Heydt 22.

Seite 51: » Ölkrise 1973 / Auto mit Holzvergaser« Foto: © akg-images

Seite 52: NS-Propaganda. Privatarchiv Jörn Wallacher, Forsthaus Pfaffenkopf, Saarbrücken.

Seite 53: Bunkerkarte Heusweiler. Freundliche Abdruckgenehmigung durch: Landesamt für Vermessung, Geoinformation und Landentwicklung, Saarbrücken, Von-der-Heydt 22.

Seite 54: Karte der Kriegseinwirkungen (hauptsächlich Bombeneinschläge). Abgedruckt in: Aust, B., Herrmann, H.-W., Quasten, H., 2008, S. 210.

Seite 58: Forsthaus Pfaffenkopf Ende des zweiten Weltkrieges; Foto des handschriftlichen Originals der Flaschenpost (Forsthaus Pfaffenkopf). Originale im Privatarchiv Wallacher-Lorenz, Forsthaus Pfaffenkopf.

Kapitel 5: Das Saarland in der »französischen Zeit« 1945 – 1957

Seite 60: Forsthaus Pfaffenkopf, Foto: Archiv Jörn Wallacher.

Seite 63: Hubertusjagd 1955. Original in Fotosammlung Dr. Helmut Ebert, Püttlingen; abgedruckt in: Heimatkundlicher Verein Warndt e.V., 2006, S. 474.

Seite 65: Aufbau der Ludwigskirche in Saarbrücken. Abgedruckt in: Burgard, P., Linsmayer, L., 2005, S. 83.

Seite 66 oben: »Brennholzsammlerinnen« Foto: © Deutsche Fotothek, CC BY-SA 3.0 DE, via Wikimedia Commons

Seite 66 unten links: Arbeiterwochenkarten-Fahrschein, Saarländische Eisenbahnen, 3. Klasse. Privatarchiv Schmidt: Engelbert Weber (* 1929 Uchtelfangen, † 1950 Uchtelfangen)

Seite 66 unten rechts: Interieur eines Eisenbahnwaggons 3. Klasse (1940er Jahre). Foto: © SBB Historic.

Seite 68 oben: 50-Pfennig Münze, 1950.

Seite 68 unten: »Weiskirchen: Hoher Fels«. Foto: © Landesbildstelle Saarland im LPM (Joachim Lischke).

Seite 69: Ferngasleitung Saar – Paris, 1952. Abgedruckt in: Burgard, P., Linsmayer, L., 2005, S. 247.

Seite 70: Grube Maybach in den 1950er Jahren, abgedruckt in: Schuster, G., 1980, S. 19; abgedruckt in: Schmidt, U. E., 2012, S. 21.

Seite 72: Pause von Studierenden der Saarbrücker Kunstschule »im Grünen«, Anfang 1950er Jahre, abgedruckt in: Burgard, P., Linsmayer, L., 2005, S. 315.

Seite 74: Der Waldweg, Richard Eberle, 1949; Bergmannspfad, Richard Eberle, 1984, abgedruckt in: Adamo, N., Riede, P., 1993, Abb. 1.

Seite 76: Saarländische Mobilität mit dem Renauld 4 VC »Crèmeschnittchen«, Vgl. https://www.saar-nostalgie.de/Cremeschnittchen.htm; abgerufen am 18.06.2020 (Foto: Christoph Welter)

Seite 77: Saarmarke »Saarschleife«, 1947, Private Briefmarkensammlung Schmidt, Uwe, Freiburg.

Seite 78 oben: Karikatur Konrad Adenauer, Grafik: © Bernhard Stigulinszky

Seite 78 unten: Armin Hary beim Vorlauf. Foto: © picture-alliance / dpa

Kapitel 6: Saarländisches Wirtschaftswunder 1957 – 1970

Seite 80 und 81: »Bundesautobahn«. Foto: © Landesbildstelle Saarland im LPM Saarbrücken.

Seite 82: Spatenstich für den Autobahnbau A 6 Saarbrücken – Homburg, 11.08.1956. Abgedruckt in: Burgard, P., Linsmayer, L., 2005, S. 390.

Seite 83: Quierschied - Fischbach, Grubenbahnhof, Bergwerk Camphausen, 1962. Abgedruckt in: Slotta, D., 2011, S. 15; abgedruckt in: Schmidt, U. E., 2012, S. 25.

Seite 84 oben: Tagesanlagen der Grube und Kokerei Heinitz im Holzhauertal. Abgedruckt in: Slotta, D., 2011, S. 17; abgedruckt in: Schmidt, U. E., 2012, S. 29.

Seite 84 unten links: Schlammweiher. RAG Archiv Saar, Saarbrücken: Bestand Bergbaubilder; abgedruckt in: Schmidt, U. E., 2012, S. 33.

Seite 84 unten rechts: Absinkweiher. Abgedruckt in: Müller, R. W., Staerk, D., 1998, S. 121; abgedruckt in: Schmidt, U. E., 2012, S. 34.

Seite 85: Warnschild »Vorsicht Bruchspalten«, Privatarchiv Jörn Wallacher, Forsthaus Pfaffenkopf, Saarbrücken.

Seite 86 links: Heftcover »Bergmann werden an der Saar«. Vgl. http://www.saar-nostalgie.de/Saargruben.htm; abgerufen am 15.07.2021.

Seite 86 rechts: Titelbild des Sonderheftes der Allgemeinen Forstzeitschrift »Forstwirtschaft im Saarland 1945 – 1956«, Nr. 3, 1957. Abgedruckt in: Schmidt, 2012, S. 42; abgedruckt auf Titelseite, Allgemeine Forstzeitschrift, Nr. 3, 1957.

Seite 87: Bergarbeiterpause. Abgedruckt in: Heimat- und Verkehrsverein Friedrichsthal-Bildstock e.V., 1975, S. 153; abgedruckt in: Schmidt, U. E., 2012, S. 43.

Seite 88: Trauerfeier, Grube Luisenthal, 10.02.1962, abgedruckt in: Schacht und Heim, 1962, Ausgabe Marz, S. 9.

Seite 90: Wasserhydrant auf einem Waldweg. Foto: © Jörn Wallacher.

Seite 93: Originale Filmplakate »Der Förster vom Silberwald«, 1954 und »Und ewig singen die Wälder«, 1959. Archiv der Professur für Wald- und Forstgeschichte, Freiburg Jugendbuchliteratur der 1950er und 1960er Jahre, Privatarchiv Schmidt, U. E., Freiburg.

Seite 94: Heftcover »Wanderführer saarländischer Jugendherbergen«, 1960er Jahre. Privatarchiv Wallacher, Altes Forsthaus Pfaffenkopf, Saarbrücken.

Seite 95: Waldspaziergang Familie Schmidt, Göttelborn, 1965. Privatarchiv Schmidt, U. E., Freiburg

Seite 98: Begrünung und Aufforstung von Halden. Abgedruckt in: Kohler, W., 1961, S. 6; abgedruckt in: Schmidt, U. E., 2012, S. 32.

Seite 99 oben: Saarmarke »Verhütet Waldbrände«, 1958, Privatarchiv Schmidt, U. E., Freiburg.

Seite 99 unten: Streichholzschachteln, 1960er Jahre. Privatarchiv Schmidt, U. E., Freiburg.

Kapitel 7: Montan- und Erdölkrise an der Saar 1970 – 1980

Seite 102 und 103: Trimm-Dich durch Sport; Saarbrücken Eschberg. Foto: © Gerhard Heisler

Seite 104 links: Sonntagsfahrverbot. Privatarchiv Schmidt, U. E., Freiburg.

Seite 104 rechts: Aufruf der Schutzgemeinschaft Deutscher Wald e. V. Privatarchiv Schmidt, U. E., Freiburg

Seite 106: Trimm-Dich durch Sport. Logo des Deutschen Olympischen Sportbundes e.V.

Seite 107: »Haltet den Wald sauber«, Archiv Museum Münstertal, Schwarzwald.

Seite 108: Waldfunktionskarte zum Forstlichen Landschaftsplan für den Großraum Saarbrücken. Hrsg. Der Minister für Finanzen und Forsten, Abteilung Forsten, 1972.

Kapitel 8: Waldsterben – Hochphase 1980 – 1988

Seite 110 und 111: Nach getaner Arbeit. Foto: Archiv Doris Zimmer.

Seite 113 links: Plakat »Hier stirbt der Wald«. Archiv Museum Münstertal, Schwarzwald.

Seite 113 rechts unten: Titelseite Magazin »Der Spiegel« mit Titelseite »Saurer Regen über Deutschland – der Wald stirbt«. Archiv Museum Münstertal, Schwarzwald

Seite 113 rechts oben: Plakat »Der Borkenkäfer [gestrichen und ersetzt durch »Mensch«] ist der größte Forstschädling« (Klaus Staeck). Archiv Museum Münstertal, Schwarzwald.

Seite 116: Zerschneidung der Waldlandschaft, Autobahnbau, Türkismühle, Nordsaarland. Abgedruckt in: AFZ, 1983, Heft 3, S. 47.

Seite 117 links: Aufkleber »Baum ab – Nein Danke«. Privatarchiv Schmidt, U. E., Freiburg.

Seite 117 rechts: »Bäume«, Künstler Postkarte (Klaus Staeck). Archiv Museum Münstertal, Schwarzwald.

Kapitel 9: Aufbruch zur Waldwende: Der neue Forst 1988-2005

Seite 118 und 119: Mischwald bei Riegelberg. Foto: © Gangolf Rammo

Seite 121 oben: Grafik Vielstufiger Urwald. Abgedruckt in: Scherzinger, W., Nationalpark 1/76 S. 28-31.

Seite 121 unten: Buchcover »Dem Mischwald gehört die Zukunft«, Ausschuß zur Rettung des Laubwaldes im Deutschen Heimatbund (HG), Verlag Ernst und Walter Gieseking, o.J. Privatarchiv Jörn Wallacher.

Seite 122: Brief »200 Stimmen Mischwald«. Privatarchiv Jörn Wallacher

Seite 123 unten: Kahlschlag Rimlingen. Foto: © Landesbildstelle Saarland im LPM (Joachim Lischke).

Seite 124 oben: Kahlschlag Hochscheid. Foto: © Landesbildstelle Saarland im LPM (Gerd Kügelgen).

Seite 124 unten: Kahlschlag im Forstrevier Pfaffenkopf. Foto: Archiv Doris Zimmer

Seite 126: Grafik Naturnahe Waldwirtschaft. Abgedruckt in: Unser Wald, 4/87.

Seite 127 oben: Minister Hoffmann in Ebrach. Foto: Archiv Michael Wagner.

Seite 127 mitte: Forstchef Wilhelm Bode in Ebrach. Foto: Archiv Michael Wagner.

Seite 127 unten: Dr. Georg Sperber. Archiv Michael Wagner.

Seite 128 oben: Die Fichte-Brotbaum der Deutschen: Illustration: © Michael Tewiele

Seite 128 unten: Skizze Wald verkehrt: Archiv Wallacher. Entwurf Jörn Wallacher.

Seite 129 oben links: Erfassung der Naturnähe. Abgedruckt in: Unsere Umwelt 8/99, MUEV, S. 9.

Seite 129 oben rechts: Strukturmerkmale Wald. Abgedruckt in: Unsere Umwelt 8/99, MUEV, S. 9.

Seite 129 unten links: Fröhner Wald 1810. Abgedruckt in: Unsere Umwelt 8/99, MUEV, S. 10/11.

Seite 129 unten rechts: Fröhner Wald 2000. Abgedruckt in: Unsere Umwelt 8/99, MUEV, S. 11.

Seite 130 oben: Naturwaldzellen im Saarland. Grafik © Markus Dawo, Conte Verlag 2022. Nach MUEV Unsere Umwelt 8/99 S. 10.

Seite 130 unten: Buchcover »Naturwaldforschung im Saarland am Beispiel der Naturwaldzelle Hoxfels«, Michael Heupel, SDW Lvb Saarland, Forschungszentrum Waldökosysteme, Göttingen 2002.

Seite 132: Folgen der Realerbteilung. Foto Isenhuth 1983 Fg. 728/82. Abgedruckt in AFZ 3/83 S. 51.

Seite 133 oben: Buchcover Handbuch für Privatwaldbesitzer. Der Minister für Wirtschaft 10/1989.

Seite 133 unten: Besitzgrößenstruktur der saarländischen Privatforstbetriebe, Grafik: © Markus Dawo, Conte Verlag 2022.

Seite 136: Heftcover Rehwildjagd. Der Minister für Wirtschaft, Ob. Jagdbehörde 1991.

Seite 139: Saarforst-Reviere. Grafik: © Markus Dawo, Conte Verlag 2022. Nach MUEV Unsere Umwelt 8/99 S. 10/11 MUEV Unsere Umwelt 8/99 S. 10/11.

Seite 140: Forst»Mannschaft«. Foto: Archiv Doris Zimmer.

Seite 141: Kulturfrauen. Foto: Archiv Doris Zimmer.

Seite 142: Forstfrevlerin. Katalog zur Ausstellung des Landes Rheinland-Pfalz zur Geschichte des Hambacher Festes 1832, 1990.

Seite 143 links: Karin Bauer. Foto: Archiv Michael Wagner.

Seite 143 rechts: Verena Lamy. Foto: Archiv Verena Lamy.

Seite 144: Martina Herzog. Foto: © Heiko Lehmann.

Seite 145 rechts: Logo Forest Stewardship Council®, FSC Deutschland, Verein für verantwortungsvolle Waldwirtschaft e.V., Freiburg.

Seite 145 links: Logo PEFC, PEFC Deutschland e.V., Stuttgart.

Seite 146: Die neue Revierstruktur ab 2005. Grafik: © Markus Dawo, Conte Verlag 2022. Nach »Wald.Wirtschaft. Wir«, SaarforstLandesbetrieb 6/09.

Seite 148: Sanierung statt Abriss. Foto: © Bernd Ostertag.

Seite 150: Atlas zur Forstlichen Rahmenplanung, Teil Waldkultur, Stadtverband Saarbrücken, Warndt und Saarkohlenwald, erarbeitet von GEOGRAF - Gutachter- und Planungsbüro Gert Körner, i.V. mit PROGRAMM UND RAUM Jürgen ; Hrsg. Ministerium für Umwelt, Energie und Verkehr, Abt. Landwirtschaft und Forsten, Saarbrücken; 1998.Seite 152 oben: Erholungsanlagen. Landesforstverwaltung des Saarlandes. Abgedruckt in: AFZ 3/83, S. 53.

Seite 152 unten: Vom »stillen Wald« zum Erholungsrummel, Landesforstverwaltung des Saarlandes. Abgedruckt in: AFZ 3/83, hinteres Cover.

Seite 153 oben links: Erholungsqualität in den 80er Jahren. Abgedruckt in: AFZ 3/83, Foto: Gressung/ Scholz.

Seite 153 oben rechts: Kahlschlag. Abgedruckt in: AFZ 3/83, S. 60.

Seite 153 unten: Mischwald bei Riegelsberg. Foto: © Frederik Kunkel.

Seite 155 oben: Burbacher Weiher im Winter. Foto: © Adina Rehkopf.

Seite 155 unten: Burbacher Weiher im Sommer. Foto: © Nicole Rehkopf.

Seite 156: Bürgermeisterin Margit Conrad. Foto: Archiv Michael Wagner.

Seite 157: Mit der Försterin im Urwald. Foto: © Karin Bauer-Lux.

Seite 158 oben: Plakat Natur schlägt zurück. Studierende der HbK-Saar. © Agentur Maksimovic et Partners, Art Direction und Grafik: Patrick Bittner, Text: Germaine Paulus, Foto: André Mailänder.

Seite 158 unten: Horst Köhler © Landesbildstelle Saarland im LPM (Mechthild Schneider).

Seite 159 oben: Forsthaus Neuhaus © Landesbildstelle Saarland im LPM (Marcel Klippel).

Seite 159 unten: Forsthaus Neuhaus © echtgut markeninszenierung GmbH, Saarbrücken.

Seite 160 oben links: Alle der Arten. Foto: © Hartmann Jenal.

Seite 160 oben rechts: Waldausstellung. Foto: © Hartmann Jenal.

Seite 160 unten: Biodiversität: 100 Farbtafeln. Foto: © Frederik Kunkel.

Seite 161 oben: Blick in die Baumkronen - Hängematten. Foto: © Frederik Kunkel.

Seite 161 unten: 50 Teesorten. Foto: © Frederik Kunkel.

Seite 162: Köhlertage. Foto: © Josef Bonenberger.

Seite 163: Eiweiler Lohheckentage. Foto: © Werner Feldkamp.

Kapitel 10: Neue Herausforderungen: Auf dem Weg ins postfossile Zeitalter 2005 – 2020

Seite 164 und 165: Hüttenpark Neunkirchen. Foto © Detlef Reinhard

Seite 167 oben: Masterplan. Buchcover »Neue Qualitäten für die Stadtlandschaft im Saarland – Regionalpark Saar«, Saarbrücken, 2006. Projektkoordination: Planungsgruppe agl, Gestaltung: morphoses.

Seite 167 unten: Waldachse. Grafik: © Markus Dawo, Conte Verlag 2022. Nach »Neue Qualitäten für die Stadtlandschaft im Saarland – Regionalpark Saar«, Saarbrücken, 2006. Projektkoordination: Planungsgruppe agl, Gestaltung: morphoses. S.50.

Seite 168: Absinkweiher Frommersbachtal. Aus »Neue Qualitäten für die Stadtlandschaft im Saarland – Regionalpark Saar«, Saarbrücken, 2006. Projektkoordination: Planungsgruppe agl, S. 29.

Seite 169: Carrière de Merlebach. »Neue Qualitäten für die Stadtlandschaft im Saarland – Regionalpark Saar«, Saarbrücken, 2006, S 87.

Seite 170: IndustrieNatur: Kohlbachweiher. Foto: © Detlef Reinhard.

Seite 171: Carrière de Merlebach II. Foto: © Patrick Ginsbach.

Seite 172: Heftcover »Waldbiotope Steinbachtal«. Minister für Wirtschaft des Saarlandes 1988.

Seite 173: Karte Renaturierung Gerechbach. Flyer Gewässerschutz, SFL 2009b, S. 13. Grafik: Mahren und Reiß Grafik Design.

Seite 174: Steinbachtal. Foto: © Landesbildstelle Saarland im LPM (Mechthild Schneider)

Seite 176: Nationalpark Hunsrück-Hochwald. Foto: © Angelina Müller.

Seite 178: Baummarder. Foto: © Angelina Müller.

Seite 179: Schema Diversität und Naturnähe. Grafik: © Markus Dawo, Conte Verlag 2022. Nach Abb. in »Wertvoller Wald« 5/2017, S. 7.

Seite 181: Windwurfschäden. Foto: © Landesbildstelle Saarland im LPM (Karin Heinzel).

Seite 182: Warming Stripes for Saarland from 1881-2020« Grafik: © University of Reading / Ed Hawkins (CC BY 4.0).

Seite 183: Waldbrand. Foto: © Rolf Ruppenthal

Seite 184: Philipp Klapper Foto: © imago images/Becker & Bredel

Seite 185: Plakat. Grafik: © Bürgerinitiative zum Schutz des Wadgasser Waldes.

Seite 186 oben: Plakat. © Bürgerinitiative gegen den Windpark Primsbogen.

Seite 186 unten: Windkraft. Foto: © Jörn Wallacher.

Seite 187: Göttelborn. Foto: © imago images/Becker & Bredel.

Seite 189: Aktion KurzNAHtrip während des Corona-Sommers 2020 © Tourismus Zentrale Saarland, Foto: Marcus Gloger – agentur-statement.de.

Kapitel 11: Wald 100 + 1: einige Zukunftsbilder 2021 ff

Seite 190 und 191: Mit der Saarbahn in den Urwald. Foto: © Jörn Wallacher.

Seite 193: Verteilung von Wald. Grafik: © Markus Dawo, Conte Verlag 2022. Nach: Landesforstverwaltung AFZ 3/83 S. 44.

Seite 194: Schrägbild.Foto Lautzkirchen. Foto: © Bernd Ostertag.

Seite 195: Grafik Hitzeinsel Stadt Bsp. Saarbrücken. Grafik: © Markus Dawo, Conte Verlag 2022.

Seite 196 oben: Halde Viktoria. Foto: © Ulf Rieger.

Seite 196 unten: Halde Viktoria. Foto: © Robby Lorenz.

Seite 197: Halde Göttelborn. Foto: © Detlef Reinhard.

Seite 198 oben: Plakat MUV. Foto: © Carsten Meyer, Fotolia. Grafik: © Sebastian Bauer.

Seite 198 unten: Plakat MUV. Foto: © Sebastian Bauer. Grafik: © Sebastian Bauer.

Seite 202: Heftcover »BUND. Prozessschutzorientierte Waldbewirtschaftung im Forstrevier Quierschied« .

Seite 204 links: Waldinformationszentrum Neuhaus. Foto © Göran Pohl. Foto Pohl Architekten, Saarbrücken.

Seite 204 rechts: Reihenhaus. Architekt: Gerald Erdudatz, Saarbrücken. Foto: © bullahuth.de.

Seite 205: Baumwipfelpfad Orscholz. Foto: © Henry Czauderna – stock.adobe.com.

Seite 206: Landschaftsmalerei. Gemälde Helmut Collmann. Foto: © Nicole Baronsky-Ottmann.

Seite 207 oben: Vertikaler Garten Peter-Lamar-Platz, Dillingen. Foto: © HDK Dutt & Kist GmbH Saarbrücken.

Seite 207 unten: Dachbegrünung Gewerbebau Dudweilerstr. Saarbrücken. Foto: © HDK Dutt & Kist GmbH Saarbrücken.

Seite 208 oben: Bosco Verticale. Foto: © Ivan Kurmyshov – stock.adobe.com.

Seite 208 unten: St. Arnualer Wäldchen. Foto: © Frederik Kunkel.

Seite 209: Hüttenverwaldung. Foto: © Frederik Kunkel.

Seite 210: Naturbühne. Foto Weltkulturerbe Völklinger Hütte. Foto: © Axel Böcker / Weltkulturerbe Völklinger Hütte.

Seite 211: »Waldpark Schloss Karlsberg« © Saarpfalz-Touristik, Wolfgang Henn · CC BY.

Seite 212: Holzreihenhäuser Franzenbrunnen. Foto: © bullahuth.de.

Kapitel 12: Zusammenfassung und Resümee: Blick zurück nach vorn – Der Wald als ewige Ressource der Natur

Seite 214 und 215: Kinder im Wald. Foto: © Frederik Kunkel.

Seite 223: Nassauische Waldordnung. Archiv Uwe Eduard Schmidt, Landesarchiv des Saarlandes, Abt. 22-2307.

Seite 225: Haus Günderode Alt-SB 1740. Zeichnung Fritz Ludwig Schmidt, Orig. Privatarchiv Wallacher.

Seite 225: Portrait Goethe. Gemälde: Johann Heinrich Lips.

Seite 226: Ober- und unterirdischer Wald (Koolberg) Archiv. c/o Prof. Brüggemeier.

Seite 228: Ulrich Grober: Foto: © Ulrich Grober, Privat.

www.conte-verlag.de